全国高职高专建筑工程技术专业规划教材

建筑施工组织

主　编　赵占军　龚健冲
副主编　姚艳红　石玉东
主　审　常建立

黄河水利出版社
·郑州·

内 容 提 要

本书全面系统地阐述了建筑施工组织的理论、方法和实例，主要内容包括：建筑施工组织概论、建筑施工准备工作、建筑工程的流水施工、建筑工程施工网络计划、单位工程施工组织设计、施工组织总设计。本书在编写时注意吸收建筑技术科学和管理科学的新成果，并结合我国施工企业和工程建设的实际，对传统内容进行了更新。

本书可作为土建类专业和工程管理类专业的教材，也可以作为工程项目经理、工程技术人员和管理人员学习施工管理知识、进行施工组织管理工作的参考。

图书在版编目（CIP）数据

建筑施工组织/赵占军，龚健冲主编．—郑州：黄河水利出版社，2009.7　(2016.5　重印)
全国高职高专建筑工程技术专业规划教材
ISBN 978-7-80734-652-4

Ⅰ．建…　Ⅱ．①赵…　②龚…　Ⅲ．建筑工程-施工组织-高等学校：技术学校—教材　Ⅳ．TU721

中国版本图书馆 CIP 数据核字（2009）第 120499 号

出 版 社：黄河水利出版社
地址：河南省郑州市顺河路黄委会综合楼 14 层　邮政编码：450003
发行单位：黄河水利出版社
发行部电话：0371-66026940、66020550、66028024、66022620（传真）
E-mail：hhslcbs@126.com
承印单位：河南安泰彩印有限公司
开本：787 mm×1 092 mm　1/16
印张：16
字数：370 千字　　印数：7 101—9 100
版次：2009 年 7 月第 1 版　　印次：2009 年 7 月第 1 次印刷
2016 年 5 月第 3 次印刷

定价：28.00 元

前言

建筑施工组织是建筑工程技术专业的一门主要课程。本书结合高职高专教育的特点，突出实践性和综合性。针对本专业具有实践性强、涉及面广等特点，编写时力求做到在保证书的系统性和完整性的前提下，内容体现适应性、应用性及时代性。通过系统地学习本书，学生将提高综合运用知识解决实际问题的能力，为将来从事施工管理工作打下良好的基础。

本书由赵占军、龚健冲任主编，姚艳红、石玉东任副主编。第一章、第五章由石家庄职业技术学院赵占军编写；第二章由沈阳农业大学高等职业技术学院石玉东编写；第三章由漯河职业技术学院姚艳红编写；第四章由河南工业职业技术学院龚健冲编写；第六章由赵占军、河北城乡建设学校邵惠芳编写。全书由赵占军负责统稿，并按主审河北工业职业技术学院常建立的意见进行修改定稿。

本书在编写的过程中，参考了相关专家和学者的著作，在此表示感谢！由于编者水平有限，书中难免有不足之处，诚挚希望读者提出宝贵意见，给予批评指正。

编　者

2009年4月

目　录

第一章　建筑施工组织概论

【本章要点】

本章主要介绍基本建设项目的组成，基本建设程序，建筑施工项目；建筑施工组织设计的作用和任务，建筑施工组织设计的分类和内容；建筑产品与建筑施工的特点等。

【学习重点】

建筑施工组织的基本内容及与施工组织有关的基本概念和基本建设程序。

第一节　基本建设程序

一、基本建设项目

基本建设项目，简称建设项目。凡是按一个总体设计组织施工，建成后具有完整的系统，可以独立地形成生产能力或使用价值的建设工程，称为一个建设项目。对大型分期建设的工程，如果分为几个总体设计，那么就有几个建设项目。

基本建设项目可以从不同的角度进行划分：

(1)按规模大小可分为大型、中型、小型建设项目。

(2)按建设项目的性质可分为新建、扩建、改建、恢复和迁建项目。

(3)按建设项目的投资主体可分为国家投资、地方政府投资、企业投资、“三资”企业，以及各类投资主体联合投资的建设项目。

(4)按建设项目的用途可分为生产性建设项目(包括工业、农田水利、交通运输及邮电、商业和物资供应、地质资源勘探等建设项目)和非生产性建设项目(包括住宅、文教、卫生、公用生活服务事业等建设项目)。

一个建设项目，按照国家《建筑工程施工质量验收统一标准》(GB 50300—2001)规定，可分为单位工程、分部工程和分项工程。

建设项目按组成内容(从大到小)又可分为：

(1)单位工程。凡具备独立施工条件并能形成独立使用功能的建筑物及构筑物为一个单位工程。

一个建设项目可由一个单位工程组成，也可由若干个单位工程组成。从施工的角度看，单位工程就是一个独立的交付使用工程，在建设项目总体施工部署和管理目标的指导下，形成自身的项目管理方案和目标，按其投资和质量的要求，如期建成交付使用。

例如，生产车间、办公楼、食堂、住宅、教学楼、图书馆等，都可以称为一个单位工程，其内容包括建筑工程、设备安装工程及设备、工具、仪器的购置。对于建设规模较大的单位工程，还可将其能形成独立使用功能的部分划分为若干子单位工程。

(2)分部工程。分部工程是单位工程的组成部分,在单位工程中,把性质相近且所用工具、工种、材料大体相同的部分称为一个分部工程。例如,一幢房屋的土建单位工程,按其结构或构造部位,可以划分为基础、主体、屋面、装修等分部工程;当分部工程较大或较复杂时,可按材料种类、施工特点、施工程序、专业系统及类别等划分为若干子分部工程。

(3)分项工程。分项工程是分部工程的组成部分,一般是按主要工种、材料、施工工艺、设备类别进行划分。例如,钢筋工程、模板工程、混凝土工程、砌体工程、木门窗制作与安装工程等。

(4)检验批。分项工程可由一个或若干个检验批组成,检验批可根据施工及质量控制和专业验收需要,按楼层、施工段、变形缝等进行划分。检验批是工程验收的最小单位,是分项工程乃至整个建筑工程质量验收的基础。

二、基本建设程序

基本建设是一项极为复杂而又与国家建设和提高人民物质文化生活水平关系密切的工作,能否把这一工作做好,意义甚为重大。基本建设程序是指建设项目在设想、选择、评估、决策、设计、施工到竣工验收、投入生产的整个过程中,各项工作的先后次序是拟建建设项目在整个建设过程中必须遵循的客观规律。

根据几十年建设的实践经验,我国已形成了一套科学的建设程序。我国的建设程序可划分为项目建议书、可行性研究、勘察设计、施工准备、建设实施、生产准备、竣工验收、后评价等八个过程。这八个过程基本上反映了建设工作的全过程。这八个过程还可以进一步概括为决策、设计文件、建设准备、建设实施及竣工验收五个阶段。

(一)决策阶段

决策阶段包括项目建议书、可行性研究等内容。

1. 项目建议书

项目建议书是业主单位向主管部门提出的要求建设某一项目的建议性文件,是对拟建项目的轮廓设想,是从拟建项目的必要性及大方面的可能性加以考虑的。

项目建议书经批准后,才能进行可行性研究,也就是说,项目建议书并不是项目的最终决策,而仅仅是为可行性研究提供依据和基础的。

项目建议书的内容一般包括以下五个方面:①建设项目提出的必要性和依据;②产品方案、拟建工程规模和建设地点的初步设想;③资源情况、建设条件、协作关系等的初步分析;④投资估算和资金筹措的初步设想;⑤经济效益和社会效益的估计。

项目建议书按要求编制完成后,报送有关部门审批。

2. 可行性研究

项目建议书经批准后,应紧接着进行可行性研究工作。可行性研究是项目决策的核心,是对建设项目在技术上是否可行和经济上是否合理进行全面的科学分析论证工作,是技术经济的深入论证阶段,为项目决策提供可靠的技术经济依据。

可行性研究包括的主要内容有:①建设项目提出的背景、必要性、经济意义和依据;②拟建项目规模、产品方案、市场预测;③技术工艺、主要设备建设标准;④资源、材料、燃料供应运输及水、电条件;⑤建设地点、场地布置及项目设计方案;⑥环境保护、防洪、防震等要求与相应措施;⑦劳动定员及培训;⑧建设工期和进度建议;⑨投资估算和资金筹措方式;⑩经济效益和社会效益分析。

可行性研究的主要任务是对多种方案进行分析、比较,提出科学的评价意见,推荐最佳方案。在可行性研究的基础之上,编制可行性研究报告。

我国对可行性研究报告的审批权限作出明确规定,必须按规定将编制好的可行性研究报告送交有关部门审批。

经批准的可行性研究报告是初步设计的依据,不得随意修改和变更。如果在建设规模、产品方案等主要内容上需要修改或突破投资控制额时,应经原批准单位复审同意。

(二)设计文件阶段

设计文件是安排建设项目和进行建筑施工的主要依据。设计文件一般由建设单位通过招投标或直接委托有相应资质的设计单位进行设计。编制设计文件是一项复杂的工作,设计之前和设计之中都要进行大量的调查与勘测工作,在此基础之上,根据批准的可行性研究报告,将建设项目的要求逐步具体化,形成指导施工的工程图纸及其说明书。

设计是分阶段进行的。一般项目进行两阶段设计,即初步设计和施工图设计。技术上比较复杂和缺少设计经验的项目采用三阶段设计,即在初步设计阶段后增加技术设计阶段。

(1)初步设计。初步设计是对批准的可行性研究报告所提出的内容进行概略的设计,作出初步的实施方案(大型、复杂的项目,还需绘制建筑透视图或制作建筑模型),进一步论证该建设项目在技术上的可行性和经济上的合理性,解决工程建设中重要的技术问题和经济问题,并通过对工程项目所作出的基本技术经济规定,编制项目总概算。

初步设计由建设单位组织审批。初步设计经批准后,不得随意改变建设规模、建设地址、主要工艺过程、主要设备和总投资等控制指标。

(2)技术设计。技术设计是在初步设计的基础上,根据更详细的调查研究资料,进一步确定建筑、结构、工艺、设备等的技术要求,以使建设项目的设计更具体、更完善,技术经济指标达到最优。

(3)施工图设计。施工图设计是在前一阶段的设计基础上进一步形象化、具体化、明确化,完成建筑、结构、水、电、气、工业管道和场内道路等全部施工图纸、工程说明书、结构计算书以及施工图预算等。在工艺方面,应具体确定各种设备的型号、规格及各种非标准设备的制作、加工和安装图。

(三)建设准备阶段

建设项目在实施之前应做好各项准备工作,为工程施工创造有利条件,使建设项目能连续、均衡、有节奏地进行。其主要工作内容包括以下几个方面:

(1)征地、拆迁和场地平整;

(2)工程地质勘察;

(3)完成施工用水、电、通信及道路等工程;

(4)收集设计基础资料,组织设计文件的编审;

(5)组织设备和材料订货;

(6)组织施工招投标,择优选定施工单位;

(7)办理开工报建手续。

施工准备工作基本完成，具备了工程开工条件之后，由建设单位向有关部门提出开工报告。有关部门对工程建设资金的来源、资金是否到位以及施工图出图情况等进行审查，符合要求后批准开工。

(四)建设实施阶段

工程建设实施阶段是项目决策的实施、建成投产发挥投资效益的关键环节。该阶段是在建设程序中时间最长、工作量最大、资源消耗最多的阶段。这个阶段的工作中心是根据设计图纸进行建筑安装施工，还包括做好生产或使用准备、试车运行、竣工验收、交付生产或使用等内容。

1. 建设实施

建设实施即建筑施工，是将计划和施工图变为实物的过程，是建设程序中的一个重要环节。要做到计划、设计、施工三个环节互相衔接，确保投资、工程内容、施工图纸、设备材料、施工力量五个方面的落实，以保证建设计划的全面完成。

施工之前要认真做好图纸会审工作，编制施工图预算和施工组织设计，明确投资、进度、质量的控制要求。施工中要严格按照施工图和图纸会审记录施工，如需变动应取得建设单位和设计单位的同意；要严格执行有关施工标准和规范，确保工程质量；按合同规定的内容全面完成施工任务。

2. 生产准备

生产准备是项目投产前由建设单位进行的一项重要工作。它是衔接建设和生产的桥梁，是建设阶段转入生产经营的必要条件。建设单位应及时组成专门班子或机构做好生产准备工作。

生产准备工作的内容根据工程类型的不同而有所区别，一般应包括以下内容：

(1)组建生产经营管理机构，制定管理制度和有关规定；

(2)招收并培训生产人员和管理人员，组织人员参加设备的安装、调试和验收；

(3)生产技术的准备和运营方案的确定；

(4)原材料、燃料、协作产品、工具、器具、备品和备件等生产物资的准备；

(5)其他必需的生产准备。

(五)竣工验收阶段

按批准的设计文件和合同规定的内容建成的工程项目，其中生产性项目经负荷试运转和试生产合格，并能够生产合格产品的；非生产性项目符合设计要求，能够正常使用的，都要及时组织验收，办理移交固定资产手续。竣工验收是全面考核建设成果、检验设计和工程质量的重要步骤，是投资成果转入生产或使用的标志。建筑工程施工质量验收应符合以下要求：

(1)参加工程施工质量验收的各方人员应具备规定的资格。

(2)单位工程完工后，施工单位应自行组织有关人员进行检查评定，并向建设单位提交工程验收报告。

(3)建设单位收到工程验收报告后，应由建设单位(项目)负责人组织施工(含分包单位)、设计、监理等单位(项目)负责人进行单位(子单位)工程验收。

(4)单位工程质量验收合格后，建设单位应在规定时间内将工程竣工验收报告和有关文件，报建设行政管理部门备案。

建设项目管理是建设单位在建设项目进行周期内，用现代管理方法和技术手段，对建设项目进行有效的规划、决策、组织、协调、控制等科学的管理活动，从而按项目既定的质量标准、时间要求、投资总额、资源限制和环境条件，圆满完成建设目标。建设项目管理是项目管理的一类，其管理的主体是建设单位，其管理对象是建设项目。

三、施工项目

(一)施工项目的概念

施工项目是由建筑业企业自工程施工投标开始到保修期满为止的全过程中完成的项目，施工项目的实施过程是建筑业完成的最终产品。

施工项目的施行主体是建筑业企业，是由建筑业企业来完成的项目。施工项目的实施过程是建设项目或其中的单项工程或单位工程的施工活动的全过程。而分部工程、分项工程不是建筑业企业的最终产品，不能称做施工项目，而是施工项目的组成部分。

(二)施工项目管理

施工项目管理是建筑业企业运用系统的观点、理论和科学技术的方法对施工项目进行的计划、组织、监督、控制、协调等全过程的管理。施工项目管理应体现管理的规律，企业应利用制度保证项目管理按规定程序运行，以提高建设工程施工项目管理水平，促进施工项目管理的科学化、规范化和法制化，适应市场经济发展的需要，与国际惯例接轨。

施工项目管理的主体是建筑业企业，其管理对象是施工项目。

施工项目管理的内容主要包括编制项目管理规划大纲和项目管理实施规划、项目进度控制、项目质量控制、项目安全控制、项目成本控制、项目人力资源管理、项目材料管理、项目机械设备管理、项目技术管理、项目资金管理、项目合同管理、项目信息管理、项目现场管理、项目组织协调、项目竣工验收、项目考核评价和项目回访保修。

(三)施工项目管理程序

施工项目管理程序是拟建工程项目在整个施工阶段中必须遵循的客观规律，是长期施工实践经验的总结，反映了整个施工阶段必须遵循的先后次序。施工项目管理程序由下列各环节组成。

1. 编制项目管理规划大纲

项目管理规划分为项目管理规划大纲和项目管理实施规划。项目管理规划大纲是由企业管理层在投标之前编制的，作为投标依据、满足招标文件要求及签订合同要求的文件。当承包人以编制施工组织设计代替项目管理规划时，施工组织设计应满足项目管理规划的要求。

项目管理规划大纲(或施工组织设计)的内容应包括项目概况、项目实施条件、项目投标活动及签订施工合同的策略、项目管理目标、项目组织结构、质量目标和施工方案、工期目标和施工总进度计划、成本目标、项目风险预测和安全目标、项目现场管理和施工平面图、投标和签订施工合同、文明施工及环境保护等。

2. 编制投标书并进行投标，签订施工合同

施工单位承接任务的方式一般有三种：国家或上级主管部门直接下达，受建设单位委托而承接，通过投标而中标承接。招投标方式是最具有竞争机制、较为公平合理的承接施工任务的方式，在我国已得到广泛普及。

施工单位要从多方面掌握大量信息，编制既能使企业盈利，又有竞争力，可望中标的投标书。若中标，则与招标方进行谈判，依法签订施工合同。签订施工合同之前要认真检查签订施工合同的必要条件是否已经具备，如工程项目是否有正式的批文、是否落实投资等。

3. 选定项目经理，组建项目经理部，签订项目管理目标责任书

签订施工合同后，施工单位应选定项目经理，项目经理接受企业法定代表人的委托组建项目经理部，配备管理人员。企业法定代表人根据施工合同和经营管理目标要求与项目经理签订项目管理目标责任书，明确规定项目经理部应达到的成本、质量、进度和安全等控制目标。

4. 项目经理部编制项目管理实施规划，进行项目开工前的准备

项目管理实施规划（或施工组织设计）是在工程开工之前由项目经理主持编制的，是用于指导施工项目实施阶段管理活动的文件。

编制项目管理实施规划的依据是项目管理规划大纲、项目管理目标责任书和施工合同。项目管理实施规划的内容应包括工程概况、施工部署、施工方案、施工进度计划、资源供应计划、施工准备工作计划、施工平面图、技术组织措施计划、项目风险管理、信息管理和技术经济指标分析等。

项目管理实施规划应经会审后，由项目经理签字并报企业主管领导人审批。

根据项目管理实施规划，对首批施工的各单位工程，应抓紧落实各项施工准备工作，使现场具备开工条件，有利于进行文明施工。具备开工条件后，提出开工申请报告，经审查批准后，即可正式开工。

5. 施工期间按项目管理实施规划进行管理

施工过程是一个自开工至竣工的实施过程，是施工程序中的主要阶段。在这一过程中，项目经理部应从整个施工现场的全局出发，按照项目管理实施规划（或施工组织设计）进行管理，精心组织施工，加强各单位、各部门的配合与协作，协调解决各方面问题，使施工活动顺利开展，保证质量目标、进度目标、安全目标、成本目标的实现。

6. 验收、交工与竣工结算

项目竣工验收是在承包人按施工合同完成了项目全部任务，经检验合格，由发包人组织验收的过程。

项目经理应全面负责工程交付竣工验收前的各项准备工作，建立竣工收尾小组，编制项目竣工收尾计划并限期完成。项目经理部应在完成施工项目竣工收尾计划后，向企业报告，提交有关部门进行验收。承包人在企业内部验收合格并整理好各项交工验收的技术经济资料后，向发包人发出预约竣工验收的通知书，由发包人组织设计、施工、监理等单位进行项目竣工验收。

通过竣工验收程序，办完竣工结算后，承包人应在规定期限内向发包人办理工程移交

手续。

7.项目考核评价

施工项目完成以后,项目经理部应对其进行经济分析,做出项目管理总结报告并交送企业管理层有关职能部门。

企业管理层组织项目考核评价委员会,对项目管理工作进行考核评价。项目考核评价的目的是规范项目管理行为,鉴定项目管理水平,确认项目管理成果,对项目管理进行全面考核和评价。项目终结性考核的内容应包括确认阶段性考核的结果,确认项目管理的最终结果,确认该项目经理部是否具备解体的条件。经考核评价后,兑现"项目管理目标责任书"中的奖惩承诺,项目经理部解体。

8.项目回访保修

承包人在施工项目竣工验收后,对工程使用状况和质量问题向用户访问了解,并按照施工合同的约定和"工程质量保修书"的承诺,在保修期内对发生的质量问题进行修理并承担相应经济责任。

第二节 建筑施工组织概述

一、施工组织设计的作用和任务

施工组织设计是规划和指导拟建工程从施工准备到竣工验收全过程的一个综合性的技术经济文件。它既要体现拟建工程的设计和使用要求,又要符合建筑施工的客观规律,对施工的全过程起战略部署或战术安排的作用。

编制施工组织设计必须统筹规划,充分研究工程的客观情况和施工特点,科学地组织施工,建立正常的生产秩序,充分利用空间、时间,推广采用先进的施工技术和施工工艺,以最少的人力、财力取得最佳的经济效益。

(一)施工组织设计的作用

施工组织设计的主要作用包括以下几个方面:

(1)体现基本建设计划和设计的要求,衡量设计方案施工的可能性和经济合理性。

(2)按科学规律组织建筑施工活动,建立正常的施工程序,有计划地开展各项施工过程。

(3)使参与施工活动的人员胸中有全局,能主动调整施工中的薄弱环节,及时处理可能出现的问题,保证施工的顺利进行。

(4)为组织物资技术供应提供依据,保证及时地进行施工准备工作。

(5)协调在施工中各施工单位之间、各工种之间、各种资源之间的合理关系。

(二)施工组织设计的任务

施工组织设计的基本任务包括以下几个方面:

(1)根据国家对建设项目的工期要求,选择经济合理的施工方案,确定合理的施工顺序。

(2)选择合理的施工方法和施工机械。

(3)确定合理的施工进度。

(4)拟定技术上先进、经济上合理的技术组织措施。

(5)采用有效的劳动组织,并计算劳动力、材料、机械设备等的需要量。

(6)确定合理的空间布置,合理组织包括基本生产、附属生产及辅助生产在内的全部生产活动等。

二、施工组织设计的分类和内容

(一)施工组织设计的分类

施工组织设计根据设计阶段和编制对象的不同大致可分为三类,即施工组织总设计、单位工程施工组织设计和分部分项工程施工组织设计。

(1)施工组织总设计。它是以一个建设项目或建筑群为编制对象,规划其施工全过程各项活动的技术经济的全局性、控制性文件。它是整个建设项目施工的战略部署,涉及范围较广,内容比较概括。一般是在初步设计或扩大初步设计批准后,由总承包单位会同建设、设计和各分包单位共同编制的,也是施工单位编制年度施工计划和单位工程施工组织设计的依据。

(2)单位工程施工组织设计。它是以单位工程为编制对象,用来指导其施工全过程各项活动的技术经济的局部性、指导性文件。它是拟建工程施工的战术安排,是施工单位年度施工计划和施工组织总设计的具体化,可作为编制季度、月计划和分部分项工程施工组织设计的依据。

单位工程施工组织设计,依据工程规模、技术复杂程度不同,在编制内容的广度和深度上有以下两种类型:

①单位工程施工组织设计,内容全面,一般用于重点的、规模大的、技术复杂的或采用新技术的项目。

②简单的单位工程施工组织设计(或施工方案),内容简单,通常只编制施工方案并附以施工进度表和施工平面图。

(3)分部分项工程施工组织设计(专项施工方案)。对于工程规模大、技术复杂或施工难度大的大型工业厂房或公共建筑物,在编制单位工程施工组织设计之后,常需编制某些主要分部分项工程的施工组织设计。如土建中复杂的基础工程、大型吊装工程、高级装修工程等。它是直接指导现场施工和编制月、旬作业计划的依据。

(二)施工组织设计的主要内容

(1)工程概况。主要包括建筑工程的工程性质、规模、地点、工程特点、工期、施工条件、自然环境、地质水文等情况。

(2)施工方案。主要包括各分部分项工程的施工顺序、主要的施工方法、新工艺新方法的运用、质量保证措施等内容。

(3)施工进度计划。主要包括各分部分项工程根据工期目标制订的横道图计划或网络图计划。在有限的资源和施工条件下,如何通过计划调整来实现工期最小化、利润最大化的目标,是制订各项资源需要量计划的依据。

(4)施工平面图。主要包括机械、材料、加工场、道路、临时设施、水源、电源在施工现场的布置情况，是施工组织设计在空间上的安排。确保科学、合理、安全、文明的施工。

(5)施工准备工作及各项资源需要量计划。主要包括施工准备计划、劳动力、机械设备、主要材料、主要构件和半成品构件的需要量计划。

(6)主要技术经济指标。主要包括工期指标、质量指标、安全文明指标、降低成本指标、实物量消耗指标等。主要技术经济指标是用来评价施工的组织管理及技术经济水平的。

第三节　建筑产品与建筑施工的特点

建筑产品是指各种建筑物或构筑物。它与一般工业产品相比，不论产品本身，还是在产品的生产过程中都有其特点。

一、建筑产品的特点

(1)建筑产品的固定性。建筑产品在建造过程中直接与地基基础连接，因此只能在建造地点固定使用，而无法转移。这种一经建造就在空间固定的属性，叫做建筑产品的固定性。固定性是建筑产品与一般工业产品最大的区别。

(2)建筑产品的庞大性。建筑产品与一般工业产品相比，其体形远比工业产品庞大，自重也大。

(3)建筑产品的多样性。建筑物的使用要求、规模、建筑设计、结构类型等各不相同，即使是同一类型的建筑物，也因所在地点、环境条件不同而彼此有所不同。因此，建筑产品不能像一般工业产品那样批量生产。

(4)建筑产品的综合性。建筑产品是一个完整的固定资产实物体系，不仅土建工程的艺术风格、建筑功能、结构构造、装饰做法等方面堪称是一种复杂的产品，而且工艺设备、采暖通风、供水供电、卫生设备、智能系统等各类设施也错综复杂。

二、建筑施工的特点

(一)建筑施工的流动性

建筑产品的固定性决定了建筑施工的流动性。一般工业产品，生产者和生产设备是固定的，产品在生产线上流动；而建筑产品则相反，产品是固定的，生产者和生产设备不仅要随着建筑物建造地点的变更而流动，而且要随着建筑物的施工部位的改变而在不同的空间流动。这就要求事先有一个周密的施工组织设计，使流动的人、机、物等互相协调配合，做到连续、均衡施工。

(二)建筑施工的工期长

建筑产品的庞大性决定了建筑施工的工期长。建筑产品在建造过程中要投入大量的劳动力、材料、机械设备等，因而与一般工业产品相比，其生产周期较长，少则几个月，多则几年。这就要求事先有一个合理的施工组织设计，尽可能缩短工期。

(三)建筑施工的个别性

建筑产品的多样性决定了建筑施工的个别性。不同的甚至相同的建筑物，在不同的地区、季节及现场条件下，施工准备工作、施工工艺和施工方法等也不尽相同，因此建筑产品的生产基本上是单个订做，这就要求施工组织设计根据每个工程的特点、条件等因素制订出可行的施工方案。

（四）建筑施工的复杂性

建筑产品的综合性决定了建筑施工的复杂性。建筑产品是露天、高空作业，甚至有的是地下作业，加上施工的流动性和个别性，必然造成施工的复杂性，这就要求施工组织设计不仅从质量、技术组织方面考虑施工措施，还要从安全等方面综合考虑施工方案，使建筑工程施工顺利的进行。

小　结

基本建设程序是指建设项目在设想、选择、评估、决策、设计、施工到竣工验收、投入生产的整个过程中，各项工作的先后次序是拟建建设项目在整个建设过程中必须遵循的客观规律。

建筑施工组织是研究和制订组织建筑安装工程施工全过程既合理又经济的方法和途径；针对不同的工程对象又可分为施工组织总设计、单位工程施工组织设计、分部分项工程施工组织设计。

施工项目管理程序是拟建工程项目在整个施工阶段中必须遵循的客观规律，是长期施工实践经验的总结，反映了整个施工阶段必须遵循的先后次序。

思考题

1. 一个建设项目由哪些工程内容组成？
2. 试述施工组织设计的作用与分类。
3. 试述施工组织设计的依据和原则。
4. 试述基本建设程序的主要内容。
5. 试述建筑项目管理程序。
6. 试述建筑产品的施工特点。

第二章　建筑施工准备工作

【本章要点】

了解建筑施工准备工作的作用与分类，掌握建筑施工准备工作的主要内容及技术资料、现场、人员、机械和材料、冬雨期施工的准备工作要点，了解施工准备原始资料的调查收集方法。

【学习重点】

施工技术准备，施工现场准备。

第一节　建筑施工准备工作的作用与分类

建筑施工准备工作是为了保证工程顺利开工和施工活动的正常进行而必须做好的各项准备工作。它不仅存在于开工之前，而且贯穿于施工的全过程。

一、建筑施工准备工作的作用

现代的建筑施工是一项十分复杂的生产活动，它不仅要耗用大量的材料、使用许多机具设备，还要组织安排各工种的施工人员操作，要处理各种复杂的技术问题，协调各种协作配合关系，涉及面广、情况繁杂、千头万绪。施工准备工作是施工企业搞好目标管理、推行技术经济承包的重要前提条件，同时还是土建施工和设备安装顺利进行的根本保证。因此，认真做好施工准备工作，对于发挥企业优势、调动各方面的积极因素、合理组织人力物力等资源、加快施工进度、提高工程质量、降低工程成本、增加经济效益、实现企业现代化管理等具有重要意义。

实践证明，凡是重视和做好施工准备工作，能事先细致周到地为施工创造一切必要的条件，那么该工程的施工任务就能顺利完成；反之，凡是违背施工程序，忽视施工准备工作，工程仓促开工，又不做好开工以后各施工阶段的准备工作，也往往造成事与愿违的客观结果，给工程带来损失，其后果不堪设想。因此，严格遵守施工程序，按照客观规律组织施工，做好各项施工准备工作，是施工顺利进行和工程圆满完成的重要保证。

做好施工准备工作具有以下意义：

(1)遵循建筑施工程序。施工准备是建筑施工程序的一个重要阶段。现代工程施工是十分复杂的生产活动，其技术规律和市场经济规律要求工程施工必须严格按建筑施工程序进行。只有认真做好施工准备工作，才能取得良好的建设效果。

(2)降低施工风险。就工程项目施工的特点而言，其生产受外界干扰及自然因素的影响较大，因而施工中可能遇到的风险就多。只有充分做好施工准备工作，采取预防措施，加强应变能力，才能有效地降低风险。

(3)创造工程开工和顺利施工条件。工程项目施工中不仅需要耗用大量材料，使用许多机械设备，组织安排各工种人力，涉及广泛的社会关系，而且还要处理各种复杂的技术问题，协调各种配合关系，因而需要统筹安排和周密准备，才能使工程顺利开工，开工后能连续顺利施工且能得到各方面条件的保证。

(4)提高企业经济效益。认真做好工程项目施工准备工作，能调动各方面的积极因素，合理组织资源进度，提高工程质量，降低工程成本，从而提高企业经济效益和社会效益。

实践证明，施工准备工作的好与坏，将直接影响建筑产品生产的全过程。凡是重视做好施工准备工作，积极为工程项目创造一切有利的施工条件，那么该工程能顺利开工，取得施工的主动权；反之，如果违背施工程序，忽视施工准备工作，或工程仓促开工，必然在工程施工中受到各种矛盾制约，处处被动，以致造成重大的经济损失。

二、建筑施工准备工作的要求

（一）施工准备不仅施工单位要做好，相关单位也要做好

建设单位在设计任务书及初步设计（或扩大初步设计）批准后，应做好各种主要设备的订货（各种大型专用机械设备和特殊材料要早作订购安排），并着手建设征地，拆迁障碍物，申请建筑许可证，接通场外的道路、水源及电源等准备工作。

设计单位在初步设计和总概算批准以后，应做好单项（单位）工程施工图及相应的设计概算等工作。

施工单位承接工程后应做好整个建设项目的施工部署、原始资料的调查分析、编制施工图预算和施工预算、编制施工组织设计，按其要求做好施工准备工作。

（二）施工准备工作应分阶段、有组织、有计划、有步骤地进行

施工准备工作不仅在开工前进行，而且要贯穿在整个施工过程中。随着工程施工的不断进行，在各分部分项工程施工开始之前，都要不间断地做好施工准备工作，为顺利进行各阶段的施工创造必要条件。

为了保证施工准备工作的按时完成，应编制施工准备工作计划，明确其完成的时间、内容要求及责任人员，并纳入施工单位的施工组织设计和年度、季度及月度施工计划中去，认真贯彻执行。

（三）施工准备工作应有严格的保证措施

为了确保施工准备工作的有效实施，应做到以下几个方面：

(1)建立施工准备工作责任制。按施工准备工作计划将责任落实到有关部门和人，同时明确各级技术负责人在施工准备工作中应负的责任。

(2)建立施工准备工作检查制度。施工准备工作不仅有计划、有分工，而且要有布置、有检查，以利于经常监督、发现薄弱环节，不断改进工作。

(3)坚持按基本建设程序办事，严格执行开工报告制度。在做好各项施工准备工作后，应写出开工报告，向监理提出开工申请，经监理审查批准后，方可开工。工程开工报告如表 2-1 所示。

单位工程应具备的开工条件包括以下几个方面：

(1)施工图纸已经会审并有记录；

(2)施工组织设计已经审核批准并已进行交底;

(3)施工图预算和施工预算已经编制并审定;

(4)施工合同已经签订,施工许可证已经审批办好;

(5)现场障碍物已清除,场地已平整,施工道路、水源、电源已接通,排水沟渠畅通,能满足施工需要;

(6)材料、构件、半成品和生产设备等已经落实并能陆续进场,可保证连续施工的需要;

(7)各种临时设施已经搭设,能满足施工和生活需要;

(8)施工机械、设备的安排已落实,先期使用的已运入现场、已试运转并能正常使用;

(9)劳动力安排已经落实,可以按时进场;

(10)现场安全守则、安全宣传牌已经建立,安全、防火的必要设施已具备。

编号:______

表 2-1　工程开工报告　　　　表号:监 A-04

<table>
<tr><td>工程名称</td><td></td></tr>
<tr><td>合同编号</td><td></td></tr>
<tr><td colspan="2">____________________(监理单位)
我单位承担________工程施工任务,已完成开工前的各项准备(施工组织设计、施工进度计划、施工概预算、分包单位等以及现场的设施),已办妥各项手续(建筑许可证,施工许可),计划于________年________月________日开工。请审批。
附:施工组织设计(施工方案)及说明书。

施工承包单位(章)　　　日期________
技术负责人________　　　日期________</td></tr>
<tr><td colspan="2">监理单位审查意见:

监理工程师________　　日期________
总监理工程师________　　日期________
监理单位(章)　　日期________</td></tr>
</table>

注:本表由施工承包单位填报,一式三份,监理单位、施工单位、业主各一份。

(四)施工准备工作应做好几个结合

1. 施工与设计的结合

施工合同签订后,施工单位应在总体规划、平面布局、结构造型、构件选择、新材料和新技术的采用以及出图顺序等方面与设计单位取得一致意见,便于日后施工。

2. 室内与室外的结合

室内准备工作是指各种技术经济资料的编制和汇集(如熟悉图纸、编制施工组织设计等),室外准备工作是施工现场和物资准备。室内准备对室外准备起指导作用,而室外准备是室内准备的具体落实。

3. 土建工程与专业工程的结合

土建施工单位在明确施工任务，制订出施工准备工作的初步计划后，应及时告知各有关协作的专业单位，使各协作单位及早做好必要的施工准备工作。

4. 前期准备与后期准备的结合

由于施工准备工作周期长，有一些是开工前做的，有一些是开工后交叉进行的。因此，既要立足于前期的准备工作，又要着眼于后期的准备工作。要统筹安排好前期、后期的准备工作，把握时机，及时做好近期的施工准备工作。

三、建筑施工准备工作的分类

(一)按准备工作范围分

(1)全场性施工准备。它是以一个建筑工地为对象而进行的各项施工准备，目的是为全场性施工服务，也兼顾单位工程施工条件的准备。

(2)单位工程施工条件的准备。它是以一个建筑物为对象而进行的施工准备，目的是为该单位工程施工服务，也兼顾分部分项工程施工作业条件的准备。

(3)分部分项工程施工作业条件的准备。它是以一个分部分项工程或冬雨期施工工程为对象而进行的作业条件的准备。

(二)按工程所处施工阶段分

(1)开工前的施工准备。它是在拟建工程正式开工前所进行的一切施工准备，目的是为工程正式开工创造必要的施工条件。

(2)开工后的施工准备。它是在拟建工程开工后各个施工阶段正式开始之前所进行的施工准备。

第二节　建筑施工准备工作的内容

施工准备工作要贯穿整个施工过程的始终，根据施工顺序的先后，有计划、有步骤、分阶段进行。按准备工作的性质，大致归纳为五个方面：

(1)调查研究及收集资料；

(2)施工技术准备；

(3)施工现场准备；

(4)施工人员准备；

(5)施工机械和材料准备。

一、调查研究及收集资料

(一)原始资料的调查研究

1. 调查有关项目的特征与要求

建筑产品生产的地区性取决于建设地区的自然条件、技术经济条件对建设项目的影响和制约。因此，在编制施工组织设计时，应以建设地区自然条件、技术经济条件、地址环境等实际情况为依据。编制人通常不熟悉这些原始资料，常会给施工带来麻烦，因此必须进行原始资料调查分析。

在调查分析开始之前,应拟定详细的调查提纲,以便调查研究工作有目的、有计划的进行。

调查时,首先向建设单位、勘测设计单位收集有关计划任务书、工程地址选择报告、初步设计、施工图以及工程概预算等资料;向有关部门收集现行的有关规定,该工程的有关文件、协议和类似工程的实践经验资料等;了解各种建筑材料、构件、制品的加工能力和供应情况,能源、交通运输和生活状况,参加施工单位的施工能力和管理状况等。对于缺少的资料予以补充,对有疑点的资料不仅要进行核实,还要到施工现场进行实地勘测调查。

原始资料调查分析的目的是为编制拟建工程施工组织设计提供全面、系统和科学的依据。

2. 建设地区自然条件调查

建设地区自然条件调查内容包括建设地区的气象、地形、地貌、工程地质、水文地质、场地周围环境、地上障碍物和地下隐蔽物等,如表2-2所示。这些资料来源于当地气象台、勘测设计单位和施工单位现场勘测的结果,用做确定施工方法、技术措施,以及编制施工进度计划和施工平面布置设计的依据。

表2-2　自然条件调查

调查类别	项目	调查内容	调查目的
气象	气温	1. 年平均、最高、最低、最冷月份的逐月平均温度 2. 冬、夏季室外计算温度 3. ≤ −3 ℃、0 ℃、5 ℃的天数,起止时间	1. 确定防暑降温的措施 2. 确定冬期施工措施 3. 估计混凝土、砂浆强度
	雨(雪)	1. 雨期起止时间 2. 月平均降雨(雪)量、最大降雨(雪)量、一昼夜最大降雨(雪)量 3. 全年雷暴日数	1. 确定雨期施工措施 2. 确定排、防洪方案 3. 确定防雷设施
	风	1. 主导风向及频率(风玫瑰图) 2. 全年≥8级风的天数、时间	1. 确定临时设施的布置方案 2. 确定高空作业及吊装的技术安全措施
工地地形地质	地形	1. 区域地形图:1/10 000 ~ 1/25 000 2. 工程位置地形图:1/1 000 ~ 1/2 000 3. 该地区城市规划图 4. 经纬坐标桩、水准基桩的位置	1. 选择施工用地 2. 布置施工总平面图 3. 场地平整及土方量计算 4. 了解障碍物及其数量
	工程地质	1. 钻孔布置图 2. 地质剖面图:土层类别、厚度 3. 物理力学指标:天然含水率、空隙率、塑性指数、渗透系数、压缩试验及地基土强度 4. 地层的稳定性:断层滑块、流砂 5. 最大冻结深度 6. 地基土破坏情况:枯井、古墓、防空洞及地下建筑物	1. 土方施工方法的选择 2. 地基土的处理方法 3. 基础施工方法 4. 复核地基基础设计 5. 拟定障碍物拆除计划
	地震	地震等级、烈度大小	确定对基础的影响、注意事项

续表 2-2

调查类别	项目	调查内容	调查目的
工程水文地质	地下水	1. 最高、最低水位及时间 2. 水的流向、流速及流量 3. 水质分析:水的化学成分 4. 抽水试验	1. 基础施工方案的选择 2. 降低地下水位的方法 3. 拟定防止侵蚀性介质的措施
	地表水	1. 临近江河湖泊距工地的距离 2. 洪水、平水、枯水期的水位、流量及航道深度 3. 水质分析:水的化学成分 4. 最大、最小冻结深度及冻结时间	1. 确定临时给水方案 2. 确定运输方案 3. 确定水工工程施工方案 4. 确定工地防洪方案

3. 给水、供电资料的调查

给水、供电等能源资料可向当地城建、电力、电信和建设单位等进行调查,主要用做选择施工临时供水、供电、供气的方式,提供经济分析比较的依据。水、电、气资料的调查如表 2-3 所示。

表 2-3　水、电、气资料的调查

序号	项目	调查内容	调查目的
1	给排水	1. 工业用水与当地现有水源连接的可能性,可供水量、管线敷设地点、管径、材料、埋深、水压、水质及水费,水源至工地距离,沿途地形地物状况 2. 自选临时江河水源的水质、水量、取水方式,至工地距离,沿途地形地物状况,自选临时水井的位置、深度、管径、出水量和水质 3. 利用永久性排水设施的可能性,水工排水的去向、距离和坡度,有无洪水影响,防洪设施状况	1. 确定生活、生产供水方案 2. 确定工地排水方案和防洪设施 3. 拟定供排水设施的施工进度计划
2	供电	1. 当地电源位置,引入的可能性,可供电的容量、电压、导线截面和电费,引入方向,接线地点及其至工地的距离,沿途地形地物状况 2. 建设单位和施工单位自有的发、变电设备的型号、台数和容量 3. 利用临近电信设施的可能性,电话、电报局等至工地的距离,可能增设电信设备、线路的情况	1. 确定供电方案 2. 确定通信方案 3. 拟定供电、通信设施的施工进度计划

续表 2-3

序号	项目	调查内容	调查目的
3	蒸汽等	1. 蒸汽来源，可供蒸汽量，接管地点、管径、埋深，至工地距离，沿途地形地物状况，蒸汽价格 2. 建设、施工单位自有锅炉的型号、台数和能力，所需燃料及水质标准 3. 当地或建设单位可能提供的压缩空气、氧气的能力，至工地距离	1. 确定生产、生活用气的方案 2. 确定压缩空气、氧气的供应计划

4. 交通运输资料的调查

交通运输方式一般有铁路、公路、水路等，交通运输资料可向当地铁路、公路运输和航运管理部门进行调查，主要用做组织施工运输业务、选择运输方式的依据。交通运输资料的调查如表 2-4 所示。

表 2-4　交通运输资料的调查

序号	项目	调查内容	调查目的
1	铁路	1. 临近铁路专用线、车站至工地的距离及沿途运输条件 2. 站场卸货线长度，起重能力和储存能力 3. 装卸单个货物的最大尺寸、重量的限制	1. 选择运输方式 2. 拟定运输计划
2	公路	1. 主要材料产地至工地的公路等级、路面构造、路宽及完成情况，允许最大载重量；途经桥涵等级、允许最大尺寸、最大载重量 2. 当地专业运输结构及附近村镇能提供的装卸、运输能力（吨公里），汽车、畜力、人力车的数量及运输效率，运费、装卸费 3. 当地有无汽车修配厂、装配能力和至工地的距离	
3	航运	1. 货源、工地至临近河流码头、渡口的距离，道路情况 2. 洪水、平水、枯水期时，通航的最大船只及吨位，取得船只的可能性 3. 码头装卸能力、最大起重量，增设码头的可能性 4. 渡口的渡船能力：同时可载汽车、马车数，每日次数，能为工地施工提供的运载能力 5. 运费、渡口费、装卸费	

5. 机械设备与建筑材料的调查

机械设备是指施工项目的主要工艺设备。建筑材料是指水泥、钢材、木材、砂、石、砖、预制构件、半成品以及成品等。这些资料可以向当地部门调查，主要用做确定材料和设备采购供应计划、加工方式、储存和堆放场地以及建造临时设施的依据。机械设备与建筑材料的调查如表2-5所示。

表2-5 机械设备与建筑材料的调查

序号	项目	调查内容	调查目的
1	三材	1. 本省或本地区钢材生产情况、质量、规格、钢号、供应能力等 2. 本省或本地区木材供应情况、规格、等级、数量等 3. 本省或本地区水泥厂家数量,水泥质量、品种、强度等级、供应能力	1. 确定临时设施和堆放专场 2. 确定木材加工计划 3. 确定水泥储运方式
2	特殊材料	1. 需要的品种、规格、数量 2. 试制、加工和供应情况	1. 制订供应计划 2. 确定储运方式
3	主要设备	1. 主要工艺设备名称、规格、数量和供货单位 2. 供应时间:分批和全部到货时间	1. 确定临时设施和堆放专场 2. 拟定防雨措施
4	地材	1. 本省或本地区砂子供应情况、规格、等级、数量等 2. 本省或本地区石子供应情况、规格、等级、数量等 3. 本省或本地区砌筑材料供应情况、规格、等级、数量等	1. 制订供应计划 2. 确定堆放场地

6. 劳动力和生活条件的调查

这些资料可以向当地劳动、卫生、教育等部门进行调查,主要用做拟定劳动力安排计划、建立职工生活基地、确定临时设施面积的依据。劳动力和生活条件的调查如表2-6所示。

表2-6 劳动力和生活条件的调查

序号	项目	调查内容	调查目的
1	社会劳动力	1. 少数民族地区的风俗习惯 2. 当地能支援的劳动力人数、技术水平和来源 3. 上述人员的生活安排	1. 拟定劳动力计划 2. 安排临时设施
2	房屋设施	1. 必须在工地居住的单身人数和户数 2. 能作为施工用的现有的房屋栋数、每栋面积、结构特征、总面积、位置,以及水、暖、电、卫设备状况 3. 上述建筑物的适宜用途:作宿舍、食堂、办公室的可能性	1. 确定原有房屋为施工服务的可能性 2. 安排临时设施
3	生活服务	1. 文化教育、消防治安等机构为施工提供的支援能力 2. 临近医疗单位至工地的距离,可能就医的情况 3. 周围是否存在有害气体,污染情况,有无地方病	安排职工生活基地,解除后顾之忧

（二）参考资料的收集

在编制施工组织设计时，为了弥补原始资料的不足，有时还可借助一些相关的参考资料作为编制依据。这些参考资料可利用现有的施工定额、施工手册、施工组织设计实例或通过平时施工实践活动来获得。

以下的气象、雨期、冬期、机械台班产量、施工工期等资料仅供参考。

1. 气象、雨期及冬期参考资料

这些资料一般向气象部门调查，可作为确定冬雨期施工的依据。全国部分地区气象、雨期及冬期的参考资料如表 2-7 ~ 表 2-9 所示。

表 2-7　全国部分地区气象参考资料

城市名称	温度（℃）				最大风速（m/s）	日最大降雨量（mm）	最大冻土深度（cm）	最大积雪深度（cm）
	月平均		极端					
	最冷	最热	最高	最低				
北京	-3.4	25.1	40.6	-27.4	21.5	212.2	69	18
上海	4.4	26.3	38.2	-9.1	20.0	204.4	8	14
哈尔滨	-17.2	21.2	35.4	-38.1	20.0	94.8	194	13
长春	-14.4	21.5	36.4	-36.5	34.2	126.8	169	40
沈阳	-10.03	23.3	35.7	-30.5	25.2	118.9	139	20
大连	-3.5	22.1	34.4	-21.1	34.0	149.4	93	37
石家庄	-1.4	25.9	42.7	-19.8	20.0	200.2	52	15
太原	-4.9	22.3	38.4	-24.6	25.0	183.5	74	13
郑州	1.1	26.8	43.0	-15.8	—	112.3	18	—
汉口	4.3	27.6	38.7	-17.3	20.0	261.7	—	12
青岛	-1.03	23.7	36.9	-17.2	18.0	234.1	42	13
徐州	1.1	26.4	39.5	-22.6	16.0	127.9	24	25
南京	3.3	26.9	40.5	-13.0	19.8	160.6	—	14
广州	14.03	27.09	37.6	0.1	22.0	253.6	—	—
南昌	6.2	28.2	40.6	-7.6	19.0	188.1	—	16
南宁	13.7	27.9	39.0	-1.0	16.0	127.5	—	—
长沙	6.2	28.0	39.8	-9.5	20.0	192.5	4	10
重庆	8.7	27.4	40.4	-0.9	22.9	109.3	—	—
贵阳	6.03	22.9	35.4	-7.8	16.0	113.5	—	8
昆明	8.3	19.4	31.2	-5.1	18.0	87.8	—	6
西安	0.5	25.9	41.7	-18.7	19.1	69.8	24	12
兰州	-5.2	21.03	36.7	-21.7	10.0	50.0	103	10

表 2-8 全国部分地区全年雨期参考资料

地区	雨期起止日期(月-日)	月数
长沙、株洲、湘潭	02-01 ~ 08-31	7
南昌	02-01 ~ 07-31	6
汉口	04-01 ~ 08-15	4.5
上海、成都、昆明	05-01 ~ 09-30	5
重庆、宜宾	05-01 ~ 10-31	6
长春、哈尔滨、佳木斯、开远	06-01 ~ 08-31	3
大同、侯马	07-01 ~ 07-31	1
包头、新乡	08-01 ~ 08-31	1
沈阳、葫芦岛、北京、天津、大连、长治	07-01 ~ 08-31	2
齐齐哈尔、富拉尔基、宝鸡、绵阳、德阳、温江、太原、西安、洛阳、郑州	07-01 ~ 09-15	2.5

表 2-9 全国部分地区冬期天数参考资料

分区	平均温度	冬期起止日期(月-日)	天数(d)
第一区	-1 ℃以内	12-01 ~ 02-16 12-28 ~ 03-01	74 ~ 80
第二区	-4 ℃以内	11-10 ~ 02-28 11-25 ~ 03-21	96 ~ 127
第三区	-7 ℃以内	11-01 ~ 03-20 11-10 ~ 02-21	131 ~ 151
第四区	-10 ℃以内	10-20 ~ 03-25 11-01 ~ 04-05	141 ~ 168
第五区	-14 ℃以内	10-15 ~ 04-05 10-15 ~ 04-15	173 ~ 183

2. 机械台班产量参考资料

土方机械、钢筋混凝土机械、起重机械及装修机械台班产量参考指标,如表 2-10 ~ 表 2-13 所示。

表 2-10　土方机械台班产量参考指标

序号	机械名称		型号	主要性能				理论生产率		常用台班产量	
								单位	数量	单位	数量
1	单斗挖掘机			斗容量（m^3）	反铲时最大挖深（m）						
		蟹斗式		0.2						m^3	80~120
		履带式	W_1-30	0.3	2.6（基坑）1（沟）			m^3/h	72	m^3	150~250
		轮胎式	W_1-30	0.3	4			m^3/h	63	m^3	200~300
		履带式	W_1-50	0.5	5.56			m^3/h	120	m^3	250~350
		履带式	W_1-60	0.6	5.2			m^3/h	120	m^3	300~400
		履带式	W_2-100	1	5.0			m^3/h	240	m^3	400~600
		履带式	W_1-100	1	6.5			m^3/h	180	m^3	350~550
2	拖式铲运机			斗容量（m^3）	铲土宽（m）	铲土深（cm）	铲土厚（cm）				运距 200~300 m 时
			2.25	2.25	1.86	15	20	m^3/h	22~28（运距 100 m）	m^3	80~120
			$C_6-2.5$	2.5	1.9	15	30	m^3/h		m^3	100~150
			C_5-6	6	2.6	15	38	m^3/h		m^3	250~350
			C_6-8	6	2.6	30	38	m^3/h		m^3	300~400
			C_4-7	7	2.7	30	40	m^3/h		m^3	250~350
3	推土机			马力❶	铲土宽（m）	铲土深（cm）	铲土厚（cm）		运距 50 m		运距 15~25 m 时
			T_1-54	54	2.28	78	15	m^3/h	28	m^3	150~200
			T_2-60	75	2.28	78	29	m^3/h		m^3	150~200
			东方红 -75	75	2.28	78	26.8	m^3/h	60~65	m^3	150~200
			T_1-100	90	3.03	110	18	m^3/h	45	m^3	150~200
			移山 80	90	3.10	110	18	m^3/h	40~80	m^3	300~500
			移山 80 湿地	90	3.69	96					
					可在水深 4 080 cm 处推土						
			T_2-100	90	3.80	86	65	m^3/h	70~80	m^3	300~500
			T_2-120	120	3.76	100	30	m^3/h	80	m^3	400~600

❶ 1 马力 = 735.99 W。

表 2-11　钢筋混凝土机械台班产量参考指标

<table>
<tr><th rowspan="2">序号</th><th rowspan="2">机械名称</th><th rowspan="2">型号</th><th rowspan="2" colspan="3">主要性能</th><th colspan="2">理论生产率</th><th colspan="2">常用台班产量</th></tr>
<tr><th>单位</th><th>数量</th><th>单位</th><th>数量</th></tr>
<tr><td rowspan="4">1</td><td rowspan="4">混凝土搅拌机</td><td>J_1-250</td><td colspan="3">装料容量 0.25 m^3</td><td>m^3/h</td><td>3 ~ 5</td><td>m^3</td><td>15 ~ 25</td></tr>
<tr><td>J_1-400</td><td colspan="3">装料容量 0.4 m^3</td><td>m^3/h</td><td>6 ~ 12</td><td>m^3</td><td>25 ~ 50</td></tr>
<tr><td>J_4-375</td><td colspan="3">装料容量 0.375 m^3</td><td>m^3/h</td><td>12.5</td><td></td><td></td></tr>
<tr><td>J_4-1500</td><td colspan="3">装料容量 1.5 m^3</td><td>m^3/h</td><td>3</td><td></td><td></td></tr>
<tr><td rowspan="2">2</td><td rowspan="2">混凝土搅拌机组</td><td>HL_1-20</td><td colspan="3">0.75 m^3 双锥式搅拌机组</td><td>m^3/h</td><td>20</td><td></td><td></td></tr>
<tr><td>HL_1-90</td><td colspan="3">1.6 m^3 双锥式搅拌机组 3 台</td><td>m^3/h</td><td>72 ~ 90</td><td></td><td></td></tr>
<tr><td rowspan="5">3</td><td rowspan="3">混凝土喷射机</td><td></td><td>最大骨料(mm)</td><td>最大水平运距(m)</td><td>最大垂直运距(m)</td><td></td><td></td><td></td><td></td></tr>
<tr><td>HP_1-4</td><td>25</td><td>200</td><td>40</td><td>m^3/h</td><td>4</td><td></td><td></td></tr>
<tr><td>HP_1-5</td><td>25</td><td>240</td><td></td><td>m^3/h</td><td>4 ~ 5</td><td></td><td></td></tr>
<tr><td rowspan="2">混凝土输送泵</td><td>ZH05</td><td>50</td><td>250</td><td>40</td><td>m^3/h</td><td>6 ~ 8</td><td></td><td></td></tr>
<tr><td>HB8</td><td>40</td><td>200</td><td>30</td><td>m^3/h</td><td>8</td><td></td><td></td></tr>
</table>

表 2-12　起重机械台班产量参考指标

<table>
<tr><th rowspan="2">序号</th><th rowspan="2">机械名称</th><th rowspan="2">工作内容</th><th colspan="2">常用台班量</th></tr>
<tr><th>单位</th><th>数量</th></tr>
<tr><td>1</td><td>履带式起重机</td><td>构件综合吊装,按每吨起重能力计</td><td>t</td><td>5 ~ 10</td></tr>
<tr><td>2</td><td>轮胎式起重机</td><td>构件综合吊装,按每吨起重能力计</td><td>t</td><td>7 ~ 14</td></tr>
<tr><td>3</td><td>汽车式起重机</td><td>构件综合吊装,按每吨起重能力计</td><td>t</td><td>8 ~ 18</td></tr>
<tr><td>4</td><td>塔式起重机</td><td>构件综合吊装</td><td>吊次</td><td>80 ~ 120</td></tr>
<tr><td>5</td><td>少先式起重机</td><td>构件吊装</td><td>t</td><td>15 ~ 20</td></tr>
<tr><td>6</td><td>平台式起重机</td><td>构件提升</td><td>t</td><td>15 ~ 20</td></tr>
<tr><td rowspan="2">7</td><td rowspan="2">卷扬机</td><td>构件提升,按每吨牵引力计</td><td>t</td><td>30 ~ 50</td></tr>
<tr><td>构件提升,按提升次数计(四、五层楼)</td><td>次</td><td>60 ~ 100</td></tr>
</table>

3. 施工工期参考指标

施工工期是指建筑物(或构筑物)开工到竣工的全部施工天数。施工工期指标一般用来作为确定工期、编制计划的依据。这里主要介绍单位工程施工工期的参考指标。

中华人民共和国住房和城乡建设部 2000 年颁发的《全国统一建筑安装工程工期定额》,是用以控制建筑工程工期的定额。该定额可供施工单位编制施工组织设计、投标标书和考核施工工期时使用,也可用于编制招标标底和签订建筑工程承包合同。表 2-14 为其中部分住宅工程的工期定额。

表 2-13　装修机械台班产量参考指标

序号	机械名称	型号	主要性能		理论生产率		常用台班产量	
					单位	数量	单位	数量
1	喷灰机		墙顶棚喷涂灰浆				m^2	400 ~ 600
2	混凝土抹光机	HM – 66	大面积混凝土表面抹光		m^2/班	320 ~ 450		
	混凝土抹光机	69 – 1	大面积混凝土表面抹光		m^2/班	100 ~ 300		
3	水磨石机	MS – 1	磨盘直径 29 cm		m^2/h	3.5 ~ 4.5		
4	灰浆泵		垂直距离(m)	水平运距(m)				
	直接作用式	HB_6 – 3	40	150	m^2/h	3		
	直接作用式	HP – 013	40	150	m^2/h	3		
	隔膜式	HB_6 – 3	40	100	m^2/h	3		
	灰气联合式	HK – 3.6 – 74	25	150	m^2/h	3.5		
5	木地板磨光机	北京	电动机功率	1.5 kW	m^2/h	20 ~ 30		

套用指标时应注意以下几个方面：

(1)多用途的、多种结构的单位工程工期，分别套用不同用途、不同结构的定额工期，按面积加权平均值计算。

(2)不同层数单位工程工期，当高层数部分的面积占 30% 及以上时，按高层数的定额计算；不足 30% 时，按底层数计算。

(3)定额中的层数指建筑物地面以上部分的层数，出屋面的层数，如电梯间、水箱间及地下室、地下车库均不计算层数。

(4)层数、面积超出本定额时，其工期可按最后相邻层数、面积的工期差值递增。

(5)基础开挖，以三类土为准。如为四类土，单位工程工期乘以 1.02 系数，石方乘以 1.05 系数。基础埋深(从室外地坪算起)，Ⅰ、Ⅱ类地区以 2 m 为准，Ⅲ类地区以 2.5 m 为准。每增加 1 m 另加工期 10 d。

(6)8 层以上的已包括打桩工期，但桩长超过 10 m 时，另加工期。7 层以下不包括打桩工期。

(7)层高小于 2.2 m 的技术层，不计算层数和面积，其工期按相邻层数工期差的 1/2 计算。

(8)现浇框架结构指全现浇、部分预制，其工期按现浇框架乘以 0.96 系数。

(9)带裙带的住宅、办公、教学、医疗、科研楼，其工期另增 30 d。

(10)本定额工期的砖混结构的抗震按 7 度设防，如为 8 度时，乘以 1.02 系数。

表 2-14　部分住宅工程工期定额

序号	结构	层数	建筑面积（m^2）	地区分类 Ⅰ	Ⅱ	Ⅲ	备注
1	混合	1	500 以内	95	100	115	
		2	500 以内	110	115	130	
			1 000 以内	120	130	145	
			2 000 以内	135	145	160	
		3	1 000 以内	135	145	160	
			2 000 以内	150	160	180	
			3 000 以内	165	175	200	
		4	1 000 以内	150	160	180	
			2 000 以内	165	175	200	
			3 000 以内	185	195	220	
			5 000 以内	205	215	240	
		5	2 000 以内	185	195	225	
			3 000 以内	205	215	245	
			5 000 以内	225	235	265	
			7 000 以内	245	255	290	
		6	2 000 以内	205	215	250	
			3 000 以内	225	235	270	
			5 000 以内	245	255	295	
			7 000 以内	265	275	320	
		7	3 000 以内	255	265	300	
			5 000 以内	275	285	325	
			7 000 以内	295	305	350	
			10 000 以内	320	330	375	
		8	3 000 以内	285	295	330	包括电梯
			5 000 以内	305	315	355	包括电梯
			7 000 以内	325	335	380	包括电梯
			10 000 以内	350	360	405	包括电梯
2	砌块	4	2 000 以内	160	170	195	
			3 000 以内	180	190	215	
			5 000 以内	200	210	235	
		5	2 000 以内	180	190	215	
			3 000 以内	200	210	235	
			5 000 以内	220	230	255	
			7 000 以内	240	250	280	
		6	2 000 以内	200	210	240	
			3 000 以内	220	230	260	
			5 000 以内	240	250	280	
			7 000 以内	260	270	305	

续表 2-14

序号	结构	层数	建筑面积（m^2）	地区分类			备注
				Ⅰ	Ⅱ	Ⅲ	
3	现浇框架	6 以下	2 000 以内	240	255	290	
			3 000 以内	260	275	315	
			5 000 以内	280	300	340	
			7 000 以内	310	335	370	
		8 以下	5 000 以内	355	370	415	包括电梯
			7 000 以内	380	395	445	包括电梯
			10 000 以内	405	420	475	包括电梯
			15 000 以内	430	450	505	包括电梯
		10 以下	7 000 以内	405	425	480	包括电梯
			10 000 以内	430	450	510	包括电梯
			15 000 以内	455	480	540	包括电梯
			20 000 以内	485	510	570	包括电梯
		12 以下	10 000 以内	460	485	545	包括电梯
			15 000 以内	485	515	575	包括电梯
			20 000 以内	515	545	605	包括电梯
		14 以下	10 000 以内	495	520	580	包括电梯
			15 000 以内	520	550	610	包括电梯
			20 000 以内	550	580	645	包括电梯
		16 以下	10 000 以内	530	555	615	包括电梯
			15 000 以内	555	585	645	包括电梯
			20 000 以内	585	615	680	包括电梯
		18 以下	15 000 以内	590	620	680	包括电梯
			20 000 以内	620	650	715	包括电梯
			25 000 以内	655	685	750	包括电梯
		20 以下	15 000 以内	630	660	720	包括电梯
			20 000 以内	660	690	755	包括电梯
			25 000 以内	695	725	790	包括电梯
			30 000 以内	730	765	825	包括电梯

续表 2-14

序号	结构	层数	建筑面积（m^2）	地区分类			备注
				Ⅰ	Ⅱ	Ⅲ	
4	滑模工艺	8 以下	5 000 以内	270	280	315	包括电梯
			7 000 以内	290	300	335	包括电梯
			10 000 以内	310	320	360	包括电梯
			15 000 以内	330	345	385	包括电梯
		10 以下	7 000 以内	310	325	360	包括电梯
			10 000 以内	330	345	385	包括电梯
			15 000 以内	350	370	410	包括电梯
			20 000 以内	370	395	435	包括电梯
		12 以下	10 000 以内	355	370	480	包括电梯
			15 000 以内	375	395	435	包括电梯
			20 000 以内	395	420	460	包括电梯
		14 以下	10 000 以内	380	395	435	包括电梯
			15 000 以内	400	420	460	包括电梯
			20 000 以内	420	445	485	包括电梯
		16 以下	10 000 以内	405	420	460	包括电梯
			15 000 以内	425	445	485	包括电梯
			20 000 以内	445	470	510	包括电梯
		18 以下	15 000 以内	450	470	515	包括电梯
			20 000 以内	470	495	540	包括电梯
			25 000 以内	500	525	575	包括电梯
		20 以下	15 000 以内	480	500	540	包括电梯
			20 000 以内	500	525	570	包括电梯
			25 000 以内	530	555	605	包括电梯
			30 000 以内	560	585	640	包括电梯

注： Ⅰ类地区：上海、江苏、浙江、安徽、福建、江西、湖北、湖南、广东、广西、四川、贵州、云南。

Ⅱ类地区：北京、天津、河北、山西、山东、河南、陕西、甘肃、宁夏。

Ⅲ类地区：内蒙古、辽宁、吉林、黑龙江、西藏、青海、新疆。

二、施工技术准备

施工技术准备是施工准备工作的核心。由于任何技术准备的差错都可能引起人身安全和质量事故，造成生产、财产的损失，因此必须认真做好施工技术准备工作，其内容有：熟悉和审查施工图纸、原始资料调查分析、编制施工图预算和施工预算、编制施工组织设计。

(一)熟悉和审查施工图纸

1. 熟悉和审查施工图纸的依据

(1)建设单位和设计单位提供的初步设计、施工图设计、城市规划等资料文件。

(2)对所调查的原始资料进行分析。

(3)施工验收规范、规程和有关技术规定。

2. 熟悉和审查施工图纸的目的

(1)保证按照施工图纸的要求,建造出符合设计要求的产品。

(2)保证在拟建工程开工之前,使技术人员了解施工图纸的技术要求。

(3)通过审查发现施工图纸中存在的错误,在开工之前加以改正,以保证工程顺利进行。

3. 熟悉和审查施工图纸的内容

(1)建设地点、建筑总平面图是否符合城市规划要求。

(2)施工图纸是否完整、齐全,与说明书内容是否一致以及各图纸之间是否有矛盾。

(3)地上与地下、土建与安装、结构与装修施工之间是否有矛盾。

(4)地基处理与基础设计是否与建设地点的工程地质水文相一致。

(5)主要承重结构的强度、刚度和稳定性是否满足要求,采用新技术、新结构、新材料、新工艺的是否有可靠的技术保证措施。

4. 熟悉和审查施工图纸的程序

1)施工图纸的阅读预审阶段

当施工单位收到施工图纸后,应尽快组织技术人员熟悉和预审图纸,对施工图纸的错误和建议按图标写出记录。

一般阅读步骤大致如下:

(1)先了解是什么类型建筑物,是工业还是民用建筑,建筑面积有多大,是哪个建设单位,工程名称是什么,由哪个设计部门设计,图纸共有多少张,即对这份图纸的建筑内容有初步的了解。

(2)按照图纸目录清点各类图纸是否齐全,图纸编号与图名是否符合,采用的标准图是国标还是省标、院标。要把这些指定的标准图集查全并准备在手边,以便使用时可以查看。当所应具备的图纸齐全后就可以按图号顺序看图。

(3)首先看设计总说明,了解建筑总体概况、技术要求等,然后按图号顺序看图纸。如先看建筑总平面布置图,以了解建筑物的地理位置、高程、朝向,以及周围的建筑物情况或地貌地形。看了总平面布置图之后,就得进一步考虑施工时的施工平面图如何适当布置等问题。

(4)看施工图的方法是一般先看建筑图(平面、立面、剖面图),了解房屋的长度、宽度、轴线组成和相关的尺寸。在对建筑图有了总体了解之后,可以从基础图开始一步步深入地看图。一般按基础→结构→建筑(包括节点详图)施工程序细看整套土建图纸。在看基础图时,有时还要结合看地质勘探图,了解土质情况和土层构造,以便施工时验槽核对土质,采取相应的技术措施。

(5)在看图过程中，还应对照检查图纸有无矛盾，构造上是否能实施施工等。除详细了解建筑物的构造外，对关键的内容一定要牢记，可采用记笔记的办法，把轴线尺寸、开间尺寸、层高、主要的梁柱断面尺寸、混凝土强度等级等内容记下来，防止弄错，避免重大问题的发生。

2)施工图纸的会审

主要由建设单位、设计单位和施工单位三方进行施工图纸的会审。首先由设计单位进行图纸交底，然后各方提出问题和建议，经过协商形成图纸会审纪要，由建设单位正式行文，参加会议的各单位盖章，可作为与施工图纸具有同等法律效力的技术文件使用。

3)施工图纸的现场签证

在施工过程中，如果发现施工条件与设计条件不符，或因为材料质量、规格不能满足设计要求，或图纸中仍有错误等，应对施工图纸进行现场签证。在施工现场进行图纸修改和变更设计资料，都要有由设计单位正式发出的文字记录或通知。

(二)编制施工图预算和施工预算

1.编制施工图预算

施工图预算是施工单位先按照施工图计算工程量，然后套用有关的单价及其取费标准编制的建筑安装工程造价的经济文件。它是施工单位签订承包合同、工程结算和进行成本核算的依据。

2.编制施工预算

施工预算是施工单位根据施工图预算、施工图纸、施工组织设计、施工定额等文件进行编制的。它是施工单位内部控制成本支出、考核用工、两算对比，以及基层进行经济核算的依据。

(三)编制施工组织设计

施工组织设计是指导施工现场全部生产活动的技术经济文件。建筑施工过程是个很复杂的物质创造过程，为了正确处理人力、物力、财力以及它们在空间和时间上的排列关系，必须根据建设工程的规模、结构特点和建设单位的要求，在原始资料调查分析的基础上，编制出一份能切实指导该工程全部施工活动的科学方案。

建筑工程施工涉及的单位多、内容广、情况多变、问题复杂。编制施工组织设计的人员对建筑地区的技术经济条件、厂址特征和社会情况等，往往不太熟悉。特别是，建筑工程的施工在很大程度上要受当地技术经济条件的约束。因此，为了编制出一个符合实际情况、切实可行、质量较高的施工组织设计，就必须做好调查研究，了解实际情况，熟悉当地条件，收集原始资料和参考资料，掌握充分的信息，特别是定额信息及与建设单位、设计单位、施工单位有关的信息。

(四)技术、安全交底

技术、安全交底的目的是把拟建工程的设计内容、施工计划、施工技术要点和安全等要求，按分项内容或按阶段向施工班组交待清楚。

技术、安全交底的时间在拟建工程开工前或各施工阶段开工前进行，以保证工程按施工组织设计、安全操作规程和施工规范等要求进行施工。

技术、安全交底的内容有工程施工进度计划、施工组织设计、质量标准、安全措施、降低成本措施等要求，采用新结构、新材料、新工艺、新技术的保证措施，有关图纸设计变更和技术核定等事项。

交底的方式有书面形式、口头形式和现场示范形式等。

（五）"四新"试验、试制的技术准备

按照施工图纸和施工组织设计的要求，认真进行新技术、新结构、新材料、新工艺等项目试验和试制。

三、施工现场准备

施工现场准备工作是给拟建工程的施工创造有利的施工条件和物质保证。它一般包括清除障碍物、"六通一平"、施工测量、搭设临时设施等内容。

（一）清除障碍物

清除障碍物一般由建设单位完成，但有时委托施工单位完成。清除时，一定要了解现场实际情况，原有建筑物情况复杂、原始资料不全时，应采取相应的措施，防止发生事故。

对原有电力、通信、给排水、煤气、供热网、树木等设施的拆除和清除，要与有关部门联系并办好手续后方可进行，一般由专业公司来处理。房屋只有在水、电、气切断后才能进行拆除。

（二）"六通一平"

"六通一平"是指水通、电通、路通、电信通、煤气通、热气通和场地平整。

1. 水通

水是施工现场的生产、生活和消防不可缺少的。拟建工程开工之前，必须按照施工平面图的要求，接通施工用水和生活用水的管线，尽可能与永久性的给水系统结合，管线敷设尽量短。要做好施工现场的排水工作，如排水不畅，会影响施工和运输计划的顺利进行。

2. 电通

电是施工现场的主要动力来源。拟建工程开工之前，要按照施工组织设计的要求，接通电力、电信设施，确保施工现场动力设备和通信设备的正常运行。

3. 路通

道路是组织物资运输的动脉。拟建工程开工之前，按照施工平面图的要求，修好施工现场永久性道路和临时性道路，形成完整的运输网络。应尽可能利用原有道路，为使施工时不损坏路面，可先修路基或在路基上铺简易路面，施工完毕后，再铺永久性路面。

4. 场地平整

按照建筑平面图的要求，首先拆除障碍物，然后根据建筑总平面图规定的标高，计算挖土、填土方量，进行土方调配，确定场地平整的施工方案，进行场地平整工作。

如果施工中需要通热气、煤气等，那么应按施工组织设计的要求事先完成。

（三）施工测量

施工测量是把设计图上的建筑，通过测量手段"搬"到地面上去，并用各种标志表现出来，作为施工依据。施工测量在建造房屋中具有十分重要的地位，同时它又是一项精确细致的工作，因此必须保证精度。为了做好测量放线工作，施工人员应做到以下几个方面。

1. 对测量仪器的正确使用和校正

熟悉所使用的测量仪器和工具,并经常对它们进行维修、保养。只有爱护仪器工具,保持其精度和清洁干净才能满足正常使用要求。凡在使用中发现仪器不准确或有损伤,应立即送计量检测及维修单位进行检修,从而保证仪器的精度。

2. 熟悉施工图并进行校核

认真熟悉施工图纸,弄懂设计总图和图纸的构造,并能对图纸进行校对和审核。进行图纸审核的目的是先在图纸上解决测量中可能会遇到的问题。

3. 校核红线位置和水准点

施工测量定位时,必须了解规定的红线位置,然后才能进行定位。经过测绘、规划部门验核后,才能破土动工。

水准测量是为确定地面上点的高程或建筑物上点的标高所进行的测量工作。在房屋建造时确定的绝对标高,是根据该地区由国家大地测量引测确定的水准基点,再将该水准基点引测到工地定点,也称水准点。

红线位置和水准点经校核发现的问题,应提交建设单位处理。

4. 制订测量、放线方案

根据设计图纸的要求和施工方案,制订切实可行的测量、放线方案,主要包括平面控制、标高控制、±0.00 以下施测、±0.00 以上施测、沉降观测和竣工测量等项目。

建筑物定位放线是确定整个工程平面位置的关键环节,施测中必须保证精度,杜绝错误,否则其后果将难以处理。建筑物定位、放线,一般通过设计图中平面控制轴线来确定建筑物的最外边线,测定并经自检合格后,提交有关部门和甲方(或监理人员)验线,以保证定位的正确性。

(四)搭设临时设施

施工现场的临时设施应按照施工总平面图的布置来建造,报请规划、市政、消防、环保等部门批准。

各种生产、生活临时设施均应按批准的施工组织设计规定的数量、标准、面积等要求修建。应尽量利用原有建筑物,以便节省投资。

为了施工方便和行人安全,应用围墙或围挡将施工用地围护起来。围墙或围挡的形式、材料和高度应符合市政部门的有关规定与要求,在主要出入口设置标牌,标明工地名称、施工单位、监理单位、负责人等。

所有宿舍、办公用房、仓库、作业棚等,均应按批准的图纸搭建,不得乱搭乱建,并尽可能利用永久性工程。

四、施工人员准备

建设项目管理班子的建立应根据拟建工程项目的规模、结构特点和复杂程度,确定拟建工程项目部规模和项目部经理及组成人员。

(一)部门的设置

目前,国家对项目经理部的部门设置尚无具体规定,根据一些企业的实践经验,一般

设以下五个部门:

(1)经营核算部门。主要负责预算合同、索赔、资金收支、成本核算、劳动配置及劳动分配等工作。

(2)工程技术部门。主要负责生产调度、文明施工、技术管理、施工组织设计、计划、统计等工作。

(3)物资设备部门。主要负责材料的询价、采购、计划、供应、管理、运输、工具管理、机械设备的租赁及配套使用等工作。

(4)监控管理部门。主要负责检查质量、安全管理、消防保卫、环境保护等工作。

(5)测试计量部门。主要负责计量、测量、试验等工作。

(二)项目管理人员配备

项目管理人员是工程施工的直接组织和指挥者,人员配备应视工程规模和难易程度而定。对一般单位工程,可设一名项目经理,再配施工员(工长)及材料员等人员即可。对大型的单位工程或建筑群,则需配备一套项目管理班子,包括施工、技术、材料、计划等管理人员。

施工项目经理部人员配备的指导思想是把项目建成企业市场竞争的核心、企业管理的重心、成本核算的中心、代表企业履行合同的主体和工程管理实体。

根据一些企业经验,一般项目经理部可以按"一长一师四大员"的模式,即项目经理(一长),项目工程师(一师),项目经济员、技术员、料具员、总务员(四大员),其中包含了项目管理所必需的预算成本、合同、技术、施工、质量、安全、场容、机械、材料、档案、后勤等多种职能。为强化项目管理职能,公司和各工程部可抽调领导干部与管理骨干充实项目。有些建设工程公司按照动态管理、优化配置的原则,对项目经理部的编制进行设岗定员,人员配备分别由项目经理、项目工程师、经济师、会计师,以及技术、预算、劳资、定额、计划、质量、保卫、测试、计量人员和辅助生产人员共计15~45人组成,一级项目经理部30~45人,二级项目经理部20~30人,三级项目经理部15~20人。其中,专业职称设岗为高级职称人员占3%~8%,中级职称人员占30%~40%,初级职称人员占37%~42%,剩余的为其他人员。实行一职多岗,全部岗位职责覆盖项目施工的全过程,实行全面管理,不留死角,避免了职责重叠交叉。

(三)施工班组

施工班组的调集要考虑专业、工种的配合,技工、普工的比例要合理,符合流水施工组织方式的要求,施工班组要精干。按照开工日和劳动力的需要量计划,组织劳动力进场。

建筑劳动力的资源通常有两种:一种是企业内部的固定工,一种是建筑劳务市场招聘的合同制工人。随着建筑企业改革的深入,企业固定工人已逐渐减少,合同制工人逐渐增加。合同制工人的来源主要是建筑劳务市场。就一个施工项目而言,当任务需要时,可以按劳动计划向企业内部或企业外部劳务市场招募所需作业工人,并签订合同,任务完成后解除合同,劳动力返还劳务市场。项目经理有权依法辞退劳务人员和解除劳动合同。

五、施工机械和材料准备

建筑材料、构件、制品、机具设备是保证施工顺利进行的物资基础,这些物资准备必须在各阶段开工之前完成。应根据工程需要,确定各种物资的需求量计划,及时落实货源,办理订购手续,安排运输和储备,使其满足连续施工的需要。对特殊的材料、构件、机具,更应提早准备。

建筑材料和构件除按需要量计划分期分批组织进场外,还要根据施工平面图规定的位置堆放。要按计划组织施工机具进场,做好井架搭设、塔吊布置及各种机具的位置安排,并根据需要搭设操作棚,接通动力和照明线路,做好机械的试运转工作。

(一)大型建筑垂直运输机械及其他机具的准备

根据所采用的施工方案和施工进度计划,确定施工机械的类型、数量、进场时间、供应方法、进场后的安装或存放地点,编制建筑机械的需要量计划,为组织运输、确定堆场面积等提供依据。

(二)建筑材料的准备

根据施工预算进行供料分析,按照施工进度计划要求,材料名称、规格、使用时间,材料储备定额和消耗定额进行汇总,编制出材料需要量计划,为组织备料、签订供货合同、确定仓库堆场面积和运输等提供依据。

建筑材料进场应按施工进度要求分期分批进行,减少二次搬运,不能混放,做好防水防潮的保护工作。不得使用无出厂合格证或质量保证书的原材料,并应做好建筑材料的试验和检验工作。

(三)商品混凝土及其他半成品的准备

根据施工预算提供的构件、半成品的名称、规格、质量和数量,确定加工方案和供应方法以及进场后的存放地点,编制出其需要量计划。对于采用商品混凝土的工程,应签订供货合同,明确品种、强度等级、数量、需求时间及送货地点等。

(四)脚手架及模板的准备

脚手架和模板是建筑施工中的临时设施。进场后应按施工平面图的布置位置进行堆放,并注意同规格放置。

第三节　冬雨期施工准备

由于建筑产品的固定性和体积庞大,决定了建筑产品生产露天作业的特性,因此冬雨期对施工有较大影响。为保证施工顺利进行,必须做好冬雨期施工准备工作。

一、冬期施工准备

(一)合理安排冬期施工项目和进度

冬期施工条件差、技术要求高,还要增加施工费用。因此,对于采取冬期施工措施费用增加不大的项目,如吊装、打桩、室内装修工程等可列入冬期施工范围;而对于冬期施工措施费用增加较大又不易保证施工质量的项目,如土方、基础、外装修、屋面防水工程等,尽量安排在冬期之前进行。

(二)落实各种热源的供应工作

落实各种热源的供应工作指落实诸如热源设备和保温材料的储存与供应、司炉培训工作等，以保证施工的顺利进行。

（三）做好测温工作

冬期施工昼夜温差较大，为保证施工质量，应做好测温工作，防止砂浆、混凝土在达到临界强度以前遭受冻结和破坏。

（四）做好室内施工项目的保温

如先完成供热系统、安装好门窗玻璃等，以保证室内其他项目能顺利施工。

（五）做好临时设施的保温防冻工作

重视冬期施工对临时设施布置的特殊要求。施工临时给排水管网应采取防冻措施，尽量埋设在冰冻线以下，外露的管网应用保温材料包扎，避免受冻；注意道路的清理，防止积雪的阻塞，保证运输顺利。

（六）尽量节约冬期施工运输费用

如在冬期施工到来之前，及早做好物资的供应和储备。及早准备好混凝土促凝剂等特殊施工材料和保温材料，以及锅炉、蒸汽管、劳保防寒用品等。储存足够的材料、构件等物资。

（七）做好完工部位的保护

如基础完成后应及时回填土至基础顶面同一高度，砌完一层墙后及时将楼板安装完毕，室内装修应一层一室一次完成，室外装修则力求一次完成。

（八）加强安全教育

要有冬期施工的防火、安全保护措施，及时检查消防器材和装备的性能。严防火灾发生，避免安全事故。

二、雨期施工准备

在多雨地区，认真做好雨期施工准备，对于提高施工的连续性、均衡性，增加全年施工天数具有重要作用。

（一）做好现场排水工作

针对现场具体情况，做好施工现场排水防洪准备工作。做好排水沟渠的开挖，准备好抽水设备，防止现场积水。经常疏通排水管沟，防止堵塞。

（二）做好雨期施工的合理安排

首先在施工进度安排上，注意晴雨结合。晴天多进行室外工作，为雨天创造工作面。不宜在雨天施工的项目，应安排在雨期之前或之后进行。

（三）做好运输道路的维护

雨期前检查道路边坡排水，适当提高路面，防止路面凹陷，注意道路防滑措施。保证施工现场内外的交通运输道路的畅通。

（四）做好物资的储存

在雨期前，应多储存一些物资，减少雨天的运输量，节约施工费用。

（五）做好机具设备等的保护

对现场各种机具、电器、工棚都应加强检查，尤其是脚手架、塔吊、井架等，要采取防倒塌、防雷击、防漏电等一系列技术措施。

（六）加强施工管理

要认真编制雨期施工的安全措施，加强对职工的教育，防止各种事故的发生。

小　结

施工准备工作是为了保证工程顺利开工和施工活动的正常进行而必须事先做好的各项准备工作。施工准备工作的好与坏，将直接影响建筑产品生产的全过程。施工准备工作应建立工作责任制，建立工作检查制度，坚持按基本建设程序办事，严格执行开工报告制度，并做好与设计的结合、室内与室外的结合、土建工程与专业工程的结合、前期准备与后期准备的结合。施工准备工作要贯穿在整个施工过程的始终，要根据施工顺序的先后，有计划、有步骤、分阶段进行。概括起来，应做好以下几个方面的工作：调查研究及收集资料、施工技术准备、施工现场准备、施工人员准备、施工机械和材料准备、冬雨期施工准备工作，以保证施工的顺利进行和工程圆满完成。

思考题

1. 试述施工准备工作的意义。
2. 简述施工准备工作的主要内容。
3. 原始资料的调查包括哪些方面？各方面的主要内容是什么？
4. 原始资料的调查应如何进行？
5. 在编制施工组织设计前主要收集哪些参考资料？
6. 技术资料准备工作包括哪些内容？
7. 施工现场的准备工作包括哪些内容？
8. 什么叫“六通一平”？应怎样做好“六通一平”工作？

第三章　建筑工程的流水施工

【本章要点】

本章主要介绍流水施工的基本原理、流水施工的有关参数,以及流水施工的组织方式;介绍了流水施工组织方法应用的一些实例。

【学习重点】

流水施工原理、流水施工参数、流水施工的组织方式。

第一节　流水施工的概念

一、建筑施工组织的基本方式

任何一个建筑都是经许多施工过程建造而成的,而每一个施工过程可以由一个或多个施工作业班组进行施工。这些作业班组在组织施工时,通常可以采用的施工组织方式有依次施工、平行施工和搭接施工三种方式。不同的组织方式,其取得的经济效果和适用范围也有所不同。下面以一个基础工程的施工为例,采用上述三种方式组织施工,通过分析得出各自的优缺点及适用范围。

(一)依次施工

依次施工又称顺序施工,它是一种最基本、最原始的施工组织方式,任何建筑的施工过程都包含着这种方式。依次施工是依照施工对象的工艺顺序或组织顺序的先后关系,逐步进行施工的一种组织方式,也即前一道工序完工后,后一道工序才开始进行。根据施工时的组织顺序,可以分为按施工过程依次施工和按施工段依次施工两种模式。

1. 按施工过程依次施工

按施工过程依次施工是指依次完成第一个施工过程的所有施工段的工作以后,再开始第二个施工过程的所有施工段的工作,依次类推的一种组织施工的方式。

【例 3-1】　某三栋砖混结构的住宅楼面积相同,其基础工程划分为 4 个施工过程:①土方开挖,15 人,2 d;②基础垫层,20 人,1 d;③砌基础,25 人,3 d;④基槽回填,15 人,1 d。采用一班制施工。如采用按施工过程依次施工的方式组织施工,则其进度计划如图 3-1 所示。

图 3-1(a)称为施工进度计划图,图 3-1(b)称为劳动力动态需要量图。进度计划图中的横向表示时间进度,纵向表示施工过程,表中横线长度表示计划中各项工作的作业时间,其位置表示各项工作的开始和结束时间以及与其他工作的先后逻辑关系。

劳动力动态需要量图中的横向表示施工进度,纵向表示所需劳动力数量。从图 3-1(b)可以得出每日劳动力的需要量,同时通过劳动力曲线波动可以看出进度计划安排的合理性，曲线波动小的，进度计划较为合理。

分析图 3-1 可以得出，按施工过程依次施工的组织方式的优点是：①每天投入的劳动力和各项资源较少，施工现场管理简单；②各施工作业班组都能连续均衡施工。缺点是：①工作面不能充分利用，施工工期最长；②不能及时为上部结构提供工作面。

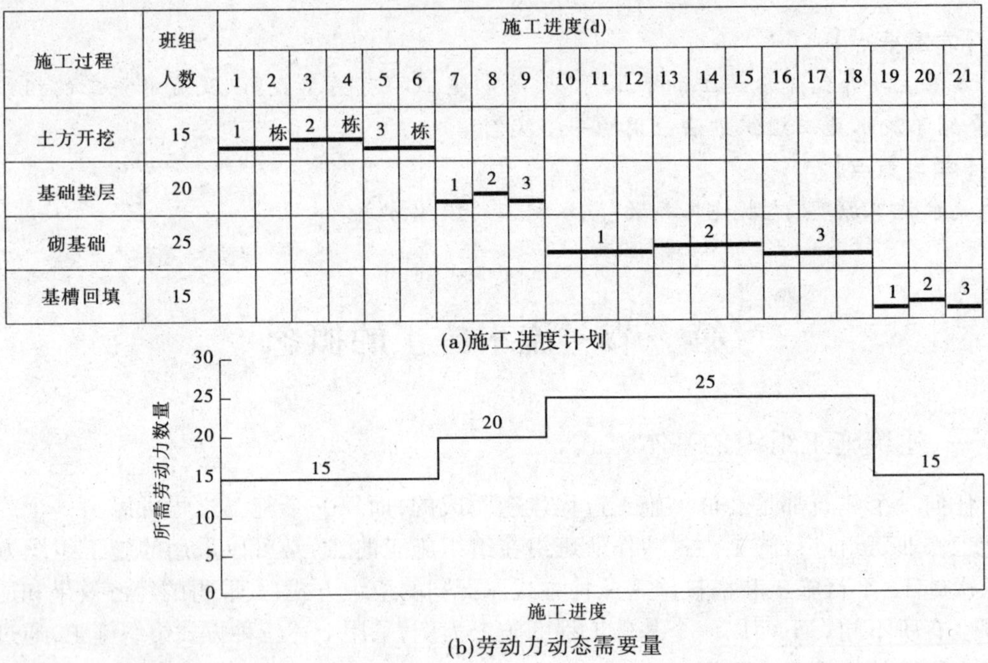

(a)施工进度计划

(b)劳动力动态需要量

图 3-1　按施工过程依次施工进度计划

2. 按施工段依次施工

按施工段依次施工是指第一个施工段的全部施工过程完成后，再进行第二个施工段的各施工过程的施工，依次类推的一种组织施工的方式。

将例 3-1 中的基础工程按施工段依次施工的方式组织施工，其施工进度计划如图 3-2 所示。

分析图 3-2 可以得出，按施工段依次施工的组织方式的优点是：每天投入的劳动力和各项资源较少，施工现场管理简单。缺点是：①同一施工过程的施工作业班组工作不连续，工人有窝工现象；②工作面不能充分利用，施工工期最长；③各项资源供应不连续，不能专业化施工。

综上所述，按施工段依次施工的优点是单位时间内所需劳动力少，资源需要量少，施工现场管理简单。缺点是施工工期最长（$T=21$ d），工作面没有充分利用，不利于提高工程质量和劳动生产率。因此，按施工段依次施工适用于施工工作面有限、工期要求不紧、规模较小的工程。

（二）平行施工

平行施工是指同一施工过程中，各个施工对象同时开工、同时完工的一种施工组织方式。

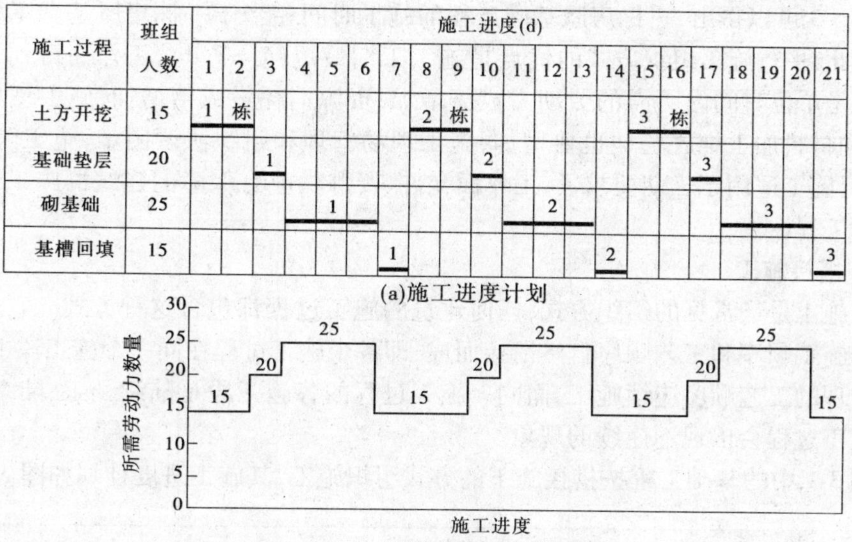

(a)施工进度计划

(b)劳动力动态需要量

图 3-2　按施工段依次施工进度计划

将例 3-1 中的基础工程按平行施工的方式组织施工,其施工进度计划如图 3-3 所示。

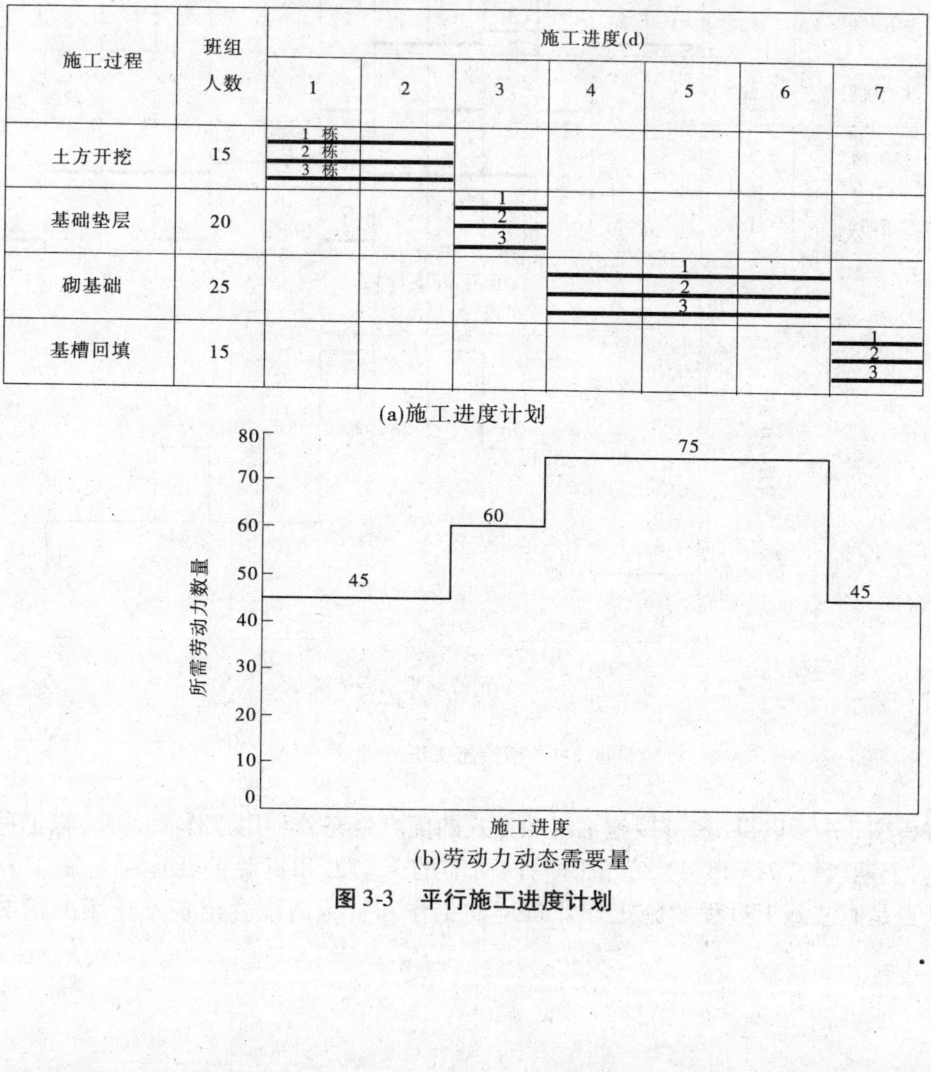

(a)施工进度计划

(b)劳动力动态需要量

图 3-3　平行施工进度计划

从图3-3可以得出，三栋房屋基础工程的施工时间相当于一栋房屋基础工程的施工时间。因此，平行施工组织方式的优点是施工工期最短（$T=7$ d），工作面得到了充分利用。缺点是单位时间内所需的劳动力成倍增加，资源消耗量成倍增加，施工现场临时设施、仓库和材料加工堆放场地也要增加，施工现场管理和组织协调困难，施工管理费高。因此，平行施工适用于工期要求紧、工作面允许、资源供应有保障的建筑群施工或分批分期施工的工程。

（三）搭接施工

搭接施工是最常见的组织方式，任何建筑的施工过程都包含这种方式。它是按照施工对象的施工顺序和工艺顺序自然衔接而成，即各个施工过程在同一个施工段上的工作，依次按合理的工艺顺序连续施工，而同一施工过程的各施工段是陆续开工、陆续完工，因此有些施工过程会出现不连续的现象。

将例3-1中的基础工程按搭接施工的方式组织施工，其施工进度计划如图3-4所示。

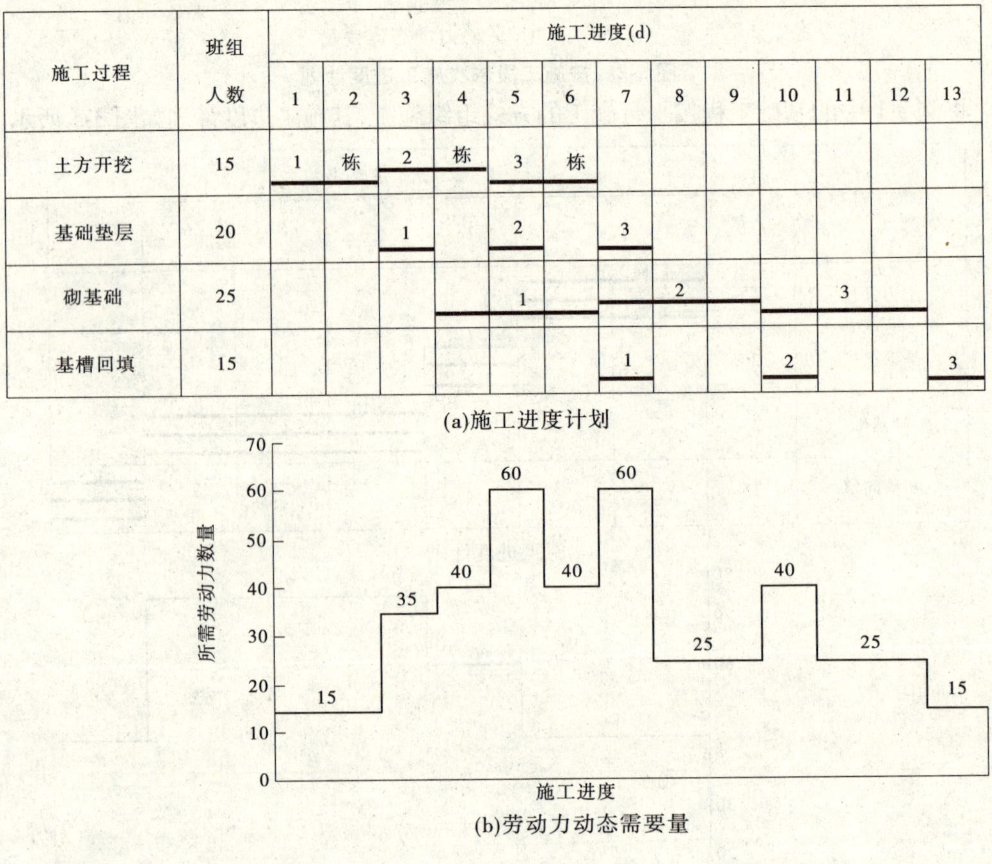

图3-4　搭接施工进度计划

分析图3-4可以得出，搭接施工组织方式的优点是充分利用工作面，前后施工过程安排紧凑，工期较短（$T=13$ d），单位时间内所需的劳动力和资源消耗比平行施工方式合理。缺点是有些施工过程的施工作业班组的工作和资源消耗会出现不连续的情况。因此,对于一个分部工程安排施工进度时,为保证工期尽可能短,而劳动力和资源消耗尽可能合理时,常采用搭接施工的组织方式,安排进度时常将主要施工过程(指工程量大、作业时间长)组织连续施工,而非主要施工过程,可以不连续施工,以缩短工期。

二、流水施工的基本概念

前面讲的搭接施工虽然应用非常广泛,但是由于有些施工过程不连续,会造成施工作业班组工作和资源消耗的不连续,不利于提高生产效率。因此,在此基础之上进行改进,保留优点、改进缺点,就产生了一种新的组织方式——流水施工。

流水施工是指所有施工过程按一定的时间间隔依次投入施工,各个施工过程陆续开工、陆续竣工,使同一施工过程的施工班组保持连续、均衡施工,不同施工过程尽可能平行搭接施工的组织方式。

此种组织方式既能充分利用时间又能充分利用空间,大大缩短了工期,同时又克服了平行施工劳动力和资源高度集中的缺点,所以流水施工是一种先进有效的组织方式。流水施工可保证生产的连续性和均衡性,而生产的连续性和均衡性势必使各种材料可以均衡使用,消除了作业班组的施工间歇,因而可以大大缩短工期。

将例 3-1 中的基础工程按流水施工的方式组织施工,其施工进度计划如图 3-5 所示。

施工过程	班组人数	施工进度(d)														
		1	2	3	4	5	6	7	8	9	10	11	12	13	14	15
土方开挖	15	1	栋	2	栋	3	栋									
基础垫层	20					1	2	3								
砌基础	25							1			2			3		
基槽回填	15													1	2	3

(a)施工进度计划

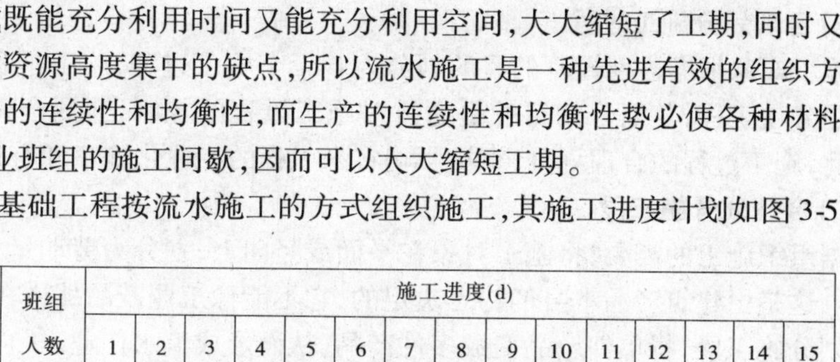

(b)劳动力动态需要量

图 3-5 流水施工进度计划

分析图 3-5 可以得出,流水施工组织方式的优点是:①科学合理地利用工作面,工期比较短($T=15$ d);②单位时间内所需的劳动力和资源量比较合理,有利于物资资源的均衡利用,便于施工现场的管理;③每个施工过程的作业都能连续、均衡施工,有利于保证工程质量和提高劳动生产率。因此应用最为广泛。

三、组织流水施工的条件

组织流水施工的步骤是:将拟建工程的整个建造过程,根据施工工艺划分为若干个施工过程,将施工对象在平面上划分为若干个施工段,在竖向上根据层间关系划分为若干个施工层,然后按照施工过程组建施工作业班组,并使其按照规定的顺序依次连续地投入到各施工段,完成各个施工过程。当分层施工时,第一施工层各个施工段的相应施工过程全部完成后,施工作业班组依次、连续地投入到第二,第三,…,第 n 施工层,有节奏、均衡、连续地完成工程项目的施工全过程。因此,组织流水施工的条件主要包括以下几方面。

(一)合理划分施工过程

将施工对象根据进度控制的目的划分为若干个施工过程,施工过程可以是分部工程也可以是分项工程,其划分的目的是通过对施工过程的控制,达到合理控制整个拟建工程。因此,施工过程的合理划分,直接影响将来工程的专业化施工和有效协作。

(二)合理划分施工段

根据组织施工的需要,将施工对象在平面或竖向上,划分为劳动量大致相等的若干个施工段。这是由建筑产品本身的特点决定的,它不能像工业产品那样在流水线上作业,只能通过划分施工段,将单件产品变成多件产品,从而形成流水作业。

(三)组织独立的施工作业班组

在流水施工过程中,每个施工过程尽可能组织一个独立的施工作业班组,其形式可以是专业班组,也可以是混合班组,每一个施工段在同一时间内仅供一个施工班组开展施工作业(平行搭接施工除外),这样每个施工班组可以按施工顺序依次、连续、均衡地从一个施工段转移到另一个施工段进行相同的操作。

(四)保证主要施工过程连续、均衡施工

为缩短施工工期,在保证主要施工过程连续、均衡施工的同时,可以对其他次要施工过程采用与相邻施工过程合并或采用搭接施工的方式施工。

(五)不同施工过程尽可能组织平行搭接施工

按照施工先后顺序要求,在工作面满足要求的条件下,除必要的技术和组织间歇时间外,应尽可能组织平行搭接施工。

四、流水施工的表达方式

流水施工的表达方式主要有横道图、斜线图和网络图三种。

(一)横道图

前面所举例题里的进度计划图就是用横道图的方式来表示的。横道图又称横线图或甘特图,是由“科学管理之父”泰罗的亲密合作者甘特设计的一种表示工作计划和进度的图示方法,也是建筑工程中安排施工进度计划和组织施工常用的一种表达方式。因此,进度计划图又常称为流水施工横道图。

横道图的优点是:绘制简单,施工过程及先后顺序表达清楚,时间和空间关系形象直观,进度线的长度可以反映流水施工速度,使用方便。

(二)斜线图

斜线图是将横道图中的工作进度线改为斜线表达的一种形式。图中横向表示流水施工的持续时间;纵向表示流水施工所处的空间位置,即施工段的编号,施工段的编号自下而上排列;斜线表示施工过程的施工进度。

斜线图的优点是:施工过程及先后顺序清楚,时间和空间关系形象直观,斜线图的斜率可以明显地表示出各施工过程的施工速度,并且可以直观地反映出相邻施工过程之间的流水步距,但是编制实际工程进度计划不如横道图方便,所以一般不用其表示实际工程的流水施工进度计划。

将例 3-1 中的基础工程按流水施工斜线图的方式组织施工,其进度计划如图 3-6 所示。

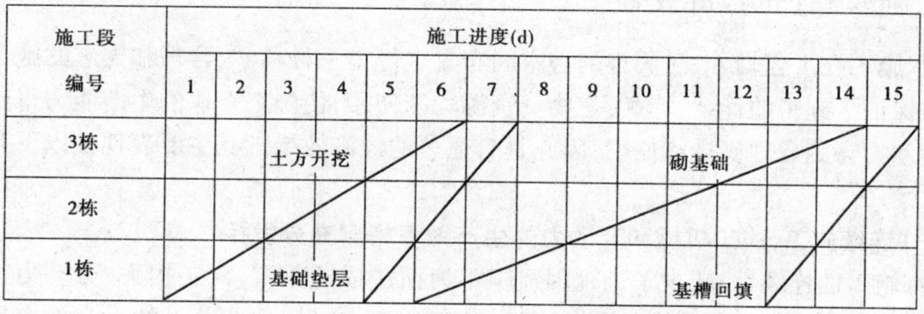

图 3-6　流水施工斜线图

(三)网络图

用网络图表达的流水施工方式,现在已基本不用,所以不再赘述。

五、流水施工的划分

根据流水施工组织的范围不同,流水施工通常可划分为以下几种类型。

(一)分项工程流水施工

分项工程流水施工也称为细部流水施工。它是指一个施工作业班组使用同一生产工具,依次连续不断地完成同一施工过程的各施工段的工作。如例 3-1 基础工程中,土方开挖、基础垫层、砌基础、基槽回填每一个工序都是一个分项工程流水施工。分项工程流水施工是组织工程流水施工中最小的组成元素。

(二)分部工程流水施工

分部工程流水施工也称为专业流水施工。它是若干个在工艺上有密切联系的分项工程流水施工的组合。如例 3-1 中基础工程流水施工就是一个分部工程流水施工,它是由土方开挖、基础垫层、砌基础、基槽回填四个分项工程流水施工组成的。分部工程流水施工是单位工程流水施工的组成元素。

（三）单位工程流水施工

单位工程流水施工也称为综合流水施工。它是在一个单位工程内部、各分部工程之间组织起来的流水施工，是由若干个分部工程流水施工组成的。如一栋民用住宅的流水施工是由基础、主体、装修三个分部工程流水施工组成的。单位工程流水施工是建筑群流水施工的组成元素。

（四）建筑群流水施工

建筑群流水施工也称为群体工程流水施工、大流水施工。它是为完成工业或民用建筑群而组织起来的全部单位工程流水施工的总和。

前两种流水施工是流水施工的基本形式。在实际施工中，分项工程流水施工不能单独使用，只有将若干个分项工程流水施工组织成分部工程流水施工，才能得到良好的效果。因此，工程中常用的一般是后三种流水施工的进度计划。

六、流水施工的经济效果

流水施工在工艺划分、时间排列与空间布置上都是一种科学、合理和先进的施工组织方式，它保证了施工的连续、均衡，使物资资源均衡使用，使施工企业的生产能力得到充分发挥，劳动力得到合理安排和使用，因此具有显著的经济效果。其主要表现在以下几个方面。

（一）连续施工，施工机械和劳动力的生产效率得到充分发挥

流水施工的连续性，减少了工程因组织不力而造成的停工、窝工损失，劳动力工作连续，机械闲置时间少，增加了有效劳动时间，从而使施工机械和劳动力的生产效率得以充分发挥。

（二）施工工期缩短，投资效益可以尽早得到回报

各施工过程在保证连续施工的条件下，最大限度地采用搭接施工，充分利用工作面，减少了专业工作的间隔时间，有效地缩短了施工工期，能够更早交付使用，发挥投资效益。

（三）实现了专业化生产，施工技术水平和劳动生产率得到了提高

流水施工的连续、均衡，使各施工作业班组实现了专业化生产。工人连续作业，操作熟练，便于不断改进施工方法和操作水平，使施工技术水平和劳动生产率得到不断提高。

（四）工程质量提高，建设项目的使用寿命增长，维修费用降低

流水施工实现了专业化生产，工人技术水平高，并且各专业队之间紧密地搭接施工，互相监督，可以提高工程质量，从而延长建设项目的使用寿命，同时可以减少建设项目使用过程中的维修费用。

（五）工程成本降低，承建单位的经济效益提高

工程成本降低，承建单位的经济效益提高主要体现在四点：①流水施工工期短、效率高、用人少，因此可以节约人工费和机械使用费；②资源消耗均衡，方便了组织资源供应，使得资源储存合理，利用充分，从而减少各种不必要的损失，节约了材料费；③由于流水施工降低了施工高峰人数，使材料、设备得到合理供应，可以减少临时设施费；④流水施工工期较短，减少了企业管理费。

第二节 流水施工参数

根据流水施工的概念及组织流水施工的条件可知，要想组织流水施工，必须从施工工艺、空间布置和时间排列方面开展研究，确定相关的一系列参数，如施工过程数、施工段数等，这些参数统称为流水施工参数。按其性质和作用不同可分为工艺参数、时间参数和空间参数。

一、工艺参数

工艺参数主要是指在组织流水施工时，用以表达流水施工在施工工艺上的开展顺序及其特征的参数。通常包括施工过程数和流水强度两个参数。

(一)施工过程数

组织建设项目流水施工时，根据施工组织及计划安排的需要，将施工任务划分成若干个子项目，这些子项目称为施工过程。参与流水的施工过程的数目，称为施工过程数，用符号 n 表示。施工过程划分的数目多少、粗细程度，一般没有统一的规定。它既可以是一道工序，如基础回填；也可以是一个分部工程，如主体结构。一般以能方便安排施工为原则，具体划分时常考虑以下因素。

1. 施工进度计划的作用

施工进度计划的作用不同，施工过程数目的划分也不同。当编制控制性进度计划、年进度计划、建筑群进度计划及施工工期长、结构复杂的项目的进度计划时，施工过程划分可粗一些，一般划分至单位工程或分部工程，如基础工程、主体工程、屋面工程、装修工程、附属工程等。当编制实施性进度计划时，施工过程划分可细些、具体些，一般划分至分项工程，如将基础工程分解成土方开挖、基础垫层、砌基础、基槽回填等。

2. 施工方案的选择

选择不同的施工方案，其施工顺序和施工方法不同，相应的施工过程也就不同。如大型厂房施工，采用封闭式施工方案，则先进行主体结构施工，再进行设备安装；采用敞开式施工方案，则先进行工艺机械设备的安装，后进行土建工程的施工。不同方案，其施工过程划分及其内容各不相同。

3. 劳动量的大小

施工过程的划分与劳动量的大小有关。劳动量小的施工过程，组织流水施工有困难时，可与相邻的施工过程合并(最好与相邻相同工种的施工过程合并)，如基础施工中，垫层劳动量较小时，可与挖土合并为一个施工过程；主体施工中，楼梯钢筋可与梁板钢筋合并为一个施工过程等。这样可以使进度计划简单明了。

4. 施工过程的类型

按照工艺性质的不同，施工过程可以分为制备类、运输类和砌筑安装类三种。施工过程的类型不同，施工过程的划分和内容也就不同。

1)制备类施工过程

制备类施工过程是指加工、预制、生产建筑半成品的施工过程，如建筑构配件的加工，砂浆、混凝土的配制,门窗的生产等。此类施工过程能提高建筑产品的装配化、工厂化、机械化和生产能力,但它一般不占用施工对象的空间,也不影响项目总工期,因此通常不列入施工进度计划;只有当它占用施工对象的空间并影响项目总工期时,如在施工现场制备时,才列入项目施工进度计划。

2)运输类施工过程

运输类施工过程是指将建筑材料、构配件、半成品、制品和设备等物资运到工地仓库或加工施工现场而形成的施工过程。它一般不占用施工对象的空间,不影响项目总工期,通常也不列入施工进度计划;只有当它占用施工对象的空间并影响项目总工期时,如在结构安装工程中,采取随运随吊方案的运输过程,才列入项目施工进度计划。

3)砌筑安装类施工过程

砌筑安装类施工过程是指在施工对象上直接进行加工生产,最终形成建筑产品的过程。它占用施工对象的空间,影响项目总工期,如基础工程、主体工程、屋面工程和装饰工程等施工过程,必须列入项目施工进度,并且是项目施工进度计划的主要内容。

由于划分施工过程的依据不同,同一个拟建工程项目的施工过程可以分成主要与次要、连续与间断、简单与复杂等施工过程。实际上,有的施工过程,既是主要的,又是连续的,同时还是复杂的施工过程,如砖混结构主体工程中砌砖墙施工过程;而有的施工过程,既是次要的,又是间断的,同时还是简单的施工过程,如装修工程中的油漆施工过程。因此,一个拟建工程从不同的角度去研究,它可以划分为不同的施工过程,所绘制的施工进度计划相应的也就不同,但是它们所处的地位在流水施工中不会改变。

(二)流水强度

流水强度也称为流水能力、生产能力。它是指某施工过程在单位时间内所完成的工程量,用符号 V 表示。

1.机械施工过程的流水强度

机械施工过程的流水强度为

$$V_i = \sum_{i=1}^{x} R_i S_i \tag{3-1}$$

式中 V_i——i 施工过程的机械施工过程流水强度;

R_i——投入 i 施工过程的某种施工机械台数;

S_i——投入 i 施工过程的某种施工机械产量定额;

x——投入 i 施工过程的施工机械种类数。

2.人工施工过程的流水强度

人工施工过程的流水强度为

$$V_i = R_i S_i \tag{3-2}$$

式中 V_i——i 施工过程的人工施工过程流水强度;

R_i——投入 i 施工过程的施工班组的工人人数(R_i 应小于工作面上允许容纳的最多人数);

S_i——每一个工人每班的产量定额。

二、时间参数

时间参数主要是指在组织流水施工时，用以表达流水施工在时间排列上所处状态的参数。它通常包括流水节拍、流水步距、流水间歇时间、平行搭接时间和工期五个参数。

（一）流水节拍

流水节拍是指在组织流水施工时，某一施工作业班组在某个施工段上的作业时间，用符号 t_i 表示（$i=1,2,\cdots,n$）。

流水节拍是时间参数中最基本的参数，流水节拍的大小直接关系到流水施工的工期长短、流水速度的快慢、资源供应量的大小。因此，流水节拍的合理确定，对施工进度计划具有重要意义。

1. 影响流水节拍的因素

（1）施工班组人数。每个施工过程的施工作业班组人数，应符合最小劳动组合人数的要求。所谓最小劳动组合，就是指某一施工过程要进行正常施工所必须的最低限度的人数及其合理组合。例如砌墙，只有技工不行，还必须有普工配合，并且技工和普工的比例必须合理，比例不合适或人数过少，都将直接影响劳动生产率。

（2）工作面大小。每个工人的工作面要满足最小工作面的要求，施工作业班组人数过多，不利于提高工作效率，有时候还会危及施工人员的安全。

（3）施工机械的充分利用。确定流水节拍时要考虑施工机械的台班效率和台班产量，确保施工机械的充分利用。

（4）施工技术要求。要考虑施工技术要求，对技术要求必须连续施工的，可通过增加班制数来调节流水节拍。如浇筑混凝土时，必须连续施工，就可以采用三班制缩短流水节拍，保证工程质量。

（5）以主要施工过程为主。确定流水节拍时首先考虑主要施工过程的流水节拍，然后考虑次要施工过程的流水节拍，以确保工程的总工期。

（6）为方便绘制和使用施工进度计划，流水节拍一般取整数值，必要时可保留 0.5 个进度单位。

2. 确定流水节拍的方法

流水节拍的确定通常有三种方法。

1）定额计算法

定额计算法主要是根据现有定额算出各施工段的工程量（或劳动量）和能够投入的资源量（劳动力、机械和材料量等），按式（3-3）或式（3-4）计算流水节拍：

$$t_i = \frac{Q_i}{S_i R_i N_i} = \frac{P_i}{R_i N_i} \tag{3-3}$$

或

$$t_i = \frac{Q_i H_i}{R_i N_i} = \frac{P_i}{R_i N_i} \tag{3-4}$$

式中 t_i——某施工过程在 i 施工段的流水节拍；

Q_i——某施工过程在 i 施工段的工程量；

S_i——某施工作业班组在 i 施工段的计划产量定额；

R_i——投入 i 施工段的施工作业班组人数或机械台数；

N_i——某施工作业班组的工作班制；

P_i——某施工过程在 i 施工段的劳动量(工日)或机械台班量(台班)；

H_i——某施工作业班组在 i 施工段的计划时间定额。

2)倒排进度法

倒排进度法也称为工期计算法,主要适用于在规定工期内必须完成的工程项目,往往采用倒排进度的方法,其具体步骤如下：

(1)根据规定工期按工程经验估算出各分部分项工程的工作时间,进而估算出每个施工过程每一段上的流水节拍；

(2)确定每个施工过程工作班制,由式(3-3)或式(3-4)求出各施工过程所需的工人数或机械台数；

(3)根据计算出来的结果,检查本项目劳动力、工作面以及机械供应的可能性,如不可能,则通过调整班制来解决。

3)经验估算法

经验估算法主要是根据以往的施工经验进行估算,多适用于采用新工艺、新方法、新材料、新结构等没有定额可以遵循的工程项目。一般为了提高估算的准确程度,通常采用三时估算法,即估算出该流水节拍的最长、最短和正常(即最可能)三种时间值,然后据此求出期望时间作为某施工作业班组在某施工段上的流水节拍。一般按式(3-5)进行计算：

$$t_i = \frac{a + 4c + b}{6} \tag{3-5}$$

式中 t_i——某施工过程在 i 施工段的流水节拍；

a——某施工过程在 i 施工段的最短估算时间；

b——某施工过程在 i 施工段的最长估算时间；

c——某施工过程在 i 施工段的正常估算时间。

(二)流水步距

流水步距是指两个相邻的施工作业班组先后进入第一个施工段进行流水施工的时间间隔,用符号 $K_{i,i+1}$ 表示(i 表示前一个施工作业班组,$i+1$ 表示后一个施工作业班组)。如例 3-1 的基础工程,组织流水施工见图 3-5,土方开挖与基础垫层之间的流水步距为 $K_{挖,垫}=4$ d;基础垫层与砌基础之间的流水步距为 $K_{垫,基}=1$ d;砌基础与基槽回填之间的流水步距为 $K_{基,回}=7$ d。

流水步距是流水施工的主要参数之一,它的大小直接影响工期的长短。通常,在施工段不变的情况下,流水步距越大,工期越长;流水步距越小,工期越短。此外,流水步距还与前后两个相邻施工过程流水节拍的大小(流水节拍越大,流水步距也就越大)、施工工艺(组织和技术间歇)、施工段数目(施工段数目越多,相应流水节拍越长)、流水施工组织方式有关。

流水步距的数目等于 $n-1$ 个参加流水施工的施工作业班组数(或施工过程数)。

1. 影响流水步距的因素

(1)技术上可行。满足技术要求,确保工程质量和安全。

(2)间歇需要。有些施工过程施工完成后,必须有一定的技术或组织间歇,流水步距要保证满足间歇的前提下,尽可能使相邻两个施工作业班组的工作最大限度地合理搭接。

(3)工艺要求。保证相邻施工过程对应施工段之间的工艺顺序合理,不发生前一个施工过程尚未全部完成,而后一个施工过程提前介入的现象。

(4)主要施工过程连续。应保证主要施工过程连续施工,不发生停工、窝工现象。而为了缩短工期,在工艺技术条件许可的情况下,次要施工过程可组织搭接施工。

2. 确定流水步距的方法

确定流水步距的方法很多,常用的有分析计算法(即公式法)、图上分析法和累加数列法(即潘特考夫斯基法)。其中分析计算法和累加数列法将在本章第三节中详细讲解,而图上分析法主要是通过试排来确定流水步距,试排的原则就是满足影响流水步距的因素要求,此方法适用于简单的流水施工,复杂工程单用此法太过烦琐,易出现错误,因此常与其他方法一起配合使用,在此不再赘述。

(三)流水间歇时间

在组织流水施工时,由于施工工艺技术要求或组织安排原因,会造成一些施工过程完成后,后续施工过程不能立即投入施工,必须留出的等待时间,称为流水间歇时间,通常用符号 $Z_{i,i+1}$ 表示。通常,按间歇的性质,可分为技术间歇和组织间歇;按间歇的部位,可分为层间间歇和施工过程间歇。

1. 技术间歇

技术间歇是指由于建筑材料、现浇构件性质或施工工艺的要求,需要考虑的合理工艺间歇时间。如现浇混凝土构件养护时间、抹灰层和油漆层的干燥时间等。

2. 组织间歇

组织间歇是指由于施工组织原因而造成的间歇时间。如砌筑墙体前的弹线、施工机械的转移、基坑验槽、浇筑混凝土前检查预埋件,以及其他作业前的准备工作。

3. 层间间歇

层间间歇是指施工对象有层间关系时,在相邻两个施工层之间,前一施工层的最后一个施工过程,与后一个施工层相应施工段上的第一个施工过程之间的技术间歇或组织间歇。

4. 施工过程间歇

施工过程间歇是指在同一个施工层或施工段内,相邻两个施工过程之间的技术间歇或组织间歇。

(四)平行搭接时间

在组织流水施工过程中,有时为了缩短工期,在不违反操作规程及工作面允许的条件下,前一个施工作业班组完成部分施工任务后,能够提前为后一个施工作业班组提供工作面,使后者提前进入施工段,两者在同一施工段上平行搭接施工,这个搭接时间称为平行搭接时间,通常用符号 $C_{i,i+1}$ 表示。

(五)工期

工期是指完成一项工程任务或一个流水组施工所需的时间。一般一个流水组的工期用式(3-6)计算,而一项工程任务的工期就是所有流水组工期的总和。

$$T = \sum K_{i,i+1} + T_n + \sum Z_{i,i+1} - \sum C_{i,i+1} \tag{3-6}$$

式中 T——流水施工工期；

$\sum K_{i,i+1}$——流水施工中各流水步距之和；

T_n——流水施工中最后一个施工过程的持续时间；

$\sum Z_{i,i+1}$——流水施工中各流水间歇时间之和；

$\sum C_{i,i+1}$——流水施工中各平行搭接时间之和。

三、空间参数

空间参数主要是指在组织流水施工时，用以表达流水施工在空间安排上展开状态的参数。它通常包括工作面、施工段数和施工层三个参数。

（一）工作面

工作面是指流水施工过程中，施工操作人员从事施工生产时所必须具备的活动空间。它用来确定施工对象上合理安置操作工人的数量或施工机械的数量。每个作业工人或每台施工机械所需工作面的大小，取决于单位时间内其完成的工程量和安全施工的要求。因此，工作面的大小是根据相应工种的产量定额、工程操作规程和安全规程的要求确定出来的。合理确定工作面，直接影响施工工人的劳动生产效率。主要工种工作面参考数据见表 3-1。

表 3-1　主要工种工作面参考数据

工作项目	每个技工的工作面	说明
钢筋混凝土柱	2.45 m^3/人	现浇、机拌、机捣
钢筋混凝土梁	3.20 m^3/人	现浇、机拌、机捣
钢筋混凝土墙	5 m^3/人	现浇、机拌、机捣
钢筋混凝土楼板	5.3 m^3/人	现浇、机拌、机捣
混凝土设备基础	7 m^3/人	现浇、机拌、机捣
混凝土柱、墙基础	8 m^3/人	机拌、机捣
混凝土地坪及面层	40 m^2/人	机拌、机捣
预制钢筋混凝土柱	3.6 m^3/人	机拌、机捣
预制钢筋混凝土梁	3.6 m^3/人	机拌、机捣
预制钢筋混凝土屋架	2.7 m^3/人	机拌、机捣
预制钢筋混凝土平板、空心板	1.91 m^3/人	机拌、机捣
预制钢筋混凝土大型屋面板	2.62 m^3/人	机拌、机捣
砖基础	7.6 m/人	以 1.5 砖计，2 砖乘以 0.8 系数，3 砖乘以 0.55 系数
砌砖墙	8.5 m/人	以 1 砖计，1.5 砖乘以 0.71 系数，2 砖乘以 0.57 系数

续表 3-1

工作项目	每个技工的工作面	说明
毛石基础	3 m/人	以 600 mm 厚
毛石墙	3.3 m/人	以 400 mm 厚
外墙抹灰	16 m^2/人	
内墙抹灰	18.5 m^2/人	
卷材屋面	18.6 m^2/人	
防水水泥砂浆屋面	16 m^2/人	
门窗安装	11 m^2/人	

工作面确定后,就可以确定施工班组人数,这也是施工组织计划的一个重点——劳动力计划的确定。

施工班组最多人数=最小施工段上的作业面/每个工人所需最小工作面

其中最多人数是指一个施工段上在满足正常施工的情况下可容纳的最多人数;最小施工段是指将施工对象划分的几个施工段中整体工作面最小的施工段;每个工人所需最小工作面是指保证工人正常作业效率所需的最小工作空间,其数值如表 3-1 所示。

施工班组最少人数是指合理施工所必须的最少劳动组合人数,如果达不到,会影响劳动效率,甚至无法施工。

依据最多和最少人数,根据流水作业对流水节奏的要求,最后确定一个合适的人数。工作面的用途就是确定所需劳动力及机械数量。

(二)施工段数

在组织流水施工时,通常将施工对象在平面上划分成若干个劳动量大致相等的施工区段,这些施工区段称为施工段或流水段。施工段的数目称为施工段数,一般用符号 m 表示,它是流水施工的基本参数之一。一般情况下,一个施工段在某一段时间内只安排一个施工过程的施工作业班组工作。

1. 划分施工段的目的

划分施工段是组织流水施工的基础,其划分目的是:保证各个专业施工班组有自己的工作空间,不同的施工班组在不同的施工段上同时进行施工,并且各个施工班组能按一定的时间间隔转移到另一个施工段进行连续施工,避免工作中的相互干扰、消除等待、停歇现象,缩短工期。

2. 划分施工段的原则

施工段数划分要适当。数目过多,每段上的工人数减少,工作面不能充分利用,施工速度降低,工期增长;数目过少,资源供应过分集中,有时会出现“供不应求”现象。

因此,为了使施工段划分合理,一般应遵循以下原则:

(1)各施工段的劳动量应大致相等,其相差幅度不宜超过 15%,以保证各施工作业班组连续、均衡施工。

(2)要有足够的工作面,以保证相应数量的工人、主导施工机械的生产效率,满足合理劳动组织的要求。

(3)施工段的划分界限应尽可能与施工对象的结构界限(如伸缩缝、沉降缝、高低层的交界线等)相一致,或设在对建筑结构整体性影响较小的部位,以保证建筑结构的整体性。此外还要考虑装饰装修的外观效果,以混凝土施工缝、后浇带、砌体结构的门窗洞口,以及装饰的分格、阴角等作为施工段的划分界线,以减少留槎,便于连接和修复。

(4)以主要施工过程为主进行划分,保证主要施工过程连续。这是因为各施工过程的劳动量(或工程量)大小不同,工作面大小及工艺要求也不同,不可能要求所有施工段的工作都连续,因此保证主要施工过程工作连续即可。例如砖混结构房屋施工中,就是以砌砖墙为主要施工过程来划分施工段的。

(5)当施工有层间关系,分段又分层施工时,若要保证各施工作业班组连续施工,则每层施工段数(m)应大于或等于施工过程数(n),这样才能保证施工作业班组做完第一段,能立即转入第二段;做完第一层的最后一段,能立即转入第二层的第一段。

【例 3-2】 某三层框架结构房屋的主体工程,施工过程为支模板、绑扎钢筋、浇筑混凝土,各施工过程在各个施工段上的流水节拍为 2 d,则下面通过三种情况进行分析。

(1)当 $m>n$ 时,如每层划分 4 个施工段组织流水,其进度计划如图 3-7 所示。

施工过程	施工进度(d)													
	22	24	26	28	30	32	34	36	38	40	42	44	46	48
支模板	Ⅰ-1	Ⅰ-2	Ⅰ-3	Ⅰ-4	Ⅱ-1	Ⅱ-2	Ⅱ-3	Ⅱ-4	Ⅲ-1	Ⅲ-2	Ⅲ-3	Ⅲ-4		
绑扎钢筋		Ⅰ-1	Ⅰ-2	Ⅰ-3	Ⅰ-4	Ⅱ-1	Ⅱ-2	Ⅱ-3	Ⅱ-4	Ⅲ-1	Ⅲ-2	Ⅲ-3	Ⅲ-4	
浇筑混凝土			Ⅰ-1	Ⅰ-2	Ⅰ-3	Ⅰ-4	Ⅱ-1	Ⅱ-2	Ⅱ-3	Ⅱ-4	Ⅲ-1	Ⅲ-2	Ⅲ-3	Ⅲ-4

注:图中Ⅰ、Ⅱ、Ⅲ表示楼层,1、2、3、4 表示施工段。

图 3-7 $m>n$ 的施工进度计划

从图 3-7 可以看出,当 $m>n$ 时,各施工作业班组能够连续施工,但施工段有空闲,如第一层的第一段(Ⅰ-1)浇筑混凝土后不能立刻进行第二层的第一段(Ⅱ-1)的支模板工作,工作面未能充分利用,但这种空闲对组织施工并不一定有害,可用于弥补由于技术或组织间歇要求所必需的时间,本例空闲时间恰好可以用于混凝土的养护。但施工段数也不是越多越好,当施工段数目过多时,必然导致工作面闲置,不利于缩短工期。因此,每层的最少施工段数用式(3-7)确定:

$$m_{\min} = n + \frac{\sum Z}{K} \tag{3-7}$$

式中 $m_{\min}$——每层划分的最少施工段数;

n——施工过程数;

$\sum Z$——施工过程要求的间歇时间总和;

K——流水步距。

(2)当 $m=n$ 时,即每层划分三个施工段组织流水,其进度计划如图 3-8 所示。

施工过程	施工进度(d)										
	22	24	26	28	30	32	34	36	38	40	42
支模板	Ⅰ-1	Ⅰ-2	Ⅰ-3	Ⅱ-1	Ⅱ-2	Ⅱ-3	Ⅲ-1	Ⅲ-2	Ⅲ-3		
绑扎钢筋		Ⅰ-1	Ⅰ-2	Ⅰ-3	Ⅱ-1	Ⅱ-2	Ⅱ-3	Ⅲ-1	Ⅲ-2	Ⅲ-3	
浇筑混凝土			Ⅰ-1	Ⅰ-2	Ⅰ-3	Ⅱ-1	Ⅱ-2	Ⅱ-3	Ⅲ-1	Ⅲ-2	Ⅲ-3

注:图中Ⅰ、Ⅱ、Ⅲ表示楼层,1、2、3 表示施工段。

图 3-8　$m = n$ 的施工进度计划

从图 3-8 可以看出,当 $m = n$ 时,各施工作业班组连续施工,施工段没有空闲,工作面能充分利用。这是一种最理想的施工组织方式,唯一不足之处就是没有回旋余地,一旦遇到需要技术或组织间歇的情况,就只有窝工了。

(3)当 $m < n$ 时,如每层划分 2 个施工段组织流水,其进度计划如图 3-9 所示。

施工过程	施工进度(d)									
	22	24	26	28	30	32	34	36	38	40
支模板	Ⅰ-1	Ⅰ-2		Ⅱ-1	Ⅱ-2		Ⅲ-1	Ⅲ-2		
绑扎钢筋		Ⅰ-1	Ⅰ-2		Ⅱ-1	Ⅱ-2		Ⅲ-1	Ⅲ-2	
浇筑混凝土			Ⅰ-1	Ⅰ-2		Ⅱ-1	Ⅱ-2		Ⅲ-1	Ⅲ-2

注:图中Ⅰ、Ⅱ、Ⅲ表示楼层,1、2 表示施工段。

图 3-9　$m < n$ 的施工进度计划

从图 3-9 可以看出,当 $m < n$ 时,施工段虽然没有空闲,但各施工作业班组不能连续施工,易出现窝工现象。这种情况不适用单一建筑物的流水施工,但对于有数幢同类型的建筑物,可通过组织各建筑物之间的大流水来实现施工作业班组的连续施工。

综上所述,当施工对象无层间关系或无施工层时,施工段数与施工过程数没有必然联系;而当施工对象有层间关系或有施工层时,为保证各施工作业班组能够连续施工,m 必须大于或等于 n。

(三)施工层

在组织多层建筑物的施工时,除要将建筑物在平面上划分为若干个施工段外,还要在竖向上划分为若干个操作层,这些操作层称为施工层,一般用符号 r 表示。施工层的划分,要根据工程项目的具体情况而定,通常以建筑物的结构层作为施工层,但对于层高较高的施工项目,为方便组织施工,也可按一定施工高度划分为一层,如砌筑工程,施工层高度一般为 1.2 ~ 1.5 m。因此,对于多层建筑物,施工段数等于单层划分的施工段数乘以该建筑物的施工层数。

第三节　流水施工的组织方式

为保证流水施工的合理性，组织施工时应注意节奏，流水施工的节奏是由流水节拍决定的。建筑产品固有的特点，决定了组织流水施工时统一流水节拍是很困难的。很多情况是各施工过程的流水节拍不一定相等，甚至同一施工过程不同施工段的流水节拍也不一定相等。因此，这就形成了不同方式的流水施工。根据流水施工节拍特征的不同，可分为节奏流水施工和非节奏流水施工两大类。节奏流水施工是指同一施工过程在各施工段上的流水节拍都相等的一种流水施工方式。当各施工段劳动量大致相等时，可组织节奏流水施工。根据不同施工过程之间的流水节拍是否相等，节奏流水施工又可分为全等节拍流水施工、成倍节拍流水施工和异节拍流水施工，如图 3-10 所示。

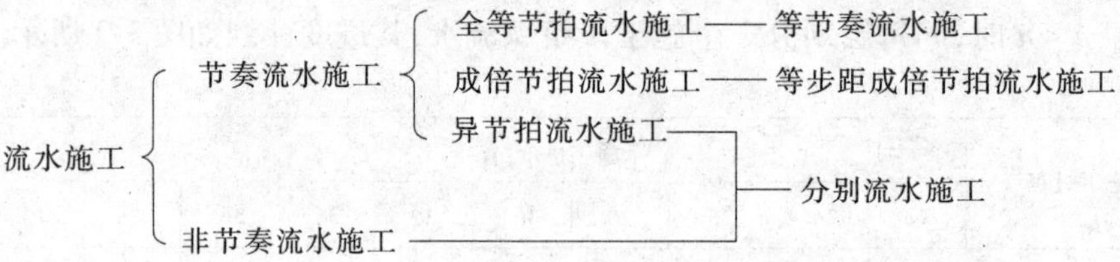

图 3-10　流水施工组织方式分类图

一、全等节拍流水施工

全等节拍流水施工是指所有施工过程在各个施工段上的流水节拍都相等的一种流水施工方式，也称为固定节拍流水施工。

（一）全等节拍流水施工的特点

（1）同一施工过程流水节拍相等，不同施工过程流水节拍也相等，即 $t_1 = t_2 = t_3 = \cdots = t_{n-1} = t_n =$ 常数。

（2）各施工过程之间的流水步距都相等，且等于流水节拍，即 $K_{1,2} = K_{2,3} = \cdots = K_{n-1,n} = t_i =$ 常数。

（3）各施工作业班组在各施工段上能够连续施工，施工段之间没有空闲时间。

（4）施工作业班组数等于施工过程数。

（二）全等节拍流水施工的组织步骤

任何一种流水施工无论采用何种组织方式，其组织步骤均相同，具体如图 3-11 所示。

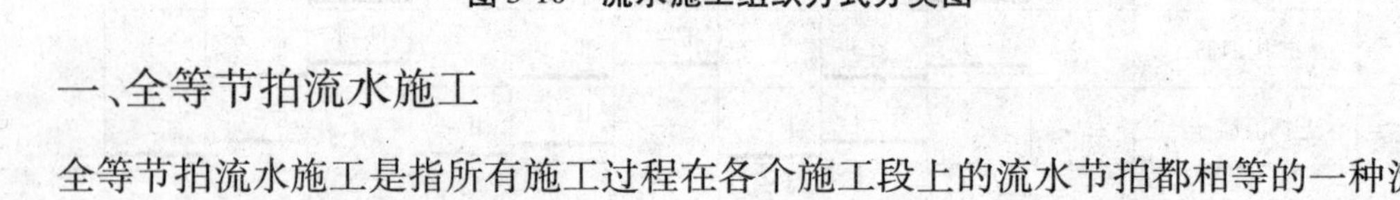

图 3-11　流水施工的组织步骤

其中，划分施工过程、确定施工顺序、确定施工流向具体见本书第五章内容，在此不再赘述,只针对后几项进行讲解。

1. 施工段数 m 的划分

划分施工段时,其数目 m 的确定如下。

(1)无层间关系或无施工层时,施工段数按前面章节所讲施工段划分基本要求确定即可。

(2)有层间关系或有施工层时,为保证各施工过程的施工作业班组能够连续施工,应使 $m \geqslant n$。此时,每层施工段空闲数为 $m-n$,一个空闲施工段的时间为 t,则每层的空闲时间为

$$(m-n)t=(m-n)K$$

假设一个楼层内的各施工过程的技术和组织间歇时间之和为 Z,楼层间或施工层间的技术和组织间歇时间为 Z'。为保证各施工作业班组能够连续施工,则必须使

$$(m-n)K=Z+Z'$$

所以,施工段数 m 可由式(3-8)确定:

$$m=n+\frac{Z+Z'}{K} \tag{3-8}$$

式中 m——施工段数;

n——施工过程数;

Z——同一楼层或施工层中技术和组织间歇时间之和;

Z'——楼层间或施工层间的技术和组织间歇时间;

K——流水步距。

2. 流水节拍 t 的确定

根据全等节拍流水施工的要求,流水节拍 t 按本章第二节所讲方法进行确定。

3. 确定流水步距 K

根据全等节拍流水施工的特点,$K=t$。

4. 流水施工工期的计算

(1)无层间关系或无施工层时,流水施工工期按式(3-9)计算:

$$T=\sum K_{i,i+1}+T_n+\sum Z_{i,i+1}-\sum C_{i,i+1}$$

因为 $\sum K_{i,i+1}=(n-1)t \qquad T_n=mt$

所以 $$T=(n-1)t+mt+\sum Z_{i,i+1}-\sum C_{i,i+1}$$

$$=(m+n-1)t+\sum Z_{i,i+1}-\sum C_{i,i+1} \tag{3-9}$$

式中 T——流水施工工期;

m——施工段数;

n——施工过程数;

t——流水节拍;

$\sum Z_{i,i+1}$——流水施工中各流水间歇时间之和;

$\sum C_{i,i+1}$——流水施工中各平行搭接时间之和。

(2)有层间关系或有施工层时,流水施工工期按式(3-10)计算:

$$T = (m + nr - 1)t + \sum Z + \sum Z' - \sum C_{i,i+1} \tag{3-10}$$

式中　r——施工层数;

$\sum Z$—— 工程项目中所有施工过程之间的技术和组织间歇时间之和;

$\sum Z'$—— 工程项目中所有楼层间或施工层间的技术和组织间歇时间之和;

其他符号含义同前。

(三)应用举例

【例3-3】　无层间关系及无间歇时间实例。某分部工程分为A、B、C、D四个施工过程,每个施工过程分为4个施工段,各施工过程的流水节拍均为3 d,试组织全等节拍流水施工。

解:$K = t = 3$(d)

计算工期:$T = (m + n - 1)t = (4 + 4 - 1) \times 3 = 21$(d)

用横道图绘制某分部工程无层间关系无间歇全等节拍流水施工进度计划,如图3-12所示。

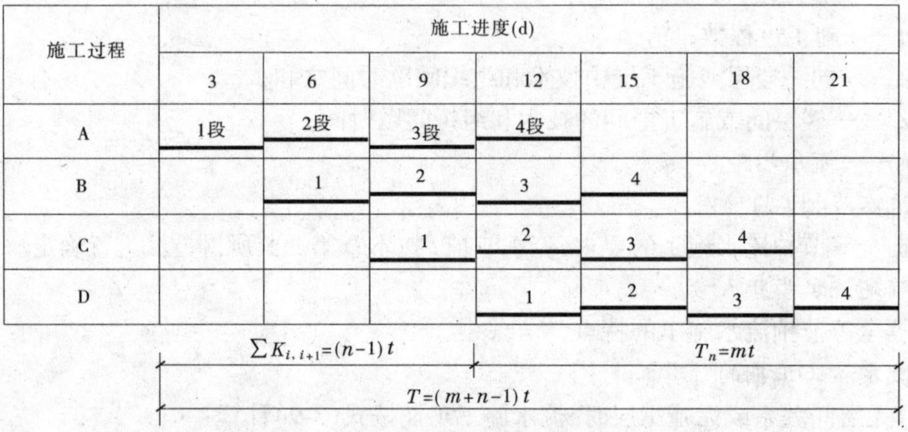

图3-12　某分部工程无层间关系无间歇全等节拍流水施工进度计划

【例3-4】　有层间关系及有间歇时间实例。某房屋工程共两层,每层由A、B、C、D四个施工过程组成,各施工过程的流水节拍均为2 d,其中,B过程完成后,停2 d才能进行C过程施工,两层之间的技术间歇时间为2 d。为保证施工作业班组连续施工,试确定施工段数、工期并绘制流水施工进度图。

解:(1)由已知条件可得　$K = t = 2$(d)

(2)确定施工段数。利用式(3-8)得

$$m = n + \frac{Z + Z'}{K} = 4 + \frac{2 + 2}{2} = 6$$

(3)计算工期。因为存在层间关系,利用式(3-10)得

$$T = (m + nr - 1)t + \sum Z + \sum Z' - \sum C_{i,i+1}$$
$$= (6 + 4 \times 2 - 1) \times 2 + 2 + 2 + 2 = 32(\text{d})$$

(4)绘制流水施工进度图,如图 3-13、图 3-14 所示。

施工过程	施工进度(d)															
	2	4	6	8	10	12	14	16	18	20	22	24	26	28	30	32
A	Ⅰ-1	Ⅰ-2	Ⅰ-3	Ⅰ-4	Ⅰ-5	Ⅰ-6	Ⅱ-1	Ⅱ-2	Ⅱ-3	Ⅱ-4	Ⅱ-5	Ⅱ-6				
B		Ⅰ-1	Ⅰ-2	Ⅰ-3	Ⅰ-4	Ⅰ-5	Ⅰ-6	Ⅱ-1	Ⅱ-2	Ⅱ-3	Ⅱ-4	Ⅱ-5	Ⅱ-6			
C				Ⅰ-1	Ⅰ-2	Ⅰ-3	Ⅰ-4	Ⅰ-5	Ⅰ-6	Ⅱ-1	Ⅱ-2	Ⅱ-3	Ⅱ-4	Ⅱ-5	Ⅱ-6	
D					Ⅰ-1	Ⅰ-2	Ⅰ-3	Ⅰ-4	Ⅰ-5	Ⅰ-6	Ⅱ-1	Ⅱ-2	Ⅱ-3	Ⅱ-4	Ⅱ-5	Ⅱ-6

注:图中Ⅰ、Ⅱ表示楼层,1、2、3、4、5、6 表示施工段。

图 3-13　某房屋工程分层并有间歇全等节拍流水施工进度计划(施工层横向排列)

施工层	施工过程	施工进度(d)															
		2	4	6	8	10	12	14	16	18	20	22	24	26	28	30	32
Ⅰ	A	Ⅰ-1	Ⅰ-2	Ⅰ-3	Ⅰ-4	Ⅰ-5	Ⅰ-6										
	B		Ⅰ-1	Ⅰ-2	Ⅰ-3	Ⅰ-4	Ⅰ-5	Ⅰ-6									
	C				Ⅰ-1	Ⅰ-2	Ⅰ-3	Ⅰ-4	Ⅰ-5	Ⅰ-6							
	D					Ⅰ-1	Ⅰ-2	Ⅰ-3	Ⅰ-4	Ⅰ-5	Ⅰ-6						
Ⅱ	A							Ⅱ-1	Ⅱ-2	Ⅱ-3	Ⅱ-4	Ⅱ-5	Ⅱ-6				
	B								Ⅱ-1	Ⅱ-2	Ⅱ-3	Ⅱ-4	Ⅱ-5	Ⅱ-6			
	C										Ⅱ-1	Ⅱ-2	Ⅱ-3	Ⅱ-4	Ⅱ-5	Ⅱ-6	
	D											Ⅱ-1	Ⅱ-2	Ⅱ-3	Ⅱ-4	Ⅱ-5	Ⅱ-6

$(nr-1)\,t+\sum Z+\sum Z'$　　mt

$T=(m+nr-1)\,t+\sum Z+\sum Z'$

图 3-14　某房屋工程分层并有间歇全等节拍流水施工进度计划(施工层竖向排列)

【例 3-5】　综合实例。某房屋基础工程划分为 4 个施工段,其施工过程分为:①土方开挖;②基础垫层;③绑扎钢筋;④浇筑混凝土;⑤砌砖基础;⑥回填土。各施工过程的工程量、产量定额、工作班组人数及机械数量如表 3-2 所示。由于垫层施工和回填土施工的工程量较少,为简化流水施工的组织,将垫层与回填土施工过程所需的时间作为间歇时间处理,持续时间均为 1 d。此外,浇筑混凝土后需经 2 d 的养护,才能进行砌筑砖基础施工过程。根据以上条件,计算工期、绘制流水施工进度图。

表 3-2　各施工过程相关数据

施工过程	工程量	产量定额	作业人数（或机械台数）
土方开挖	520 m^3	65 m^3/台班	1 台
基础垫层	50 m^3	—	—
绑扎钢筋	21 600 kg	450 kg/工日	6
浇筑混凝土	168 m^3	1.5 m^3/工日	14
砌砖基础	230 m^3	1.25 m^3/工日	23
回填土	300 m^3	—	—

解：(1)计算流水节拍，根据式(3-3)可得

$$t_{挖土}=\frac{Q_{挖土}}{S_{挖土}R_{挖土}N_{挖土}}=\frac{520}{4\times65\times1}=2(\mathrm{d})$$

$$t_{钢筋}=\frac{Q_{钢筋}}{S_{钢筋}R_{钢筋}N_{钢筋}}=\frac{21\,600}{4\times450\times6}=2(\mathrm{d})$$

$$t_{混凝土}=\frac{Q_{混凝土}}{S_{混凝土}R_{混凝土}N_{混凝土}}=\frac{168}{4\times1.5\times14}=2(\mathrm{d})$$

$$t_{砖基础}=\frac{Q_{砖基础}}{S_{砖基础}R_{砖基础}N_{砖基础}}=\frac{230}{4\times1.25\times23}=2(\mathrm{d})$$

(2)计算工期。

因为各个施工过程的流水节拍全部相等，所以可以组织全等节拍流水施工，其施工工期为

$$\begin{aligned}T&=(m+n-1)t+\sum Z_{i,i+1}-\sum C_{i,i+1}\\&=(4+4-1)\times2+2+1+1\\&=18(\mathrm{d})\end{aligned}$$

(3)绘制流水施工进度图，如图 3-15 所示。

图 3-15　某房屋基础工程流水施工进度计划

(四)适用范围

全等节拍流水施工是最理想的一种流水施工方式，它能保证各施工作业班组连续、均衡施工，工作面充分利用，但由于它要求各个施工过程都采用相同的流水节拍，这对于一

个单位工程或建筑群来说，往往很难组织，不容易达到。因为全等节拍流水施工的组织方式是：首先划分施工过程，将工程量小的施工过程进行合并，以使各施工过程流水节拍相等，并且要使各施工段的工程量基本相等；然后确定主要施工过程的作业班组人数，计算流水节拍；最后使其他施工过程的流水节拍与主要施工过程的流水节拍相等。做到这一点的办法主要是调节各专业队的人数，这就使各施工过程的作业人数相差比较大，不利于合理地进行人员分配。

因此，全等节拍流水施工的实际应用范围并不是很广，它一般适用于工程规模较小、建筑结构比较简单、施工过程不多的工程，常用于组织一个分部工程的流水施工。

二、成倍节拍流水施工

成倍节拍流水施工是指同一施工过程在各个施工段上的流水节拍相等，不同施工过程之间的流水节拍不完全相等，但各个施工过程的流水节拍互成倍数的流水施工方式，也称为等步距异节拍流水施工。

（一）成倍节拍流水施工的特点

（1）同一施工过程流水节拍相等，不同施工过程流水节拍互成倍数关系。

（2）各施工作业班组之间的流水步距都相等，且等于最小的流水节拍。

（3）各施工作业班组在各施工段上能够连续施工，施工段之间没有空闲时间。

（4）施工作业班组数 n' 大于施工过程数 n。

（5）成倍节拍流水施工因为增加了专业施工队的数量，所以加快了施工速度，缩短了总工期。

（二）成倍节拍流水施工的组织

1. 施工段数 m 的确定

（1）无层间关系或无施工层时，施工段数按前面章节所讲施工段划分基本要求确定即可。

（2）有层间关系或有施工层时，每层最少施工段数按式（3-11）确定。

$$m = n' + \frac{Z + Z'}{K_b} \tag{3-11}$$

式中　m——施工段数；

n'——施工作业班组总数；

K_b——相邻施工作业班组之间的流水步距，称为成倍节拍流水步距；

其他符号含义同前。

2. 流水步距 K_b 的确定

流水步距 K_b 为

$$K_b = t_{\min}$$

3. 施工作业班组数 n' 的确定

施工作业班组数 n' 的确定公式如下：

$$b_i = \frac{t_i}{K_b} = \frac{t_i}{t_{\min}}$$

$$n' = \sum b_i$$

式中 b_i——某施工过程所需的班组数；

$t_{\min}$——所有施工过程中最小的流水节拍。

4. 流水施工工期的计算

(1)无层间关系或无施工层时，流水施工工期按式(3-12)计算：

$$T = (m + n' - 1)t_{\min} + \sum Z_{i,i+1} - \sum C_{i,i+1} \quad (3\text{-}12)$$

(2)有层间关系或有施工层时，流水施工工期按式(3-13)计算：

$$T = (m + n'r - 1)t_{\min} + \sum Z + \sum Z' - \sum C_{i,i+1} \quad (3\text{-}13)$$

(三)应用举例

【例 3-6】 无层间关系实例。拟兴建 6 幢相同结构的房屋，施工过程分为：基础、结构、装修和附属，每幢为一个施工段，各施工过程的流水节拍如表 3-3 所示。试组织成倍节拍流水施工，并绘制流水施工进度图。

表 3-3 各施工过程流水节拍

施工过程	基础	结构	装修	附属
流水节拍(d)	30	90	60	30

解：(1)确定流水步距

$$K_b = t_{\min} = 30(\text{d})$$

(2)计算施工作业班组数

$$b_{基础} = \frac{t_{基础}}{K_b} = \frac{30}{30} = 1$$

$$b_{结构} = \frac{t_{结构}}{K_b} = \frac{90}{30} = 3$$

$$b_{装修} = \frac{t_{装修}}{K_b} = \frac{60}{30} = 2$$

$$b_{附属} = \frac{t_{附属}}{K_b} = \frac{30}{30} = 1$$

施工作业班组总数为

$$n' = \sum b_i = 1 + 3 + 2 + 1 = 7$$

(3)计算工期

$$\begin{aligned} T &= (m + n' - 1)t_{\min} + \sum Z_{i,i+1} - \sum C_{i,i+1} \\ &= (6 + 7 - 1) \times 30 \\ &= 360(\text{d}) \end{aligned}$$

(4)绘制流水施工进度图，如图 3-16 所示。

【例 3-7】 有层间关系实例。某房屋工程共两层，每层由 A、B、C 三个施工过程组

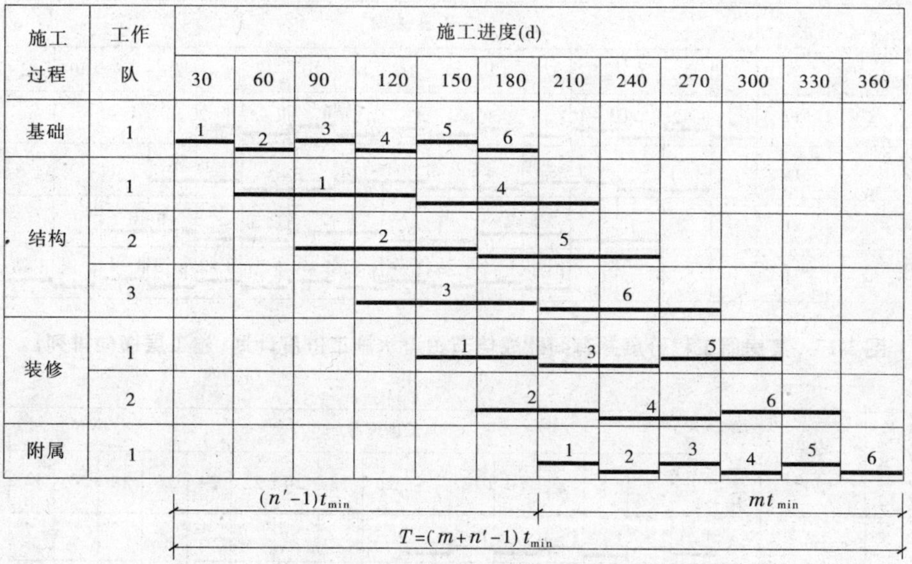

图 3-16　某 6 幢相同结构房屋工程的流水施工进度计划

成,各施工过程的流水节拍分别为:$t_A=2$ d,$t_B=4$ d,$t_C=2$ d,其中 B 过程完成后,停 2 d 才能进行 C 过程施工,两层之间的技术间歇时间为 2 d。为保证施工作业班组连续施工,试确定施工段数、工期并绘制流水施工进度图。

解:(1)确定流水步距

$$K_b=t_{min}=2(\text{d})$$

(2)计算施工作业班组数

$$b_A=\frac{t_A}{K_b}=\frac{2}{2}=1$$

$$b_B=\frac{t_B}{K_b}=\frac{4}{2}=2$$

$$b_C=\frac{t_C}{K_b}=\frac{2}{2}=1$$

施工作业班组总数为

$$n'=\sum b_i=1+2+1=4$$

(3)确定施工段数,利用式(3-11)得

$$m=n'+\frac{Z+Z'}{K_b}=4+\frac{2+2}{2}=6$$

(4)计算工期,因为存在层间关系,利用式(3-13)得

$$\begin{aligned}T&=(m+n'r-1)t_{min}+\sum Z+\sum Z'-\sum C_{i,i+1}\\&=(6+4\times2-1)\times2+2+2+2\\&=32(\text{d})\end{aligned}$$

(5)绘制流水施工进度图,如图 3-17、图 3-18 所示。

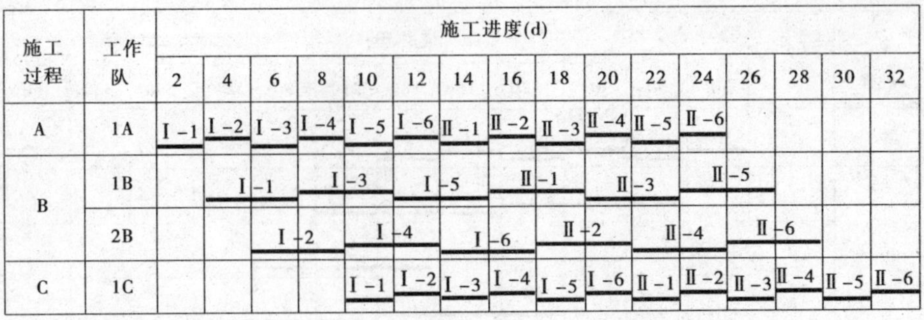

图 3-17　某房屋工程分层并有间歇成倍节拍流水施工进度计划(施工层横向排列)

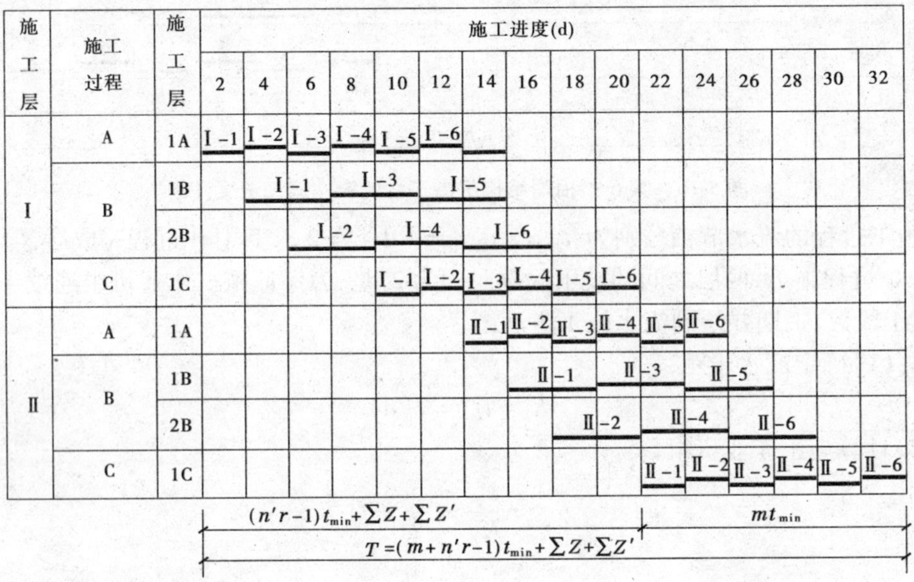

图 3-18　某房屋工程分层并有间歇成倍节拍流水施工进度计划(施工层竖向排列)

(四)适用范围

成倍节拍流水施工是全等节拍流水施工的一个特例,比较适用于线形工程(如道路、管道等)的施工。

三、异节拍流水施工

异节拍流水施工是指同一施工过程在各个施工段上的流水节拍相等,不同施工过程之间的流水节拍不一定相等的流水施工方式,也称为异步距异节拍流水施工。

(一)异节拍流水施工的特点

(1)同一施工过程流水节拍相等,不同施工过程的流水节拍不一定相等。

(2)各个施工过程之间的流水步距不一定相等。

(3)各施工作业班组在各施工段上能够连续施工,但有的施工段之间可能有空闲时间。

(4)施工过程数等于施工作业班组数。

（二）异节拍流水施工的组织

1. 流水步距的确定

流水步距的确定公式如下：

$$K_{i,i+1}=\begin{cases}t_i & （当 t_i \leqslant t_{i+1} 时）\\ mt_i-(m-1)t_{i+1} & （当 t_i > t_{i+1} 时）\end{cases} \tag{3-14}$$

2. 流水施工工期的计算

流水施工工期的计算公式如下：

$$\begin{aligned} T &= \sum K_{i,i+1}+T_n+\sum Z_{i,i+1}-\sum C_{i,i+1} \\ &= \sum K_{i,i+1}+mt_n+\sum Z_{i,i+1}-\sum C_{i,i+1} \end{aligned} \tag{3-15}$$

（三）应用举例

【例 3-8】 某分部工程分为 A、B、C、D 四个施工过程，每个施工过程分为 4 个施工段，各施工过程的流水节拍分别为：$t_A=2$ d，$t_B=4$ d，$t_C=5$ d，$t_D=2$ d，B 施工过程完成后需要有 2 d 的技术间歇才能进行 C 施工过程。试求各施工过程之间的流水步距及该工程工期，并绘制流水施工进度图。

解：(1)确定流水步距，利用式(3-14)得

因为 $t_A<t_B$

所以 $K_{A,B}=t_A=2(d)$

因为 $t_B<t_C$

所以 $K_{B,C}=t_B=4(d)$

因为 $t_C>t_D$

所以 $K_{C,D}=mt_i-(m-1)t_{i+1}=4\times5-(4-1)\times2=14(d)$

(2)计算工期

$$\begin{aligned} T &= \sum K_{i,i+1}+mt_n+\sum Z_{i,i+1}-\sum C_{i,i+1} \\ &= (2+4+14)+2\times4+2=30(d) \end{aligned}$$

(3)绘制流水施工进度图，如图 3-19 所示。

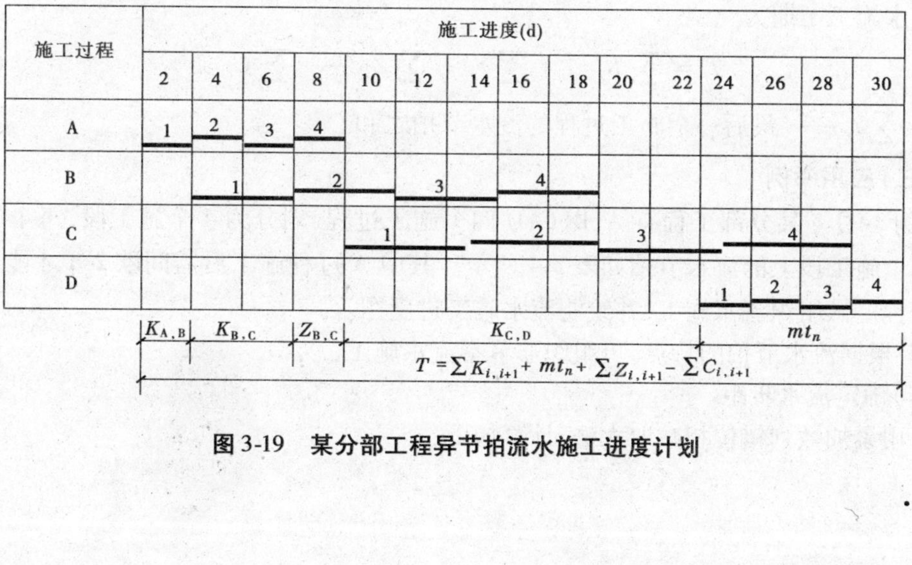

图 3-19 某分部工程异节拍流水施工进度计划

(四)适用范围

异节拍流水施工适用于分部和单位工程流水施工。在进度安排上比全等节拍流水施工灵活,实际应用范围较广。

四、非节奏流水施工

非节奏流水施工是指各个施工过程各个施工段上的流水节拍都不一定相等的一种流水施工方式,也称为分别流水施工。

(一)非节奏流水施工的特点

(1)同一施工过程流水节拍不一定相等,不同施工过程的流水节拍也不一定相等,即流水节拍无固定规律,完全自由。

(2)各个施工过程之间的流水步距不完全相等。

(3)各施工作业班组在各施工段上能够连续施工,但有的施工段之间可能有空闲时间。

(4)施工过程数等于施工作业班组数。

(二)非节奏流水施工的组织

1.流水步距的确定

非节奏流水施工流水步距的确定采用累加数列错位相减取大法,这种方法是由潘特考夫斯基首先提出的,故又称为潘特考夫斯基法。这种方法简捷、准确,适用范围较广。

累加数列错位相减取大法的计算步骤如下:

(1)将每个施工过程在各施工段上的流水节拍依次累加,求得各施工过程流水节拍的累加数列。

(2)将相邻施工过程流水节拍的累加数列错位相减。

(3)取相减结果中数值最大的作为相邻两个施工过程的流水步距。

2.流水施工工期的计算

流水施工工期为

$$T = \sum K_{i,i+1} + \sum t_n + \sum Z_{i,i+1} - \sum C_{i,i+1} \tag{3-16}$$

式中　$\sum t_n$——最后一个施工过程的流水节拍之和。

(三)应用举例

【例3-9】 某分部工程有A、B、C、D四个施工过程,划分为4个施工段,每个施工过程在各个施工段上的流水节拍如表3-4所示。其中A过程施工后需间歇2 d才能进行B施工过程。试组织流水施工,并绘制流水施工进度图。

解:根据流水节拍的特点,可组织非节奏流水施工。

(1)确定流水步距。

采用累加数列错位相减取大法,计算如下:

表 3-4 各施工过程流水节拍 （单位:d）

施工过程	施工段			
	1	2	3	4
A	3	2	1	3
B	4	2	3	2
C	2	4	3	2
D	5	2	3	1

①求 $K_{A,B}$

$$\begin{array}{rrrrr} 3 & 5 & 6 & 9 & \\ - \quad & 4 & 6 & 9 & 11 \\ \hline 3 & 1 & 0 & 0 & -11 \end{array}$$

$K_{A,B}=\max\{3,1,0,0,-11\}=3(d)$

②求 $K_{B,C}$

$$\begin{array}{rrrrr} 4 & 6 & 9 & 11 & \\ - \quad & 2 & 6 & 9 & 11 \\ \hline 4 & 4 & 3 & 2 & -11 \end{array}$$

$K_{B,C}=\max\{4,4,3,2,-11\}=4(d)$

③求 $K_{C,D}$

$$\begin{array}{rrrrr} 2 & 6 & 9 & 11 & \\ - \quad & 5 & 7 & 10 & 11 \\ \hline 2 & 1 & 2 & 1 & -11 \end{array}$$

$K_{C,D}=\max\{2,1,2,1,-11\}=2(d)$

(2)计算工期。利用式(3-16)得

$$\begin{aligned} T &= \sum K_{i,i+1} + \sum t_n + \sum Z_{i,i+1} - \sum C_{i,i+1} \\ &= (3+4+2)+(5+2+3+1)+2 \\ &= 22(d) \end{aligned}$$

(3)绘制流水施工进度图,如图 3-20 所示。

(四)适用范围

在组织流水施工时,工程结构型式、施工条件不同等原因使得各施工过程在各施工段上的工程量有较大差异;或因专业施工作业班组的生产效率相差较大,导致各施工过程的流水节拍随施工段的不同而不同,且不同施工过程之间的流水节拍又有很大差异。这时,流水节拍虽无任何规律,但仍可利用非节奏流水施工方式组织流水施工,使各专业工作队在满足连续施工的条件下,实现最大搭接。

因此,非节奏流水施工方式适用于各种不同结构性质和规模的工程施工组织,是流水施工中应用较广泛的一种方式。

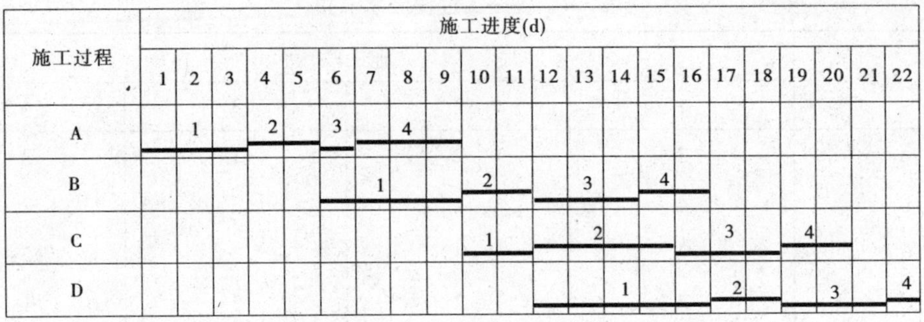

图 3-20　某分部工程非节奏流水施工进度计划

第四节　流水施工的应用

在建筑施工中,需要组织许多的施工过程,牵涉很多的人员和物资,要想合理地组织施工,必须采用一种行之有效的方法。实践证明,流水施工是一种诞生较早,在建筑施工中广泛使用、行之有效的科学组织施工的计划方法。在实际应用中,针对不同的施工对象,选择不同的流水施工方式组织施工,以保证施工的节奏性、均衡性、连续性和科学性。

一、流水施工方式的选择

在第三节中已经详细阐述了节奏流水施工方式和非节奏流水施工方式。在实际施工中,如何正确合理地选择流水施工方式,需根据工程实际情况而定。通常,任何工程的流水施工无论采用何种组织方式,其组织步骤均相同,即首先将单位工程流水分解为分部工程流水,然后根据分部工程各施工过程的劳动量大小、班组人数、要求的工期来选择流水施工方式。若分部工程的施工过程数目不多(3~5个),可以通过调整班组人数使各施工过程流水节拍相等,从而组织全等节拍流水施工;若分部工程的施工数目较多,硬性采用全等节拍流水施工,则会使各作业班组人数相差太大,不利于人员的调配和合理使用,此时可考虑流水节拍的规律,采用成倍节拍、异节拍或非节奏流水施工方式。甚至有时为了缩短工期,还常采用流水施工与搭接施工混合使用的情况。

二、流水施工实例

流水施工原理在实际工程中具有广泛的应用价值。以下面常见工程为例来阐述流水施工的应用。

【例 3-10】　框架结构房屋的流水施工。

某办公楼为五层框架结构建筑,面积 3 651 m^2,檐口高度 19.05 m。以基础工程、主体工程、屋面工程和装修工程为主要分部工程控制整个单位工程的流水施工。墙体砌筑材料为加气混凝土砌块。外墙贴面砖,塑钢门窗,室内木门。屋面保温材料为 100 mm 厚聚苯板,4 mm 厚改性沥青防水卷材。各分部工程工序(施工过程)划分内容及劳动量如表 3-5 所示。

表 3-5　某办公楼各分部工程工序划分内容及劳动量一览表

分部工程	序号	分项工程名称	施工班组人数	每天工作班制	劳动量(工日)
基础工程	1	土方开挖	8	1	7 台班
	2	基础垫层	16	1	32
	3	基础钢筋	12	1	72
	4	基础模板	14	1	84
	5	基础混凝土	16	1	95
	6	基础回填夯实	21	1	126
主体工程	7	搭设脚手架	10	—	342
	8	立柱钢筋	16	1	155
	9	安装柱、梁、板模板	31	1	2 462
	10	浇捣柱混凝土	24	3	727
	11	绑扎梁、板钢筋(含楼梯)	21	2	839
	12	浇捣梁、板混凝土(含楼梯)	30	3	1 350
	13	拆模板	21	1	419
	14	砌墙(含门窗)	40	1	1 200
屋面工程	15	屋面保温层	36	1	253
	16	屋面找平层	20	1	60
	17	屋面防水层	11	1	53
装修工程	18	内墙抹灰	45	1	1 568
	19	门窗安装	10	1	92
	20	内墙面砖	20	1	309
	21	楼地面工程	30	1	887
	22	内墙及顶棚乳胶漆	12	1	112
	23	木门、楼梯栏杆油漆	10	1	91
	24	外墙面砖	30	1	900
	25	水电安装			
	26	室外工程			

因本工程各分部工程的劳动量差异较大,故每个分部工程可采用不同的流水施工方式,组织施工时,应先分别组织各分部工程的流水施工,然后考虑各分部工程之间的相互搭接施工。具体组织方式如下。

(1)基础工程。基础工程根据施工工艺可以划分为土方开挖、基础垫层、基础钢筋、基础模板、基础混凝土、基础回填夯实等施工过程。

①土方开挖与基础垫层。因基础采用机械开挖土方方式,故将土方开挖与其他手工操作的施工过程分开考虑,不纳入流水安排;而基础混凝土垫层劳动量比较小,为了不影响整个基础工程的流水施工,也不纳入流水安排。

$$t_{土方开挖} = 7(\text{d})$$

$$t_{垫层} = \frac{32}{16 \times 1} = 2(\text{d})$$

垫层施工完成后需要养护 1 d,才能进行下道工序施工。

②参与流水的施工过程。基础工程经过上述考虑后,6 个施工过程中,参与流水施工的只有 4 个,即 $n=4$;考虑到工作面的因素,将其划分为两个施工段,即 $m=2$,组织全等节拍流水施工如下:

基础钢筋劳动量为 72 工日,施工班组人数 12 人,采用一班制施工,流水节拍为

$$t_{钢筋} = \frac{72}{12 \times 1 \times 2} = 3(\text{d})$$

基础模板劳动量为 84 工日,采用一班制施工,流水节拍为 3 d,施工班组人数为

$$R_{模板} = \frac{84}{2 \times 1 \times 3} = 14$$

基础混凝土劳动量为 95 工日,采用一班制施工,流水节拍为 3 d,施工班组人数为

$$R_{混凝土} = \frac{95}{2 \times 1 \times 3} = 15.83(取 16)$$

基础混凝土施工完后需要养护 1 d,才能进行下道工序的施工。

基础回填夯实劳动量为 126 工日,采用一班制施工,流水节拍为 3 d,施工班组人数为

$$R_{混凝土} = \frac{126}{2 \times 1 \times 3} = 21$$

③基础工程施工工期。

流水施工工期为

$$T = (m + n - 1)t + \sum Z_{i,i+1} - \sum C_{i,i+1} = (2 + 4 - 1) \times 3 + 1 = 16(\text{d})$$

加上土方开挖和基础垫层施工时间,基础工程施工工期为

$$T_{基础} = 16 + 7 + 2 + 1 = 26(\text{d})$$

(2)主体工程。包括搭设脚手架,立柱钢筋,安装柱、梁、板模板,浇捣柱混凝土,绑扎梁、板钢筋(含楼梯),浇捣梁、板混凝土(含楼梯),拆模板,砌墙(含门窗)等施工过程。

主体工程由于包含的施工过程数目较多,并且各施工过程劳动量相差较大,如果组织连续施工,会使得施工工期过长。因此,对于主体工程施工,采用搭接施工方式较为适宜,而主体工程中安装柱、梁、板模板施工过程劳动量最大,为主要施工过程,应保证其能连续、均衡施工,其余施工过程合理搭接施工。

根据施工段划分原则,每层划分为 2 段施工,5 层共 10 段,满足有层间关系时 $m > n$ 的要求。其流水节拍及施工工期计算如下:

①搭设脚手架。回填土的第一段做完后,为保证后续工程的顺利进行,必须紧接着搭设脚手架,这个施工过程平行穿插于整个主体工程,故根据施工工艺要求尽量搭接施工即可。

②立柱钢筋。柱钢筋劳动量为 155 工日,施工班组人数 16 人,采用一班制施工,流水

节拍为

$$t_{柱筋}=\frac{155}{16\times2\times5\times1}=0.97(\mathrm{d})(取1\ \mathrm{d})$$

③安装柱、梁、板模板。柱、梁、板模板劳动量为2 462工日，施工班组人数31人，采用一班制施工，流水节拍为

$$t_{模板}=\frac{2\ 462}{31\times2\times5\times1}=7.94(\mathrm{d})(取8\ \mathrm{d})$$

④浇捣柱混凝土。柱混凝土劳动量为727工日，施工班组人数24人，考虑到混凝土施工特点，采用三班制连续浇筑，流水节拍为

$$t_{柱混凝土}=\frac{727}{24\times2\times5\times3}=1.01(\mathrm{d})(取1\ \mathrm{d})$$

⑤绑扎梁、板钢筋(含楼梯)。梁、板钢筋(含楼梯)劳动量为839工日，施工班组人数21人，采用两班制施工，流水节拍为

$$t_{梁、板钢筋}=\frac{839}{21\times2\times5\times2}=2(\mathrm{d})$$

⑥浇捣梁、板混凝土(含楼梯)。梁、板混凝土(含楼梯)劳动量为1 350工日，施工班组人数30人，考虑到混凝土施工特点，采用三班制连续浇筑，流水节拍为

$$t_{梁、板混凝土}=\frac{1\ 350}{30\times2\times5\times3}=1.5(\mathrm{d})$$

⑦拆模板。柱模板的拆除可比梁、板模板提前，但为了方便安排进度计划，合并为一个施工过程，安排在梁、板混凝土(含楼梯)浇捣后14 d进行，其劳动量为419工日，施工班组人数21人，采用一班制施工，流水节拍为

$$t_{拆模}=\frac{419}{21\times2\times5\times1}=2(\mathrm{d})$$

⑧砌墙(含门窗)。砌墙(含门窗)劳动量为1 200工日，施工班组人数40人，采用一班制施工，流水节拍为

$$t_{砌墙}=\frac{1\ 200}{40\times2\times5\times1}=3(\mathrm{d})$$

由于主体施工只有安装柱、梁、板模板施工过程连续施工，其余施工过程均采用搭接施工，因此无法按常规公式计算主体工程施工工期。采用分析计算方法，即安装柱、梁、板模板时间加上其他施工过程的流水节拍，再加上混凝土的养护间歇时间，即得主体工程施工工期。

$$\begin{aligned}T_{主体}&=10\times t_{模板}+t_{柱筋}+t_{柱混凝土}+t_{梁、板钢筋}+t_{梁、板混凝土}\times2+t_{养护}+t_{拆模}+t_{砌墙}\times2\\&=10\times8+1+1+2+1.5\times2+14+2+3\times2\\&=109(\mathrm{d})\end{aligned}$$

其中，乘2的两项分别为屋面混凝土连续浇筑和最后一层连续砌筑砖墙。

(3)屋面工程。包括屋面保温层、屋面找平层和屋面防水层，由于屋面防水要求较高，因此不分段施工，采用依次施工方式，其流水节拍及施工工期计算如下：

屋面保温层劳动量为253工日，施工班组人数36人，采用一班制施工，其施工时间为

$$t_{保温} = \frac{253}{36 \times 1} = 7.03(\text{d})(\text{取 } 7 \text{ d})$$

屋面找平层劳动量为 60 工日，施工班组人数 20 人，采用一班制施工，其施工时间为

$$t_{找平} = \frac{60}{20 \times 1} = 3(\text{d})$$

屋面找平层抹平、压实以后，一般要养护和干燥 7 d，才能铺设防水层。屋面防水层劳动量为 53 工日，施工班组人数 11 人，采用一班制施工，其施工时间为

$$t_{防水} = \frac{53}{11 \times 1} = 4.82(\text{d})(\text{取 } 5 \text{ d})$$

屋面工程施工工期计算如下：

$$T_{屋面} = t_{保温} + t_{找平} + t_{干燥} + t_{防水}$$
$$= 7 + 3 + 7 + 5 = 22(\text{d})$$

(4)装修工程。包括内墙抹灰、门窗安装、内墙面砖、楼地面工程、内墙及顶棚乳胶漆、外墙面砖、木门楼梯栏杆油漆等施工过程。由于包含的施工过程数目较多，并且各施工过程劳动量相差较大，组织全等节拍流水施工比较困难。因此，对于装修工程施工，采用异节拍流水施工方式较为适宜，把每层视为一段，共为 5 段，其流水节拍及施工工期计算如下：

内墙抹灰劳动量为 1 568 工日，施工班组人数 45 人，采用一班制施工，流水节拍为

$$t_{内抹} = \frac{1\,568}{45 \times 5 \times 1} = 6.97(\text{d})(\text{取 } 7 \text{ d})$$

门窗安装劳动量为 92 工日，施工班组人数 10 人，采用一班制施工，流水节拍为

$$t_{门窗安装} = \frac{92}{10 \times 5 \times 1} = 1.84(\text{d})(\text{取 } 2 \text{ d})$$

内墙面砖劳动量为 309 工日，施工班组人数 20 人，采用一班制施工，流水节拍为

$$t_{内墙面砖} = \frac{309}{20 \times 5 \times 1} = 3.09(\text{d})(\text{取 } 3 \text{ d})$$

楼地面工程劳动量为 887 工日，施工班组人数 30 人，采用一班制施工，流水节拍为

$$t_{楼地面} = \frac{887}{30 \times 5 \times 1} = 5.91(\text{d})(\text{取 } 6 \text{ d})$$

内墙及顶棚乳胶漆劳动量为 112 工日，施工班组人数 12 人，采用一班制施工，流水节拍为

$$t_{内乳} = \frac{112}{12 \times 5 \times 1} = 1.87(\text{d})(\text{取 } 2 \text{ d})$$

木门、楼梯栏杆油漆劳动量为 91 工日，施工班组人数 10 人，采用一班制施工，流水节拍为

$$t_{油漆} = \frac{91}{10 \times 5 \times 1} = 1.82(\text{d})(\text{取 } 2 \text{ d})$$

外墙面砖自上而下不分层不分段施工，故不参与装修工程流水，其劳动量为 900 工日，施工班组人数 30 人，采用一班制施工，其施工时间为

$$t_{外面} = \frac{900}{30 \times 1} = 30(d)$$

装修工程流水步距及施工工期为

$t_{内抹} = 7\ d > t_{门窗安装} = 2\ d \qquad Z_{内抹,门窗安装} = 1\ d$

$K_{内抹,门窗安装} = mt_i - (m-1)t_{i+1} = 5 \times 7 - (5-1) \times 2 = 27(d)$

$t_{门窗安装} = 2\ d < t_{内面} = 3\ d$

$K_{门窗安装,内面} = t_i = 2\ d$

$t_{内面} = 3\ d < t_{楼地面} = 6\ d$

$K_{内面,楼地面} = t_i = 3\ d$

$t_{楼地面} = 6\ d > t_{内乳} = 2\ d \quad Z_{楼地面,内乳} = 3\ d$

$K_{楼地面,内乳} = mt_i - (m-1)t_{i+1} = 5 \times 6 - (5-1) \times 2 = 22(d)$

$t_{内乳} = t_{油漆} = 2\ d$

$K_{内乳,油漆} = t_i = 2\ d$

$$T_{装修} = \sum K_{i,i+1} + mt_n + \sum Z_{i,i+1} - \sum C_{i,i+1}$$
$$= (27 + 2 + 3 + 22 + 2) + 2 \times 5 + (1 + 3) = 70(d)$$

根据以上计算的流水节拍、流水步距绘制本工程流水施工进度计划如图 3-21 所示。

【例 3-11】 砖混结构房屋的流水施工。

某住宅楼为六层砖混结构建筑，面积 3 490.11 m^2，平面布置呈“一”字形，东西长 46.74 m，南北宽 11.44 m，层高 3.000 m，一梯两户，三个单元。

对于此类砖混结构，在编制施工进度计划时，实际工程一般不编制分段流水施工计划，而是采用依次施工方法，具体到实际施工时，再根据施工经验组织分段流水施工。施工作业班组人数则是根据工程量、施工总工期及工作面要求来确定。本工程所需的劳动力用量计划如表 3-6 所示。因此，在单位工程施工组织设计及工地现场悬挂的施工进度图中，常用图 3-22 表示。

表 3-6 某住宅楼劳动力用量计划

序号	工种	最少人数	最多人数	平均人数	施工日期
1	泥工	20	60	40	2008-03 ~ 2008-07
2	木工	5	15	10	2008-03 ~ 2008-09
3	钢筋工	10	20	15	2008-03 ~ 2008-07
4	混凝土工	6	10	8	2008-03 ~ 2008-07
5	架子工	2	6	4	2008-03 ~ 2008-09
6	抹灰工	15	35	25	2008-08 ~ 2008-09
7	油漆工	10	20	15	2008-09 ~ 2008-10
8	水工	2	6	4	2008-03 ~ 2008-10
9	电工	2	6	4	2008-03 ~ 2008-10
10	木制工	2	4	3	2008-03 ~ 2008-09
11	铝合金工	6	10	8	2008-08 ~ 2008-09

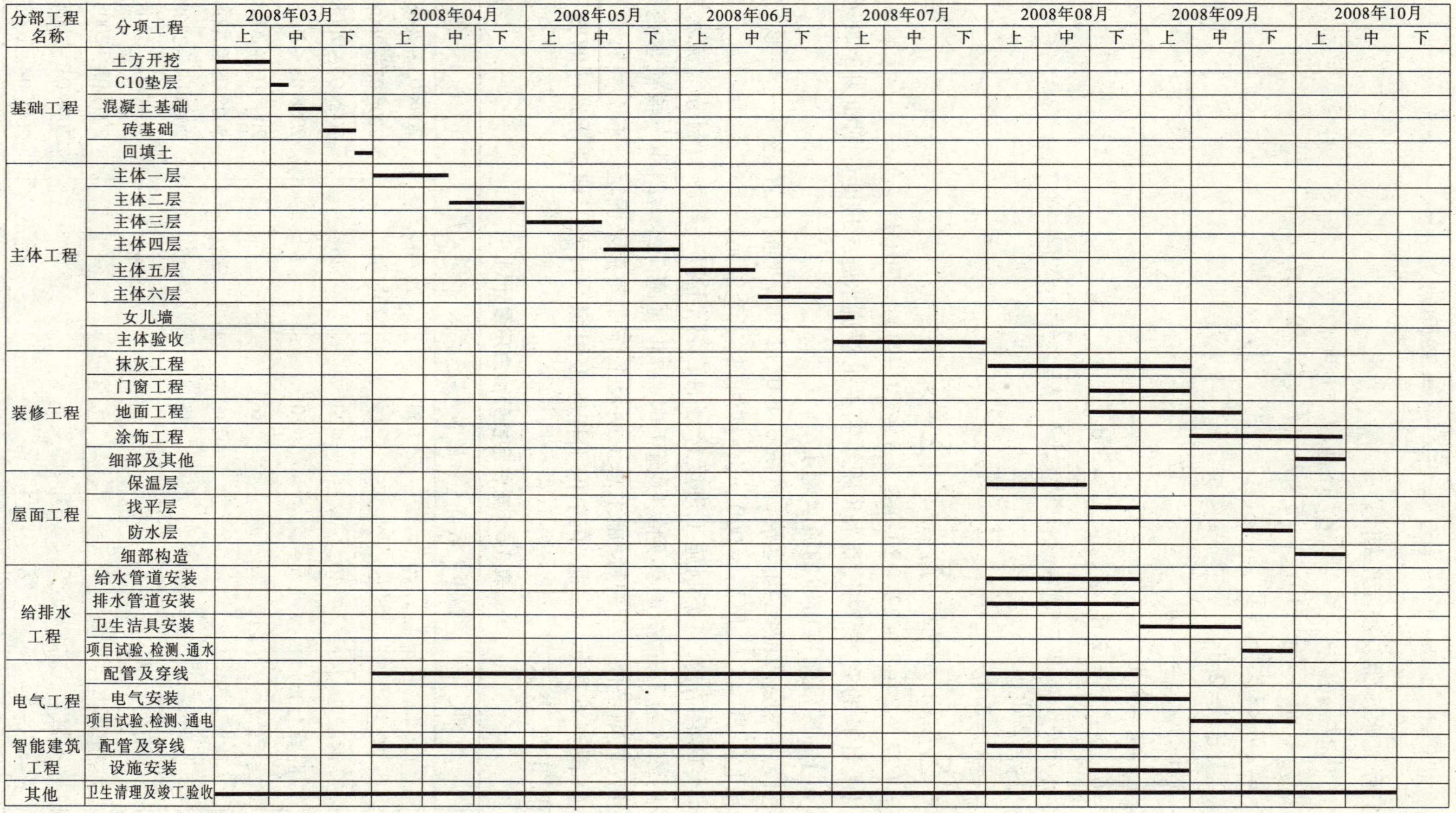

图 3-22　某六层砖混结构住宅楼流水施工进度

小　结

本章主要介绍了常用施工组织方式，主要包括：依次施工、平行施工、搭接施工、流水施工，这些施工方式各有优缺点，但以流水施工在工程中应用最为广泛。因此，本章重点讲解了流水施工参数的确定方法以及流水施工的组织方式，并且通过工程实例，进一步介绍了流水施工在工程实践中的应用。

思考题

1. 什么是流水施工？流水施工的优点有哪些？
2. 组织施工常用的方式有哪几种？各有何优缺点？各自的适用范围是什么？
3. 流水施工参数有哪些？各自的作用是什么？
4. 流水施工的经济效果体现在哪些方面？
5. 举例说明流水间歇时间的类别。
6. 当建筑物存在层间关系时，施工过程数和施工段数的关系如何？
7. 简述非节奏流水施工的特点。
8. 简述组织流水施工时，施工段划分的基本原则。
9. 流水施工按流水节拍的特点不同，可以划分为哪几种方式？各有何优缺点？
10. 划分施工过程的依据是什么？

习　题

1. 某分部工程包括 A、B、C、D 四个施工过程，每个施工过程划分为 4 个施工段。设 $t_A=2$ d，$t_B=1$ d，$t_C=4$ d，$t_D=3$ d，试分别计算依次施工、平行施工、搭接施工及流水施工的工期，绘制各自的施工进度计划。

2. 某分部工程由支模板、绑扎钢筋、浇筑混凝土三个施工过程组成，每个施工过程划分为 4 个施工段组织流水施工，流水节拍均为 4 d。在工作面允许的情况下，为加快施工进度，每一段绑扎钢筋均提前一天进入施工，则该流水施工的工期为多少天？绘制流水施工进度计划。

3. 某三层现浇钢筋混凝土楼盖工程，平面尺寸为 21 m×144 m，沿长度方向每隔 48 m 留伸缩缝一道。已知 $t_{支模}=4$ d，$t_{钢筋}=6$ d，$t_{混凝土}=2$ d，层间技术间歇时间（即混凝土浇筑后进入下一道工序前需要间歇的时间）为 2 d。试组织成倍节拍流水施工并绘制横道图。

4. 有一个三跨工业厂房的地面工程，施工过程分为：地面回填土并夯实，铺设道渣垫层，浇捣混凝土面层。各施工过程在各跨的持续时间如表 3-7 所示。试组织流水施工，计算流水步距和工期，并绘制流水施工横道图。

表 3-7　某三跨工业厂房的地面工程各施工过程在各跨的持续时间

序号	施工过程	施工时间(d)		
		A 跨	B 跨	C 跨
1	地面回填土并夯实	3	3	3
2	铺设道渣垫层	4	4	4
3	浇捣混凝土面层	2	2	2

5. 某分部工程有 A、B、C、D 四个施工过程，划分为 5 个施工段，每个施工过程在各个施工段上的流水节拍如表 3-8 所示。其中 B 过程施工后需间歇 3 d 才能进行 C 施工过程。试组织流水施工，并绘制流水施工进度图。

表 3-8　各个施工段上的流水节拍　（单位:d）

施工过程	施工段				
	1	2	3	4	5
A	3	2	1	3	4
B	4	2	3	5	2
C	2	4	3	2	1
D	5	2	3	1	2

第四章 建筑工程施工网络计划

【本章要点】

本章主要介绍双代号网络图的绘制方法和时间参数的计算，时标网络计划的绘制方法和在计算机中的应用举例说明；简要介绍单代号网络图，网络计划优化。

【学习重点】

双代号网络图的绘制方法和时间参数的计算；时标网络计划的绘制方法和在计算机中的应用。

第一节 网络计划技术简介

网络计划是用来表达工作计划的一种工具，工程上通常用来表示工程施工的进度计划。它既是一种科学的计划方法，又是一种有效的施工管理方法。1956 年，美国杜邦公司在制定企业不同业务部门的系统规划时，制订了第一套网络计划。这种计划借助于网络表示各项工作与所需要的时间，以及各项工作之间的相互关系，通过网络分析研究工程费用与工期的相互关系，并找出在编制计划时及计划执行过程中的关键路线，这种方法称为关键路线法，简称 CPM(Critical Path Method)。我国从 20 世纪 60 年代中期开始引进这种方法，经过多年的实践与应用，得到了不断的推广和发展。70 年代后期，随着电子计算机在我国建筑行业中的使用，网络计划及其电算技术得到进一步的发展。为使网络计划在计划管理中遵循统一的技术标准，我国于 1999 年颁布了《工程网络计划技术规程》(JGJ/T 121—99)。本章主要叙述网络计划的基本概念、基本方法和具体应用。

编制网络计划包括绘制网络图、计算时间参数、确定关键路线及网络优化等环节。下面分别讨论这些内容。

一、网络计划的基本原理

网络计划的基本原理：首先绘制工程施工网络图，以此表达计划任务中各项工作之间的先后顺序和相互之间的逻辑关系；然后通过对网络图时间参数的计算，找出关键工作、关键线路和计算工期；其次按选定目标不断改善网络计划的初始方案，找出最优方案；最后在网络计划的执行过程中进行有效的控制和监督。

在建筑施工中，网络计划方法主要用来编制建筑施工企业的生产计划和工程施工的进度计划，并对计划进行优化、调整和控制，以达到缩短工期、提高工效、降低成本、增加经济效益的目的。

二、网络计划的分类

(一)按表示方法分类

(1)单代号网络计划。以节点及编号表示工作，以箭线表示工作之间的逻辑关系的网络计划，也称为节点式网络计划。

(2)双代号网络计划。以箭线及其两端节点的编号表示工作的网络计划，也称为箭线式网络计划。

(二)按最终目标分类

(1)单目标网络计划。只有一个最终目标，在这种网络计划中只有一个终点节点。

(2)多目标网络计划。具有若干个独立的最终目标，在这种网络计划中有两个或两个以上的终点节点。

(三)按工作性质分类

(1)肯定型网络计划。工作、工作之间的逻辑关系和工作持续时间都肯定的网络计划。

(2)非肯定型网络计划。工作、工作之间的逻辑关系和工作持续时间三者中任一项或多项不肯定的网络计划。

(四)按有无时间坐标分类

(1)时标网络计划。以时间坐标为尺度绘制的网络计划。

(2)非时标网络计划。不按时间坐标绘制的网络计划。

(五)按编制层次分类

(1)总网络计划。以整个计划任务为对象编制的网络计划。

(2)局部网络计划。以计划任务的某一部分为对象编制的网络计划。

三、网络计划与横道计划的比较

(一)横道计划

横道计划是由一系列的横线条结合时间坐标表示各项工作起始点和先后顺序的整个计划，如图 4-1 所示。它也称甘特图，是美国人甘特在第一次世界大战前研究的，第一次世界大战以后，被广泛应用。甘特图具有以下优缺点。

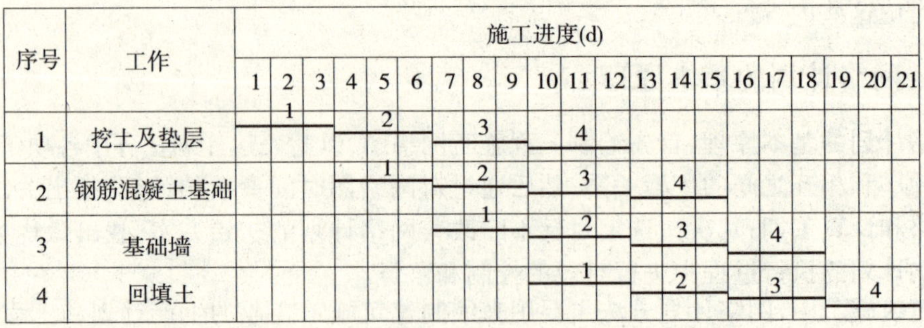

图 4-1　某基础工程横道计划进度

1. 优点

(1)绘图较简便，表达形象直观明了，便于统计资源需要量。

(2)流水作业排列整齐有序，流水作业情况表达清楚。

(3)结合时间坐标，各项工作的起止时间、作业延续时间、工作进度、总工期都能一目了然。

(4)对人力和资源需要量的统计,便于据图叠加。

2. 缺点

(1)不能全面地反映出各项工作之间错综复杂、相互联系、相互制约、相互依赖的生产和协作关系。

(2)不能明确指出哪些工作是关键的,哪些工作不是关键的。

(3)看不出可以灵活机动使用的时间,看不出计划中的潜力所在,无法进行最合理的组织安排和指挥生产。

(4)不能从图中看出如何缩短工期、降低成本及调整劳动力。

(5)不能应用计算机计算各种时间参数,更不能对计划进行科学的调整与优化。

(二)网络计划

网络计划技术作为一种计划的编制和表达方法,与通常用的横道计划具有同样的功能。对一项工程的施工安排,用这两种计划方法都可以表达出来,但由于表达形式不同,它们所发挥的作用也就各具特点。网络计划与横道计划相比具有以下优缺点。

1. 优点

(1)把施工过程中的各有关工作组成了一个有机的整体,因而能全面而明确地反映出各项工作之间的相互依赖、相互制约的关系。

(2)网络计划通过时间参数的计算,能确定各项工作的开始时间和结束时间,并能找出对全局性有影响的关键工作和关键线路,便于在施工中集中力量抓住主要矛盾,确保竣工工期,避免盲目施工。

(3)能利用计算得出的某些工作的机动时间,更好地利用和调配人力、物力,从而达到降低成本、缩短工期的目的。

(4)通过网络计划的优化,可以在若干个可行方案中找出最优方案。

(5)可以利用计算机对复杂的计划进行绘图、计算、检查、调整与优化,实现计划管理的科学化。

(6)在网络计划执行过程中,通过计算的时间参数,预先知道各项工作提前或推迟完成对整个计划的影响程度,便于进行有效控制和监督,加强施工管理,保证以最小的消耗取得最大的经济效果。

2. 缺点

(1)流水作业不能清楚地在网络计划上反映出来。

(2)绘图较麻烦,表达不很直观。

(3)不易看懂,不易显示流水作业情况及人力资源需要量的变化情况。

以上不足之处可以采用时间坐标网络来弥补。

第二节　双代号网络图

一、双代号网络图的构成

用一个箭线表示一个工作(或工序、施工过程),工作名称写在箭线上面,工作持续时间写在箭线下面，箭尾表示工作开始，箭头表示工作结束，在箭线的两端分别画一个圆圈作为节点，并在节点内进行编号，用箭尾节点号码 i 和箭头节点号码 j 作为这个工作的代号，如图 4-2 所示。由于各工作均用两个代号表示，所以叫做双代号表示法。用双代号法编制而成的网状图形称为双代号网络图。

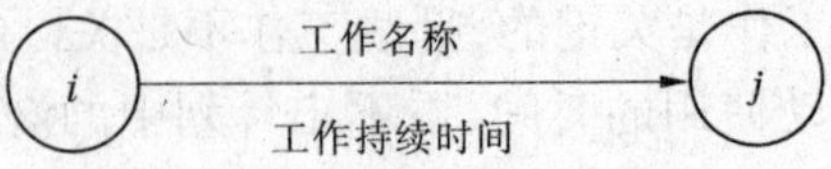

图 4-2　双代号表示工作示意图（$i<j$）

双代号网络图由箭线、节点和线路三个基本要素构成，其各自表示的含义如下。

（一）箭线（工作）

网络图中一端带箭头的线段叫箭线。在双代号网络图中，箭线有实箭线和虚箭线两种，两者表示的含义不同。

1. 实箭线的含义

（1）一根实箭线表示一项工作或一个施工过程。实箭线表示的工作可大可小，既可以是一个简单的施工过程，如土方开挖、垫层、圈梁浇筑、楼板吊装等，也可以表示一项复杂的工程任务，如一个单位工程或一个单项工程，如图 4-3 所示。如何确定一项工作的范围，取决于所绘制的网络计划的作用（控制性或指导性）。

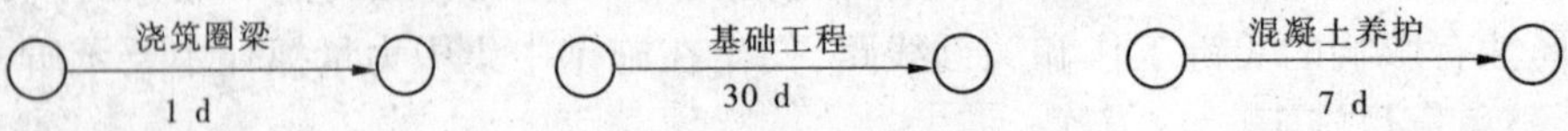

图 4-3　双代号工作示意图

（2）一根实箭线表示一项工作所消耗的时间和资源，分别用数字标注在箭线的下方。一般而言，每项工作的完成都要消耗一定的时间及资源，如挖土、混凝土垫层等；也存在一些只消耗时间而不消耗资源的工作，如混凝土养护、墙体抹灰层的干燥等技术间歇，若为单独考虑时，也应作为一项工作来对待，均用实箭线表示。

（3）实箭线所指方向为工作前进的方向，箭尾表示工作的开始，箭头表示工作的结束。

（4）实箭线的长短一般不表示工作持续时间的长短（时标网络除外）。画图时原则上是任意的，但必须满足网络图的绘制原则。

（5）实箭线可以画成直线、折线或斜线，一般不宜画成反向箭线。

2. 虚箭线的含义

在双代号网络图中，虚箭线表示工作间的逻辑关系。它既不占用时间，也不消耗资源，仅起着联系、区分、断路三个作用。其表示方式如图 4-4 所示。

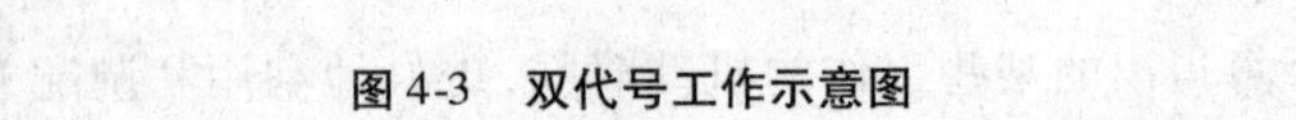

图 4-4　双代号网络虚箭线两种表示方法

（1）联系作用。例如，工作 A、B、C、D 间的逻辑关系为，工作 A 完成后可同时进行 B、D 两项工作，工作 C 完成后可进行工作 D。为把工作 A 和工作 D 联系起来，又避免工作 C 对工作 B 产生影响，必须引入虚工作②⇢⑤，逻辑关系才能正确表达，如图 4-5 所示。

(2)区分作用。例如,工作 A、B 同时开始,同时结束。两个工作用同一代号,则不能明确表示该代号表示哪一项工作,如图 4-6(a)所示。因此,必须增加虚工作,如图 4-6(b)所示。

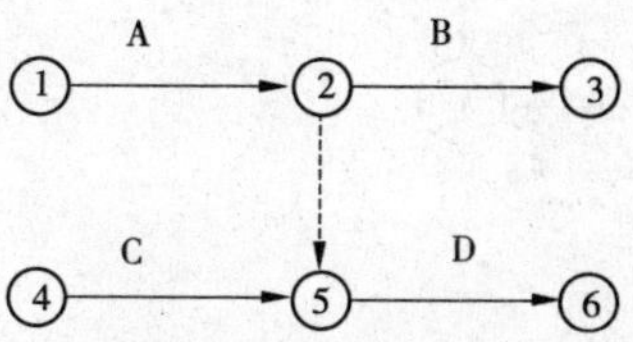

图 4-5 虚工作的联系作用

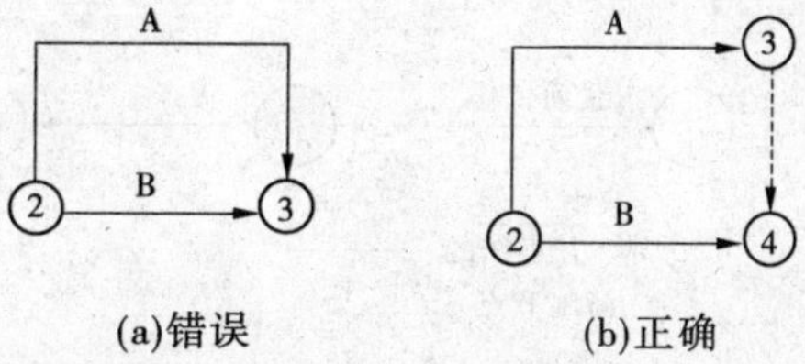

图 4-6 虚工作的区分作用

(3)断路作用。如图 4-7(a)所示,某主体工程分为砌墙(A)、浇筑圈梁(B)、吊装楼板(C)三项工作,分三段流水施工。该网络图中出现了 A_2 与 C_1,A_3 与 C_2 两处把无联系的工作联系上了,即出现了多余联系的错误。

为了正确表达工作间的逻辑关系,在出现逻辑错误的节点之间增设新节点(即虚工作),切断毫无关系的工作之间的联系,这种方法称为断路法,如图 4-7(b)所示。

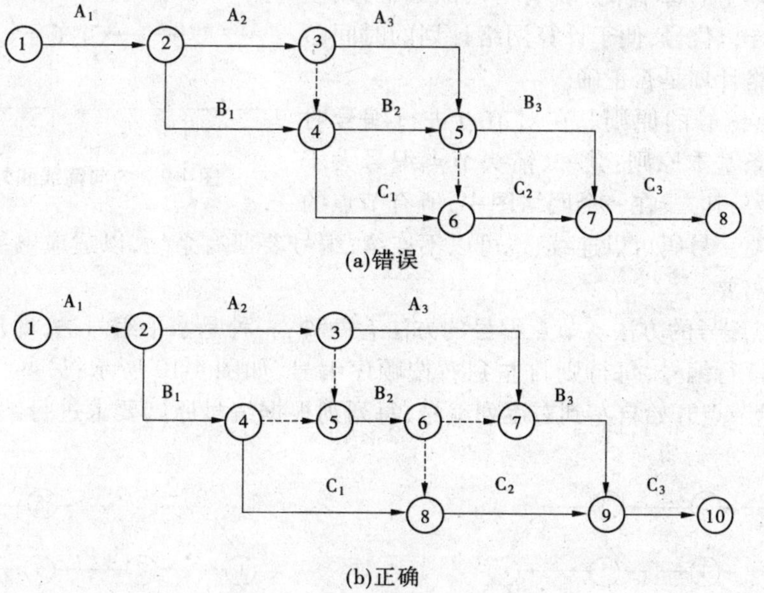

图 4-7 虚工作的断路作用

(二)节点(也称结点,事件)

节点就是网络图中箭线端部的圆圈或其他形状的封闭图形。

1. 节点的含义

(1)节点表示前面工作结束和后面工作开始的瞬间,节点不需要消耗时间和资源。

(2)箭线的箭尾节点表示该工作的开始,箭线的箭头节点表示该工作的结束。

(3)根据节点位置不同,分为起始节点、终点节点和中间节点。起始节点就是网络图的第一个节点,它表示一项计划(或工程)的开始;终点节点就是网络图的最后一个节点,它表示一项计划(或工程)的结束;其余节点都称为中间节点,它既表示紧前各工作的结束,又表示紧后各工作的开始,如图 4-8 所示。

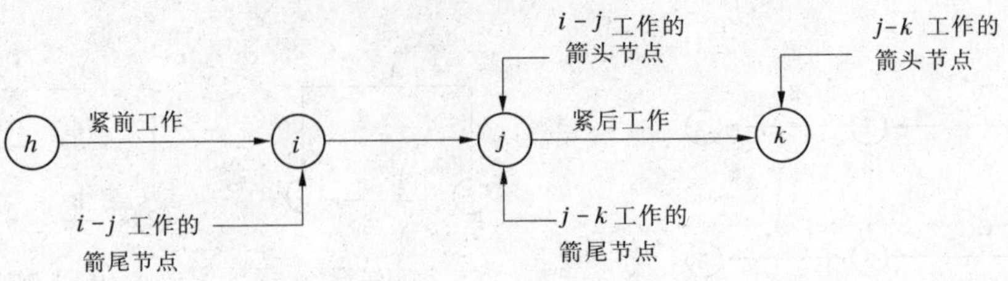

图 4-8 节点示意图

(4)每根箭线前后两个节点的编号表示一项工作。

(5)对一个节点而言,可以有许多箭线通向该节点,这些箭线称为内向箭线或内向工作,同样也可以有许多箭线从同一节点出发,这些箭线称为外向箭线或外向工作。如图 4-9所示。

2. 节点的编号

网络计划中的每个节点都有自己的编号,以便赋予每项工作以代号,便于计算网络计划的时间参数和检查网络计划是否正确。

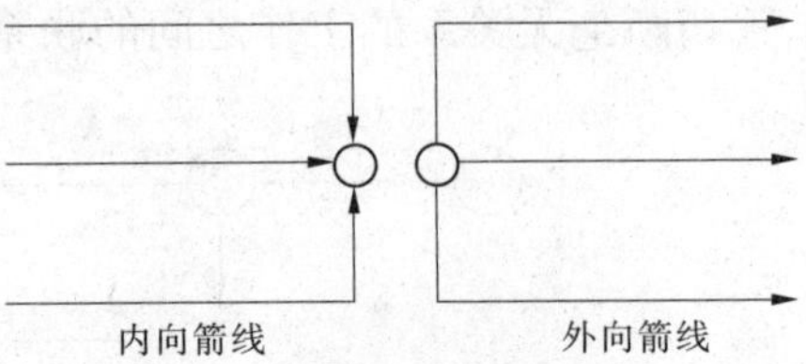

图 4-9 内向箭线和外向箭线

(1)节点编号的原则。在对节点进行编号时必须满足两条基本原则:其一,箭头节点编号大于箭尾节点编号;其二,在一个网络图中,所有节点的编号不能重复。号码可以连续,也可以不连续,编号要留有余地,以适应网络计划调整中增加工作的需要。

(2)节点编号的方法。节点编号的方法有两种:一种是水平编号法,即从起始节点开始由上到下逐行编号,每行则自左到右按顺序编号,如图 4-10 所示;另一种是垂直编号法,即从起始节点开始自左到右逐列编号,每列则根据编号原则要求进行编号,如图 4-11 所示。

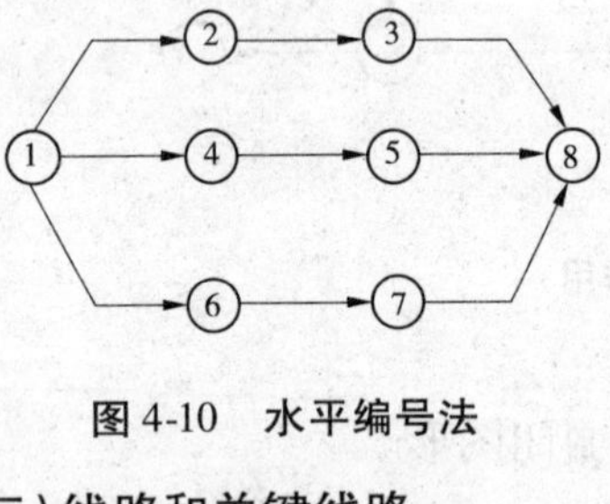

图 4-10 水平编号法

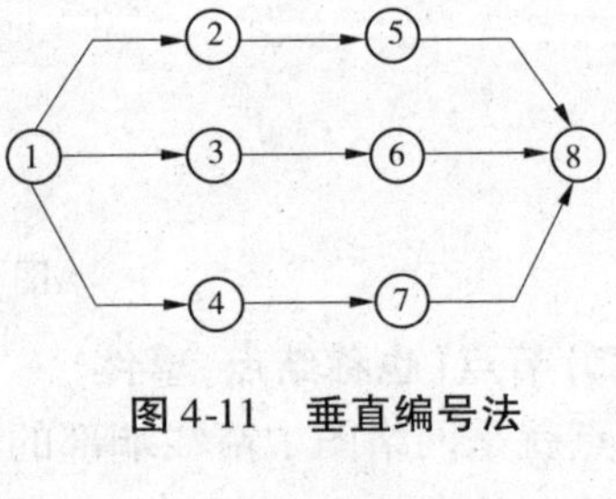

图 4-11 垂直编号法

(三)线路和关键线路

(1)线路。网络图中,从起始节点开始,沿箭头方向,通过一系列箭线与节点,最后达到终点节点的通路称为线路。

(2)关键线路和关键工作。一个网络计划中,从起始节点到终点节点,一般都存在着许多条线路,每条线路都包含若干项工作,这些工作的持续时间之和就是该线路的总时间长度，即线路的总持续时间。其中，线路上总持续时间最长的线路是如期完成工程计划的关键所在，因此称为关键线路，其他线路称为非关键线路。位于关键线路上的工作称为关键工作。关键工作完成的快慢直接影响整个计划工期的实现。在关键线路上没有任何机动时间，该线路上任何工作拖延时间，都会导致总工期的后延。

一般来说，一个网络计划中至少有一条关键线路。关键线路也不是一成不变的，在一定的条件下，关键线路和非关键线路会相互转化。例如，当采取技术组织措施，缩短关键工作的持续时间，或延长非关键工作的持续时间时，关键线路就有可能发生转移。但在网络计划图中，关键工作的比重往往不宜过大。愈复杂的网络图，工作节点就愈多，而关键工作所占比例则愈小，这样有助于工程组织者集中力量抓好主要矛盾。

非关键线路都有若干机动时间（富余时间），通常称它为时差，它意味着工作完成日期容许适当变动而不影响工期。时差的意义就在于可以使非关键工作在时差允许的范围内放慢施工速度，将部分人、财、物转移到关键工作上去，加快关键工作的进程；或者在时差允许的范围内改变工作开始和结束时间，以达到均衡施工的目的。

关键线路宜用粗箭线、双箭线或彩色箭线标注，以突出其在网络计划中的重要位置。

二、双代号网络图的绘制

正确绘制双代号网络图是网络计划技术应用的关键。因此绘图时，必须做到以下几个方面：①正确表示各种逻辑关系；②遵守绘图的基本规则；③选择恰当的绘图排列方法。

（一）网络图中的逻辑关系

网络图中的逻辑关系是指网络计划中所表示的各个工作之间客观上存在或主观上安排的先后顺序关系。这种顺序关系划分为两类：一类是施工工艺关系，称为工艺逻辑关系；另一类是施工组织关系，称为组织逻辑关系。

（1）工艺逻辑关系。工艺逻辑关系是由施工工艺和操作规程所决定的各个工作之间客观上存在的先后施工顺序。对于一个具体的分部工程来说，当确定了施工方法以后，该分部工程的各个工作的先后顺序一般是固定的，有的是绝对不能颠倒的。例如，建筑工程施工时，先做基础，后做主体；先做结构，后做装修。如图 4-12 所示，挖 1→基 1→填 1、挖 2→基 2→填 2、挖 3→基 3→填 3 为工艺逻辑关系。

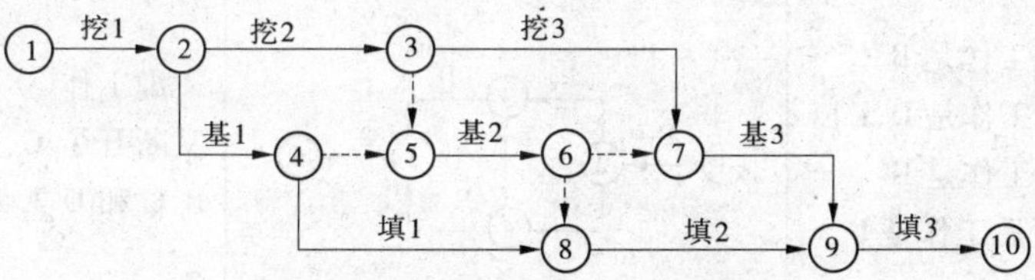

图 4-12　某基础工程施工逻辑关系

（2）组织逻辑关系。组织逻辑关系是指在施工组织安排中，在不违反工艺关系的前提下，考虑劳动力、机具、材料或工期等影响，在各工作之间主观上安排的先后顺序关系。这种关系不受施工工艺的限制，不是工程本身性质决定的，而是在保证施工质量、安全和工期等前提下，可以人为安排的顺序关系。如图 4-12 所示，挖 1→挖 2→挖 3、基 1→基 2→基 3、填 1→填 2→填 3 等为组织逻辑关系。

(二)各种逻辑关系的正确表示方法

在绘制网络计划时,必须正确反映各工作之间的逻辑关系,其表示方法如表 4-1 所示。

表 4-1　常见的逻辑关系表示方法

序号	工作之间的逻辑关系	在网络图中的表示	说明
1	A 的紧后工作是 B B 的紧后工作是 C	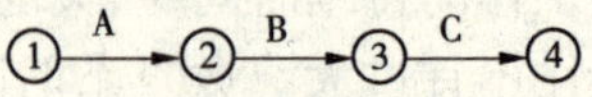	A、B、C 顺序作业
2	A 是 B、C 的紧前工作	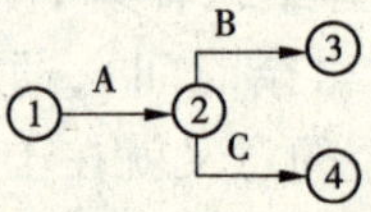	B、C 为平行工作,同时受 A 工作制约
3	A、B 是 C 的紧前工作	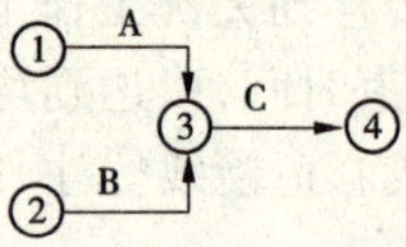	A、B 为平行工作
4	A 的紧后工作是 B、C D 的紧前工作是 B、C	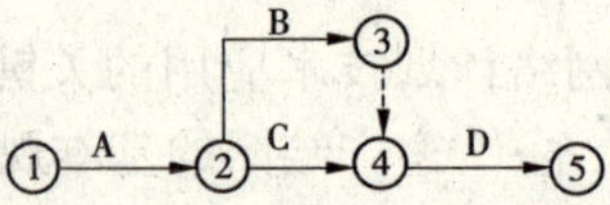	B、C 为平行工作,同时受 A 工作制约,又同时制约 D 工作
5	A、B 是 C、D 的紧前工作	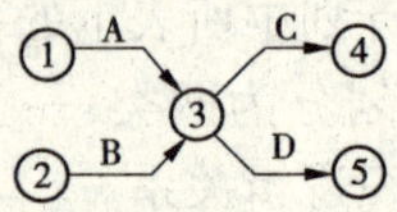	节点③正确表达了 A、B、C、D 的顺序关系
6	A、B 都是 D 的紧前工作 C 只是 A 的紧后工作	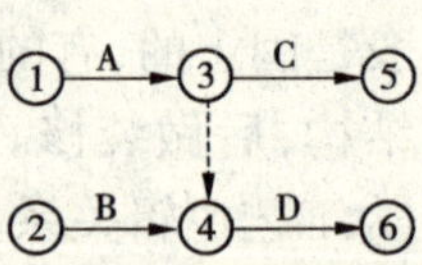	虚工作③－④断开了 B 与 C 的联系
7	A 的紧后工作是 B、C B 的紧后工作是 D、E C 的紧后工作是 E D、E 的紧后工作是 F	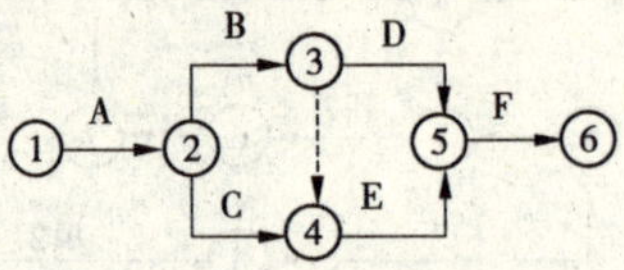	虚工作③－④连接了 B、E,又断开了 C、D 的联系,实现了 B、C 和 D、E 双双平行作业
8	A、B、C 都是 D、E、F 的紧前工作	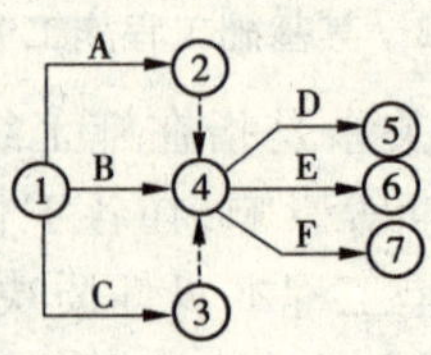	虚工作③－④、②－④使整个网络图满足绘制规则

续表 4-1

序号	工作之间的逻辑关系	在网络图中的表示	说明
9	A、B、C 是 D 的紧前工作 B、C 是 E 的紧前工作	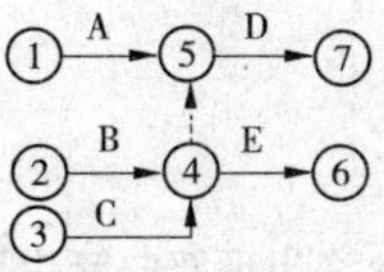	虚工作④－⑤正确处理了作为平行工作的 A、B、C 既全部作为 D 的紧前工作又部分作为 E 的紧前工作的关系
10	A、B 两项工作分段平行施工。A 先开始 B 后结束	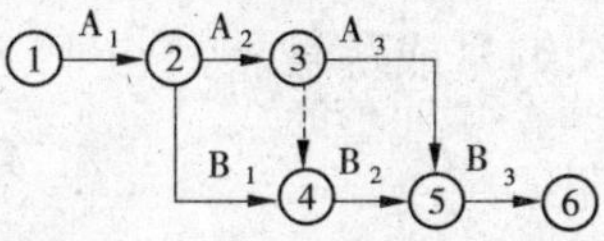	A、B 平行搭接

(三)绘制网络图的基本规则

绘制网络图时除要正确反映各工作之间的各种逻辑关系外,还须遵循以下规则。

(1)在双代号网络图中,不允许出现一个代号代表一个工作。如图 4-13(a)所示,工作 A 与 B 的表达是错误的,正确的表达应如图 4-13(b)所示。

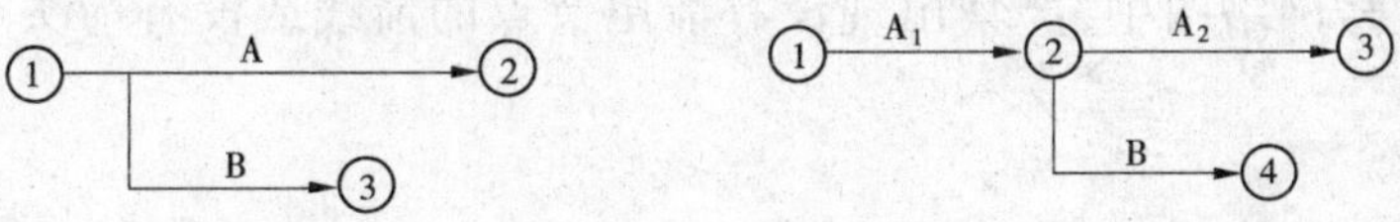

(a)错误　　(b)正确

图 4-13　工作代号的用法

(2)在双代号网络图中,只允许有一个起点节点和一个终点节点。如图 4-14 所示出现了①、③两个起点节点,出现⑥、⑦两个终点节点都是错误的。

(3)在双代号网络图中,严禁出现循环回路。即不允许从一个节点出发,沿箭线方向再返回到原来的节点。如图 4-15 所示工作②→④→⑤→③形成了循环回路,它所表达的逻辑关系是错误的。

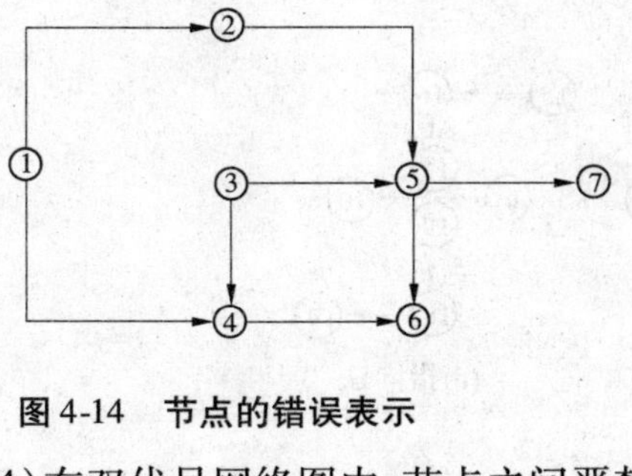

图 4-14　节点的错误表示

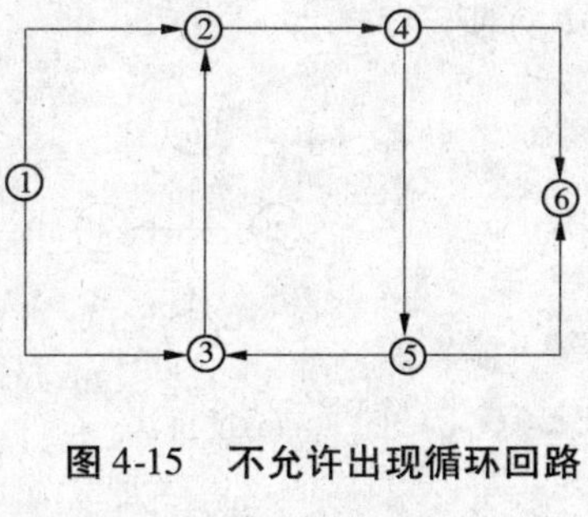

图 4-15　不允许出现循环回路

(4)在双代号网络图中,节点之间严禁出现有双向箭头或无箭头工作。如图 4-16 所示②→④连线无箭头,②→⑥连线有双向箭头,均是错误的。

(5)在双代号网络图中,严禁出现同样编号的节点或箭线。在图 4-17(a)中两个工作均用①→②代号表示是错误的,正确的表达应为图 4-17(b)。此外,箭尾的编号应小于箭

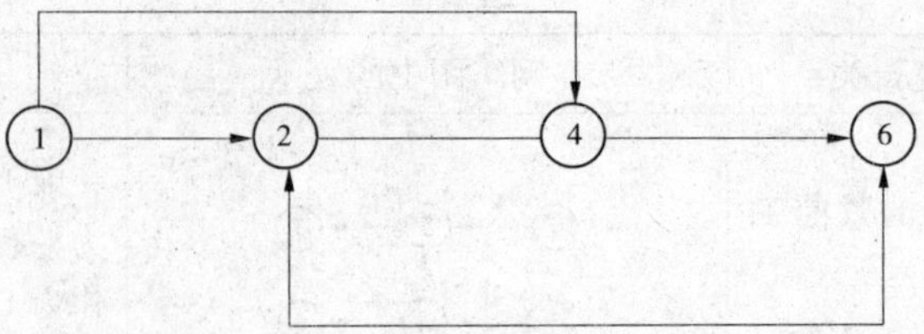

图 4-16　不允许出现双向箭头及无箭头的连线

头的编号，编号不可重复，可连续编号或跳号。

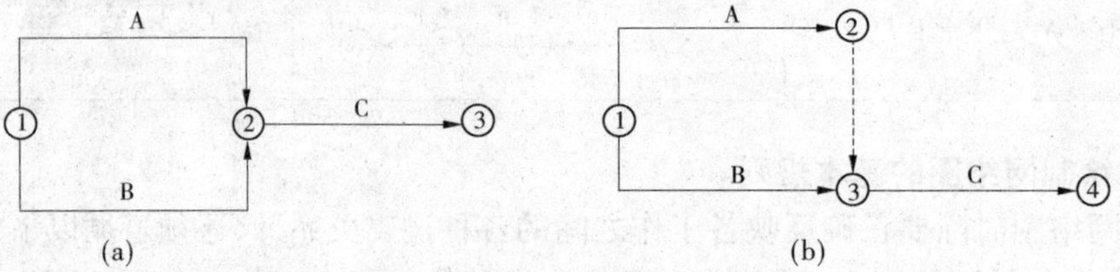

图 4-17　不允许出现相同的节点或箭线

（6）在双代号网络图中，严禁出现没有箭尾节点的箭线或没有箭头节点的箭线，如图 4-18 所示。

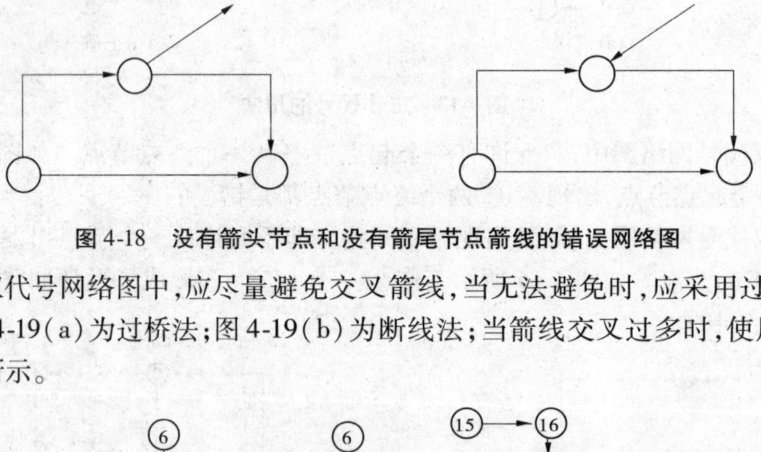

图 4-18　没有箭头节点和没有箭尾节点箭线的错误网络图

（7）在双代号网络图中，应尽量避免交叉箭线，当无法避免时，应采用过桥法或断线法表示。图 4-19（a）为过桥法；图 4-19（b）为断线法；当箭线交叉过多时，使用指向法，如图 4-19（c）所示。

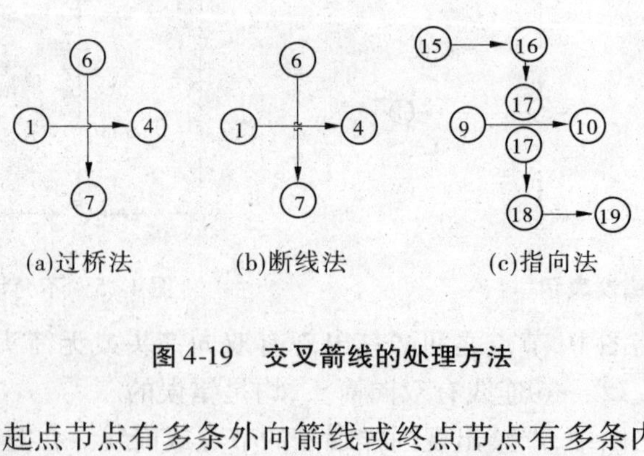

图 4-19　交叉箭线的处理方法

（8）当网络图的起点节点有多条外向箭线或终点节点有多条内向箭线时，为使图形简洁，可应用母线法绘制。即使多条箭线经一条共用的母线线段从起点节点引出，或使多条箭线经一条共用的母线线段引入终点节点，如图 4-20 所示。

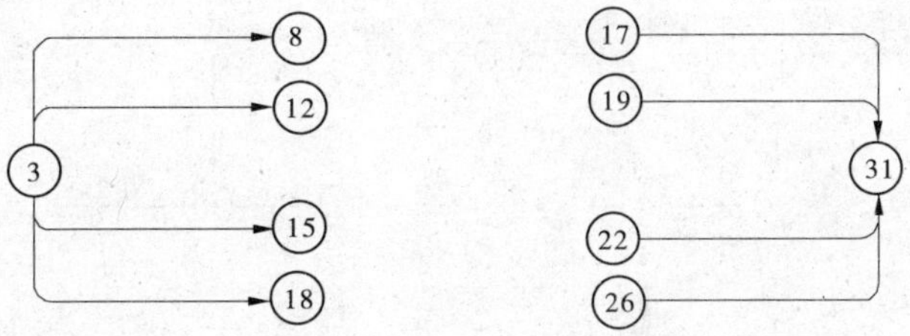

图 4-20　母线法

(四)网络图的绘制方法

1. 按逻辑关系绘制

对于每一个施工对象,除最后一个施工工序以外,施工过程中的每一项工序都有其紧后工序。每项工序完成后一方面按工艺顺序安排下一道工序,另一方面从组织上而言完成该工作的专业队伍下一步转移到哪个施工段施工,绘制网络图就是按照施工工艺流程安排施工班组在施工段之间的流动。

【例 4-1】　某基础工程,有挖土、浇筑混凝土垫层、砌砖基础、回填土 4 个施工过程。共分 4 个施工段组织流水施工,试绘制双代号网络图。

解:按照逻辑关系安排各项工作并按工艺关系排列,绘制的双代号网络图如图 4-21 所示。

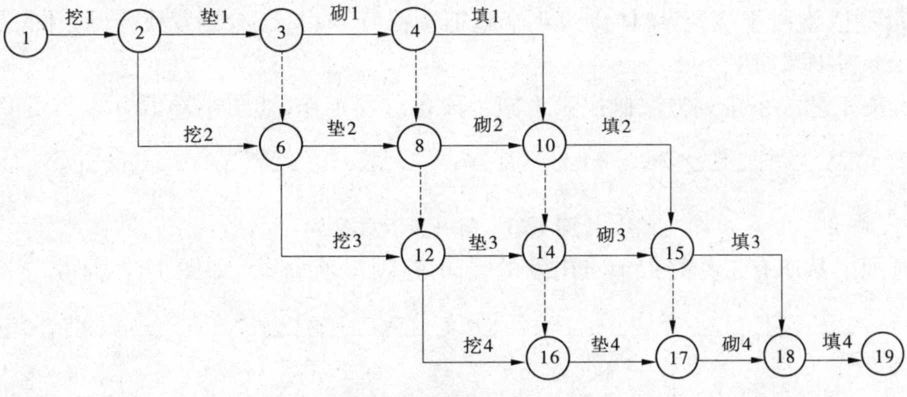

图 4-21　按逻辑关系初步绘制的网络图

但图 4-21 的网络图是错误的,其错在存在多余的逻辑关系。网络图必须按逻辑关系画,不能漏掉逻辑关系,也不能有多余的逻辑关系,所以按照上述的方法画出图 4-21 的网络图后,要检查是否有多余的逻辑关系。多余的逻辑关系怎么找?规律是"多余的逻辑关系一定出现在'两进两出'的节点(但'两进两出'的节点不一定有多余的逻辑关系)"。如图 4-21 中,"两进两出"的节点有 6、8、10、12、14、15,一个个检查就会发现,挖土 3 与垫层 1、垫层 3 与砌筑 1、砌筑 3 与回填 1、挖土 4 与垫层 2、垫层 4 与砌筑 2、砌筑 4 与回填 2 都没有逻辑关系,因为它们之间工作面和工艺上都没有联系。

找到这些多余的逻辑关系后,如何改正?方法是:"在出现多余逻辑关系的'两进两出'节点前面补一虚工作,让两个紧前工作'分道扬镳'",即可消除多余的逻辑关系。按照这个方法,将图 4-21 中错误的网络图改正为图 4-22 所示。

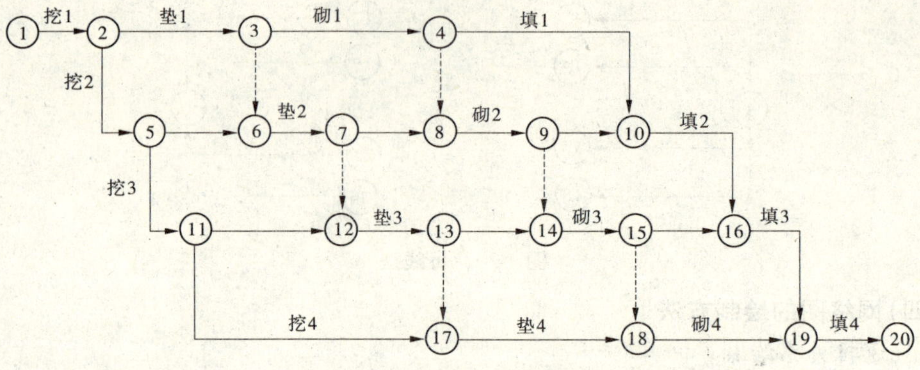

图 4-22　改正后的网络图

2. *初学者使用的绘制方法*

按照上面讲的逻辑关系来绘制网络图，对于初学者来讲，逻辑关系太抽象了，即使对逻辑关系理解得好，绘制时也经常会出现多余的逻辑关系而使绘图错误。下面介绍一种新的方法，这个方法不需理会逻辑关系，只管画图，画出来的图还不容易犯错，在能正确画出网络图的基础上再去理解内涵的逻辑关系，这样能提高学习效率。下面通过一个例题来介绍这个方法。

【例 4-2】　某学生宿舍楼主体工程分 4 个施工段（$m=4$），其施工过程划分为模板制作、钢筋绑扎、混凝土浇筑、墙体砌筑 4 个施工过程（$n=4$），试绘制双代号网络图。

解：绘制步骤如下

（1）按工艺关系排列方法画出第 1 施工段各过程工作，如图 4-23 所示。

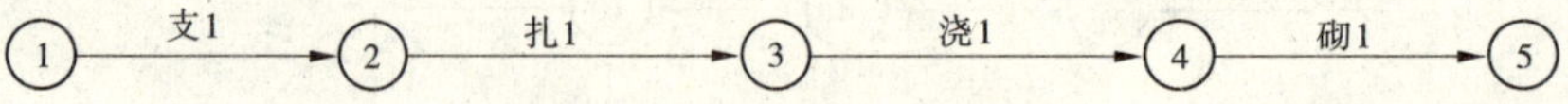

图 4-23　第一步示意图

（2）画出从所有工作终点节点出发的竖向虚工作，有 m 个，如图 4-24 所示。

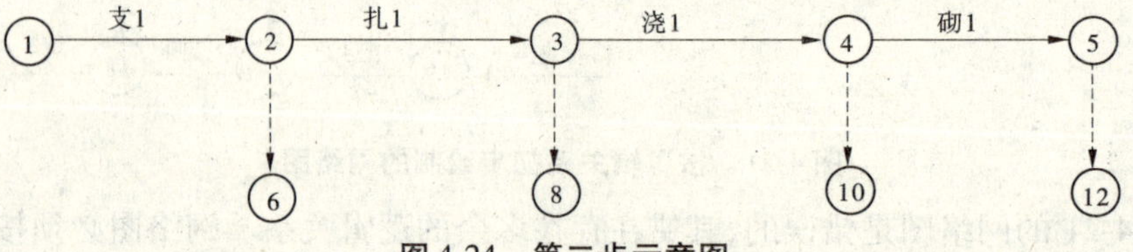

图 4-24　第二步示意图

（3）除第 1 个虚工作外，其他虚工作在其终点节点的左侧增加节点，并构成虚工作，共 $m-1$ 个，如图 4-25 所示。

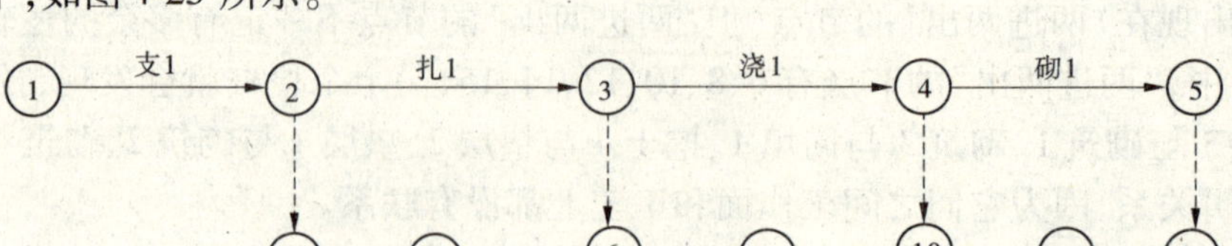

图 4-25　第三步示意图

(4)完成第 2 段的绘制,如图 4-26(a)所示,顺便将第 1 段的最后过程和第 2 段的开始过程变为折线(消除不必要的虚工作),如图 4-26(b)所示。

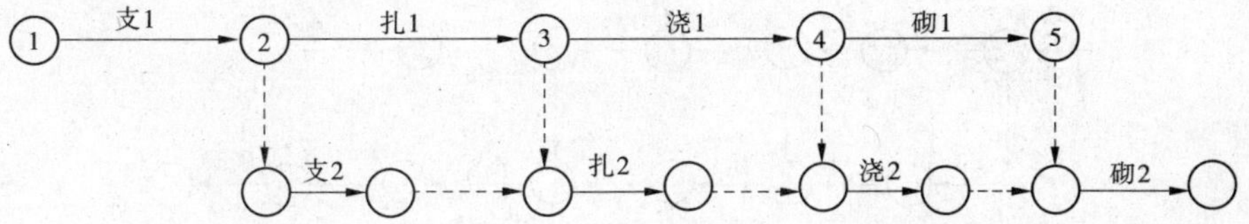

(a)

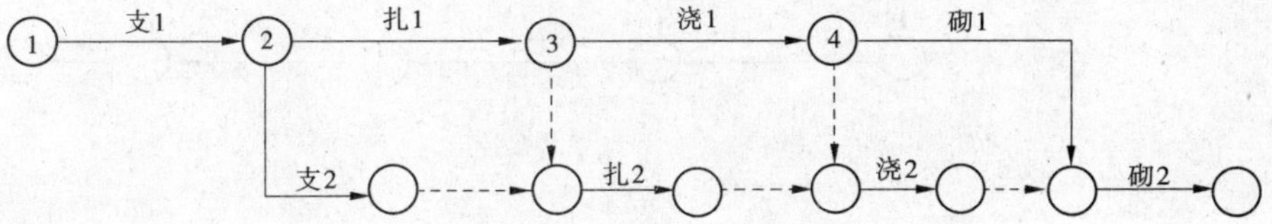

(b)

图 4-26　第四步示意图

(5)画出第 2 段所有工作(实工作)终点节点出发的竖向虚工作,以下在完成第 3 段时重复第 2 段的画法,如图 4-27 所示。

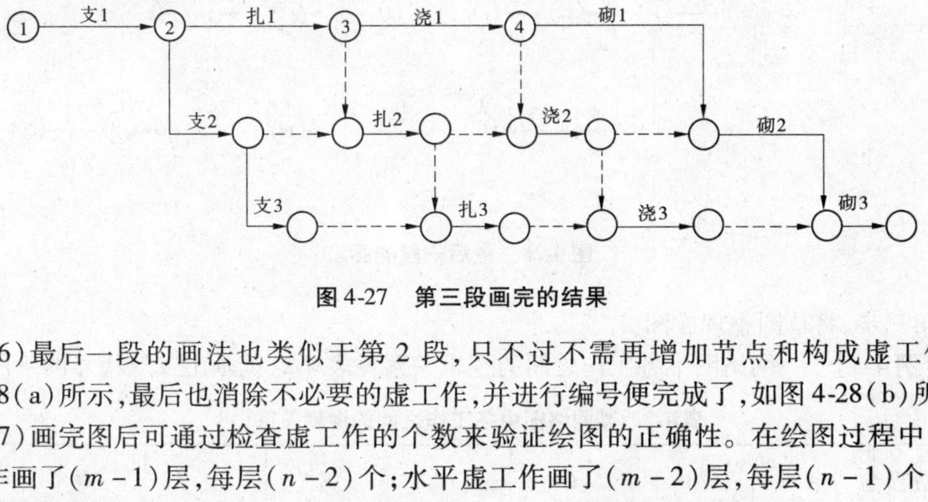

图 4-27　第三段画完的结果

(6)最后一段的画法也类似于第 2 段,只不过不需再增加节点和构成虚工作,如图 4-28(a)所示,最后也消除不必要的虚工作,并进行编号便完成了,如图 4-28(b)所示。

(7)画完图后可通过检查虚工作的个数来验证绘图的正确性。在绘图过程中,竖向虚工作画了$(m-1)$层,每层$(n-2)$个;水平虚工作画了$(m-2)$层,每层$(n-1)$个,所以虚工作的个数 X 可以按式(4-1)来计算(适用于 $m,n>2$ 的情况)

$$X=(m-1)(n-2)+(n-1)(m-2) \tag{4-1}$$

本例 $m=4,n=4$,故 $X=12$,经验证,图 4-28(b)是正确的。

3. 按照已知工作逻辑关系绘制法

按照已知工作逻辑关系绘制法归纳起来有三步:

第一步,确定各工序的紧后工作。方法是根据已知的逻辑关系表中紧前工作来确定紧后工作,某工作的紧后工作是:谁的紧前工作中有该工作,谁就是该工作的紧后工作。

第二步,依据紧后工作关系直接画草图。过程中如出现箭线交叉,可调整平行工作的位置,在画某工作的紧后工作时,如果这个紧后工作在画别的工作的紧后工作时被画过,由于网络图不允许出现同名工作,这时采用虚工作连接这个共同的紧后工作。

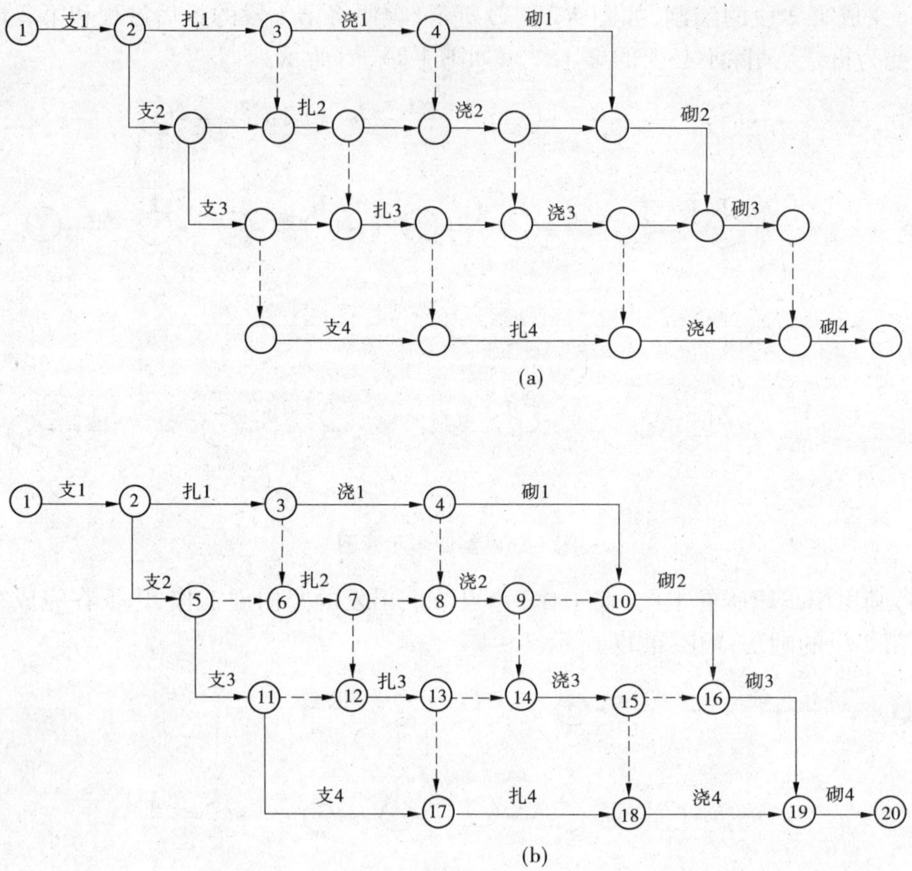

图 4-28　最后一段的画法

第三步，将草图整理成图。

【**例 4-3**】　一网络图中各工作之间的逻辑关系见表 4-2，试画出其双代号网络图。

表 4-2　某网络图中各工作之间的逻辑关系（1）

施工过程	A	B	C	D	E	F	G	H
紧前工作	无	A	B	B	B	C、D	C、E	F、G

解：(1)确定紧后工作。

在上表的下面添加 1 行，准备填写紧后工作，如表 4-3 所示。对于 A 工作来讲，在紧前工作这一行里，B 工作有 A，所以 B 工作就是 A 工作的紧后工作，填到表中；对于 B 工作来讲，紧前工作中，C、D、E 工作均有 B，所以 B 的紧后工作就是 C、D、E；以此类推，直至全部找到。最后肯定有工作找不到紧后工作，那么在紧后工作一栏中填入“无”，表示没有紧后工作，如表 4-3 所示。

表4-3　某网络图中各工作之间的逻辑关系(2)

施工过程	A	B	C	D	E	F	G	H
紧前工作	无	A	B	B	B	C、D	C、E	F、G
紧后工作	B	C、D、E	F、G	F	G	H	H	无

(2)根据紧后工作画草图。

A工作的紧前工作为"无",表示没有紧前工作。没有紧前工作的工作为起点工作,没有紧后工作的工作为终点工作。画草图时,从起点工作开始,一步一步地画出每个工作的紧后工作,当两个工作有共同的紧后工作时,其中一个直接画,另一个用虚工作进行连接,虚工作就是用来表达逻辑关系的。如果布图合理,双代号网络图一般不会出现箭线交叉,在画图时,如出现箭线要跨越其他箭线,可以调整平行工作的上下位置关系,便可避免;当有多个起点工作以及多个终点工作时,采用共用母线法绘制。

(3)将确定无误的草图重新画出布图清晰的正式图。

某分部工程网络计划图如图4-29所示。

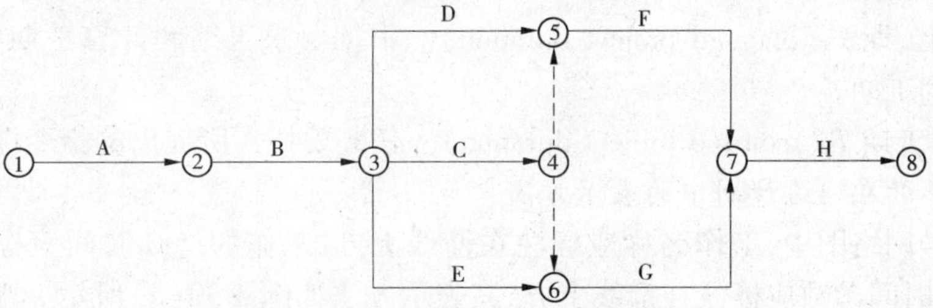

图4-29　某分部工程网络计划图

三、双代号网络图时间参数计算

(一)时间参数计算的目的

计算网络图时间参数的目的有三个:①确定关键线路,以便在工作中能抓住主要矛盾,向关键线路要时间;②计算非关键线路上的富余时间,明确其存在多少机动时间,为网络计划的优化、执行、控制与调整提供明确的时间依据;③确定总工期,做到工程进度心中有数。

(二)时间参数计算的内容

双代号网络图时间参数可分为节点时间参数、工作时间参数和线路时间参数三类。

1. 节点时间参数

(1)节点最早时间 ET_i(earliest event time)。在双代号网络计划中,节点的最早时间就是该节点前面工作全部完成,后面工作最早可能开始的时间。

(2)节点最迟时间 LT_i(latest event time)。在双代号网络计划中,节点的最迟时间就是在不影响终点节点的最迟时间前提下,结束于该节点的各工作最迟必须完成的时间。

2. 工作时间参数

(1)工作最早开始时间 ES_{i-j}(earliest start time)。该工作最早可能开始时间,在此时间之前不具备开工条件。

(2)工作最早完成时间 EF_{i-j}(earliest finish time)。各紧前工作全部完成后,本工作有可能完成的最早时间。

(3)工作最迟开始时间 LS_{i-j}(latest start time)。在不影响整个计划任务按期完成的前提下,本工作最迟必须开始的时间。

(4)工作最迟完成时间 LF_{i-j}(latest finish time)。该工作最迟必须结束的时间,若超过此时间,会影响计划总工期并导致其后续各工作不能按时开工。

(5)工作总时差 TF_{i-j}(total float)。各项工作在不影响工程总工期(但可能影响前后工作结束或开始时间)的前提下,所具有的机动时间(富余时间)。

(6)工作自由时差 FF_{i-j}(free float)。各项工作在不影响紧后工作最早开始时间的条件下所具有的机动时间。

3. 线路时间参数

(1)线路时间。完成线路上全部工作所需要的时间总和。

(2)线路时差(path float)。非关键线路中可以利用的自由时差总量。

(3)计算工期 T_c(calculated project duration)。根据时间参数计算所得到的工期。

(4)计划工期 T_p(planned project duration)。根据要求工期和计算工期所确定的,作为实施目标的工期。

(5)要求工期 T_r(required project duration)。任务委托人所提出的指令性工期。

4. 时间参数在网络计划中的表示方法

在双代号网络图中,工作名称应标注在箭线上方,工作的持续时间应标注在箭线下方,其他工作时间参数应标注在箭线上方,其表示方法如图 4-30(a)所示。虚工作没有工作名称,持续时间为零不需标注,其表示方法如图 4-30(b)所示。说明性字体的标注应优先选用水平方向书写。若箭线为垂直绘制时,工作名称应标注在箭线左侧,工作的持续时间应标注在箭线右侧,其他工作时间参数亦应标注在箭线右侧,其表示方法如图 4-30(c)、(d)所示。

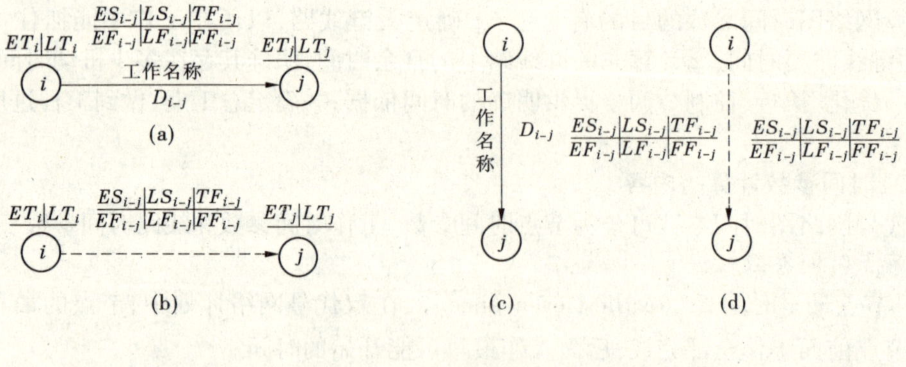

图 4-30　时间参数的表示方法

(三)时间参数的计算

时间参数的计算方法有图上计算法、表上计算法、矩阵计算法等,常用的是图上计算法,下面以图 4-31 为例,介绍该方法的计算过程。

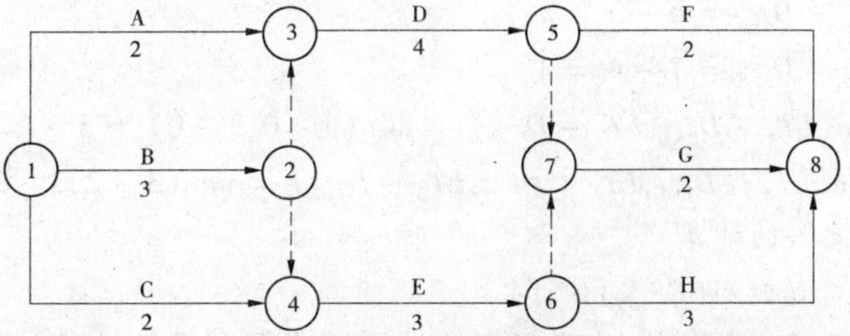

图 4-31　节点计算法示例

1. 节点时间参数的计算

1) 节点最早时间(ET_i)的计算

节点最早时间(ET_i)的计算应从网络计划的起点节点开始,顺着箭线的方向依次计算,到终点节点为止。一般规定网络计划起点节点的最早开始时间为零,其他节点的最早时间等于从起点节点顺向该节点的各线路各个工作作业时间之和中的最大者。其计算公式如下:

$$ET_i = 0 \tag{4-2}$$

$$ET_j = \max(ET_i + D_{i-j}) \tag{4-3}$$

按式(4-2)和式(4-3)计算图 4-31 中的各节点的最早时间,结果如下:

$ET_2 = ET_1 + D_{1-2} = 0 + 3 = 3$

$ET_3 = \max(ET_1 + D_{1-3}, ET_2 + D_{2-3}) = \max(0 + 2, 3 + 0) = 3$

$ET_4 = \max(ET_1 + D_{1-4}, ET_2 + D_{2-4}) = \max(0 + 2, 3 + 0) = 3$

$ET_5 = ET_3 + D_{3-5} = 3 + 4 = 7$

$ET_6 = ET_4 + D_{4-5} = 3 + 3 = 6$

$ET_7 = \max(ET_5 + D_{5-7}, ET_6 + D_{6-7}) = \max(7 + 0, 6 + 0) = 7$

$ET_8 = \max(ET_5 + D_{5-8}, ET_6 + D_{6-8}, ET_7 + D_{7-8}) = \max(7 + 2, 6 + 3, 7 + 2) = 9$

2) 节点最迟时间(LT_i)的计算

节点最迟时间(LT_i)的计算应从网络计划的终点节点开始,逆着箭线的方向依次计算,到起点节点为止。一般规定终点节点的最迟完成时间应以工程总工期为准,在无规定的情况下,终点节点最迟结束时间就等于终点节点的最早时间;其他节点的最迟时间,等于从终点节点逆向该节点的各线路中终点节点最迟时间与各个工序作业时间的和之差中的最小者。其计算公式如下:

$$LT_n = ET_n(\text{当无规定工期时}) \tag{4-4}$$

$$LT_n = T_r(\text{当规定工期为 } T_r \text{ 时}) \tag{4-5}$$

$$LT_i = \min(LT_j - D_{i-j}) \tag{4-6}$$

按式(4-4)和式(4-6)计算图 4-31 中的各节点的最迟时间,结果如下:

$LT_7 = LT_8 - D_{7-8} = 9 - 2 = 7$

$LT_6 = \min(LT_8 - D_{6-8}, LT_7 - D_{6-7}) = \min(9 - 3, 7 - 0) = 6$

$LT_5 = \min(LT_8 - D_{5\text{-}8}, LT_7 - D_{5\text{-}7}) = \min(9-2, 7-0) = 7$

$LT_4 = LT_6 - D_{4\text{-}6} = 6 - 3 = 3$

$LT_3 = LT_5 - D_{3\text{-}5} = 7 - 4 = 3$

$LT_2 = \min(LT_4 - D_{2\text{-}4}, LT_3 - D_{2\text{-}3}) = \min(3-0, 3-0) = 3$

$ET_1 = \min(LT_4 - D_{1\text{-}4}, LT_3 - D_{1\text{-}3}, LT_2 - D_{1\text{-}2}) = \min(3-2, 3-2, 3-3) = 0$

2. 工作时间参数的计算

1) 工作最早开始时间(ES_{i-j})的计算

一项工作的开始节点标志着工作的开始,所以工作最早开始时间应等于该工作开始节点的最早时间。其计算公式如下:

$$ES_{i\text{-}j} = ET_i \quad (4\text{-}7)$$

按式(4-7)计算图 4-31 中的各工作最早开始时间,结果如下:

$$ES_{1\text{-}2} = ET_1 = 0$$
$$ES_{1\text{-}3} = ET_1 = 0$$
$$ES_{1\text{-}4} = ET_1 = 0$$
$$ES_{2\text{-}3} = ET_2 = 3$$
$$ES_{2\text{-}4} = ET_2 = 3$$

…

2) 工作最早完成时间(EF_{i-j})的计算

工作最早完成时间应是在工作以最早开始时间开始条件下的最早完成时间。其计算公式如下:

$$EF_{i\text{-}j} = ES_{i\text{-}j} + D_{i\text{-}j} \quad (4\text{-}8)$$
$$EF_{i\text{-}j} = ET_i + D_{i\text{-}j} \quad (4\text{-}9)$$

按式(4-8)计算图 4-31 中的各工作最早完成时间,结果如下:

$$EF_{1\text{-}2} = ES_{1\text{-}2} + D_{1\text{-}2} = 0 + 3 = 3$$
$$EF_{1\text{-}3} = ES_{1\text{-}3} + D_{1\text{-}3} = 0 + 2 = 2$$
$$EF_{1\text{-}4} = ES_{1\text{-}4} + D_{1\text{-}4} = 0 + 2 = 2$$
$$EF_{2\text{-}3} = ES_{2\text{-}3} + D_{2\text{-}3} = 3 + 0 = 3$$
$$EF_{2\text{-}4} = ES_{2\text{-}4} + D_{2\text{-}4} = 3 + 0 = 3$$

…

3) 工作最迟完成时间(LF_{i-j})的计算

一项工作的结束节点标志着工作的完成,所以工作最迟完成时间应等于该工作结束节点的最迟时间。其计算公式如下:

$$LF_{i\text{-}j} = LT_j \quad (4\text{-}10)$$

按式(4-10)计算图 4-31 中的各工作最迟完成时间,结果如下:

$$LF_{7-8} = LT_8 = 9$$
$$LF_{6-8} = LT_8 = 9$$
$$LF_{5-8} = LT_8 = 9$$
$$LF_{6-7} = LT_7 = 7$$
$$LF_{5-7} = LT_7 = 7$$
$$\cdots$$

4）工作最迟开始时间（LS_{i-j}）的计算

工作最迟开始时间应是在不影响工作最迟完成条件下的最迟开始时间。其计算公式如下：

$$LS_{i-j} = LF_{i-j} - D_{i-j} \tag{4-11}$$
$$LS_{i-j} = LT_j - D_{i-j} \tag{4-12}$$

按式(4-11)计算图 4-31 中的各工作最迟完成时间，结果如下：

$$LS_{7-8} = LF_{7-8} - D_{7-8} = 9 - 2 = 7$$
$$LS_{6-8} = LF_{6-8} - D_{6-8} = 9 - 3 = 6$$
$$LS_{5-8} = LF_{5-8} - D_{5-8} = 9 - 2 = 7$$
$$LS_{6-7} = LF_{6-7} - D_{6-7} = 7 - 0 = 7$$
$$LS_{5-7} = LF_{5-7} - D_{5-7} = 7 - 0 = 7$$
$$\cdots$$

5）工作总时差（TF_{i-j}）的计算

当工作 $i-j$ 的紧前工作 $h-i$ 以最早完成时间 EF_{h-i}（当有多项紧前工作时取最大值）完成，而工作 $i-j$ 的紧后工作以最迟开始时间 LS_{j-k}（当有多项紧后工作时取最小值）开始时，在 $j-k$ 工作的最迟开始时间 LS_{j-k} 至 $h-i$ 工作的最早完成时间 EF_{h-i} 范围内去掉 $i-j$ 工作的持续时间 D_{i-j}，则有可能剩余一段时间，那么剩余这段时间就是总时差。其计算公式如下：

$$TF_{i-j} = LS_{j-k} - EF_{h-i} - D_{i-j} \tag{4-13}$$

由于工作 $i-j$ 的紧前工作 $h-i$ 的最早完成时间 EF_{h-i}（当有多项紧前工作时取最大值）等于工作 $i-j$ 开始节点的最早时间 ET_i，工作 $i-j$ 的紧后工作 $j-k$ 的最迟开始时间 LS_{j-k}（当有多项紧后工作时取最小值）等于工作 $i-j$ 结束节点的最迟时间 LT_j，则总时差也可以按下式计算：

$$TF_{i-j} = LT_j - ET_i - D_{i-j} \tag{4-14}$$

由式(4-7)和式(4-10)可知，$ES_{i-j} = ET_i$、$LF_{i-j} = LT_j$，所以总时差又可按式(4-15)计算：

$$TF_{i-j} = LF_{i-j} - ES_{i-j} - D_{i-j} \tag{4-15}$$

由式(4-8)可知，$EF_{i-j} = ES_{i-j} + D_{i-j}$，则式(4-15)可以化简为如下形式：

$$TF_{i-j} = LF_{i-j} - EF_{i-j} \tag{4-16}$$

又由式(4-11)可知，$LS_{i-j} = LF_{i-j} - D_{i-j}$，则式(4-15)也可以化简为如下形式：

$$TF_{i-j} = LS_{i-j} - ES_{i-j} \tag{4-17}$$

按式(4-17)计算图 4-31 中的各工作的总时差,结果如下:

$$TF_{1-2} = LS_{1-2} - ES_{1-2} = 0 - 0 = 0$$
$$TF_{1-3} = LS_{1-3} - ES_{1-3} = 1 - 0 = 1$$
$$TF_{1-4} = LS_{1-4} - ES_{1-4} = 1 - 0 = 1$$
$$TF_{2-3} = LS_{2-3} - ES_{2-3} = 3 - 3 = 0$$
$$TF_{2-4} = LS_{2-4} - ES_{2-4} = 3 - 3 = 0$$
$$\cdots$$

由总时差的计算可以得出以下结论:

(1)一项工作 $i-j$ 最大可以利用的时间范围,是该工作结束节点的最迟时间 LT_j 与该工作开始节点的最早时间 ET_i 之间的时间差值再减去工作 $i-j$ 的工作持续时间,即:$LT_j - ET_i - D_{i-j}$;也可以表达为该项工作的最迟完成时间 LF_{i-j} 与该工作最早完成时间 EF_{i-j} 之间的时间差值,即 $LF_{i-j} - EF_{i-j}$。

(2)一项工作的总时差既可以为其紧前工作所利用,又可以为其紧后工作所利用。

6)工作自由时差(FF_{i-j})的计算

当工作 $i-j$ 的紧前工作 $h-i$ 以最早完成时间 EF_{h-i}(当有多项紧前工作时取最大值)完成,而工作 $i-j$ 的紧后工作 $j-k$ 以最早开始时间 ES_{j-k} 开始时,在 $j-k$ 工作的最早开始时间 ES_{j-k} 至 $h-i$ 工作的最早完成时间 EF_{h-i} 范围内去掉 $i-j$ 工作的持续时间 D_{i-j},则有可能剩余一段时间,那么剩余这段时间就是自由时差。由此可知,自由时差的计算公式为

$$FF_{i-j} = ES_{j-k} - EF_{h-i} - D_{i-j} \tag{4-18}$$

由于工作 $i-j$ 的紧前工作 $h-i$ 的最早完成时间 EF_{h-i}(当有多项紧前工作时取最大值)等于工作 $i-j$ 开始节点的最早时间 ET_i,工作 $i-j$ 的紧后工作 $j-k$ 的最早开始时间 ES_{j-k} 等于工作 $i-j$ 结束节点的最早时间 ET_j,则自由时差也可以按式(4-19)计算:

$$FF_{i-j} = ET_j - ET_i - D_{i-j} \tag{4-19}$$

由式(4-7)和式(4-9)可知,$ES_{i-j} = ET_i$、$EF_{i-j} = ET_i + D_{i-j}$,所以,自由时差又可按式(4-20)和式(4-21)进行计算:

$$FF_{i-j} = ET_j - EF_{i-j} \tag{4-20}$$
$$FF_{i-j} = ES_{j-k} - EF_{i-j} \tag{4-21}$$

按式(4-20)计算图 4-31 中的各工作的自由时差,结果如下:

$$FF_{1-2} = ET_2 - EF_{1-2} = 3 - 3 = 0$$
$$FF_{1-3} = ET_3 - EF_{1-3} = 3 - 2 = 1$$
$$FF_{1-4} = ET_4 - EF_{1-4} = 3 - 2 = 1$$
$$FF_{2-3} = ET_3 - EF_{2-3} = 3 - 3 = 0$$
$$FF_{2-4} = ET_4 - EF_{2-4} = 3 - 3 = 0$$
$$\cdots$$

由总时差的计算可以得出以下结论:

(1)一项工作 $i-j$ 最大可以自由利用的时间范围,是该工作结束节点的最早时间 ET_j 与该工作开始节点的最早时间 ET_i 之间的时间差值再减去工作 $i-j$ 的工作持续时间,即:

$ET_j - ET_i - D_{i-j}$。

(2)一项工作的自由时差在计划阶段可以为其紧前工作所利用,但不可以为其紧后工作所利用。

(3)自由时差是总时差的一部分,所以又叫做局部时差。

3. 网络计划工期的计算

1)双代号网络计划计算工期 T_c 的计算

双代号网络计划的计算工期 T_c 按式(4-22)计算

$$T_c = ET_n \tag{4-22}$$

式中 ET_n——终点节点 n 的最早时间。

因此,图 4-31 所示网络计划的计算工期为

$$T_c = ET_8 = 9$$

2)网络计划的计划工期 T_p 的计算

网络计划的计划工期应根据要求工期和计算工期确定。其计算应按下述规定:

(1)当已规定了要求工期 T_r 时

$$T_c \leqslant T_p \leqslant T_r \tag{4-23}$$

(2)当未规定要求工期 T_r 时,可以取计划工期等于计算工期,即

$$T_p = T_c \tag{4-24}$$

图 4-31 所示网络计划未规定要求工期,取计算工期为其要求工期,即

$$T_p = T_c = 9$$

将计划工期标注在终点节点的右侧,并用方框框起来。

4. 关键工作和关键线路的确定

在网络计划中总时差最小的工作称为关键工作。在网络图上一般用粗线或双线或彩色线标注其箭线,关键工作连成的自始至终的线路,就是关键线路。它是进行工作进度管理的重点。

关键工作和关键线路的特点如下:

(1)当网络计划的计划工期与计算工期相等时,总时差为零的工作为关键工作;当网络计划的计划工期与计算工期不相等时,总时差等于计划工期与计算工期的时差为最小的工作为关键工作。

(2)关键线路是从网络计划起点节点到结束节点之间持续时间最长的线路。

(3)关键线路在网络计划中不一定只有一条,有时存在两条以上。

(4)关键线路以外的工作称非关键工作,如果使用了总时差,非关键线路就有可能变成关键线路。

(5)在非关键线路上的工作时间延长超过它的总时差时,关键线路就变成非关键线路。

在工程进度管理中,应把关键工作作为重点来抓,保证各项工作如期完成,同时要注意挖掘非关键工作的潜力,合理安排资源,节省工程费用。

根据上述关键工作的判断方法,图 4-31 中计划工期等于计算工期,总时差为零时最小,故关键工作为①-②、②-③、②-④ 、③-⑤、④-⑥、⑤-⑦、⑤-⑧、⑥-⑧、⑦-

⑧,共9项。关键线路有:①-②-③-⑤-⑧、①-②-③-⑤-⑦-⑧、①-②-④-⑥-⑧,共3条,用粗箭线表示。

采用节点计算法计算的图4-31的全部计算结果如图4-32所示。

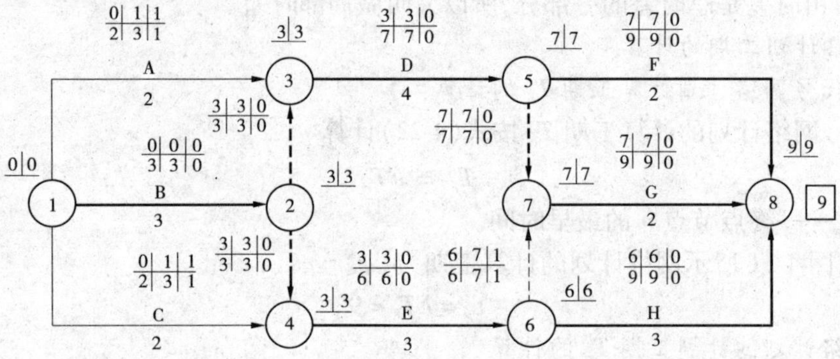

图4-32 节点计算法示例计算结果

第三节 双代号时标网络计划

一、双代号时标网络计划有关规定及特点

(一)双代号时标网络计划的基本概念

双代号时标网络计划是综合应用横道图的时间坐标和网络计划的原理,即在横道计划的坐标轴上用网络计划的表示方法表达各工作间的逻辑关系。这样既解决了横道计划中各施工过程关系表达不明确的问题,又解决了网络计划时间表达不直观的问题。双代号时间坐标的网络计划简称双代号时标网络计划。

双代号时标网络计划中,箭杆的长短和所在的位置即表示工作的时间进程,因此它能够表达工程中各项工作之间恰当的时间关系。时标的时间单位根据需要在编制时标网络计划之前确定,可以是天、周、旬、月和季等。时间坐标的刻度代表的时间量可以是一个时间单位,也可以是时间单位的整数倍,但不应小于一个时间单位。

(二)双代号时标网络计划的特点

双代号时标网络计划具有以下特点:

(1)双代号时标网络计划中工作箭线的长度与工作持续时间长度一致。

(2)双代号时标网络计划可以直接显示各施工过程的时间参数和关键线路。

(3)双代号时标网络计划在绘制中受到坐标的限制,容易产生网络回路之类的逻辑错误。

(4)双代号时标网络计划可以直接在时标网络图上统计劳动力、材料、机具资源等需要量,便于绘制资源消耗动态曲线,也便于计划的控制和分析。

(三)双代号时标网络计划的绘制

1. 绘制双代号时标网络计划的基本要求

(1)时标网络计划中所有符号的时间长度,以其在时标表上的水平位置及其在时间坐标上的水平投影长度表示，并与其所代表的时间值相对应。

(2)节点无论大小均应看做一个点，其中心必须对准相应的时标位置(时标刻度线)，它在时间坐标上的水平投影长度应视为零。

(3)虚工作必须以垂直于时间坐标的虚箭线表示，有自由时差时加波形线表示。

(4)时标网络计划宜按工作最早时间编制，不宜按工作最迟时间编制。

(5)时标网络计划编制前，应先绘制非时标网络计划。

2. 绘制双代号时标网络图的基本符号

(1)时标网络图以波形线表示工作的自由时差，如图4-33所示。

(2)时标网络图以实箭线表示实工作，当工作有自由时差时，波形线紧接在实线末端绘制，箭头绘制在波形线的末端，如图4-33(a)所示。

(3)当实工作的末端有垂直部分时，波形线紧接在实线末端绘制，其垂直部分用实线绘制，如图4-33(b)所示。

(4)时标网络图以虚箭线表示虚工作，虚箭线必须垂直绘制。有自由时差时加波形线表示，但不得在波形线之后画实线，如图4-33(c)、(d)所示。

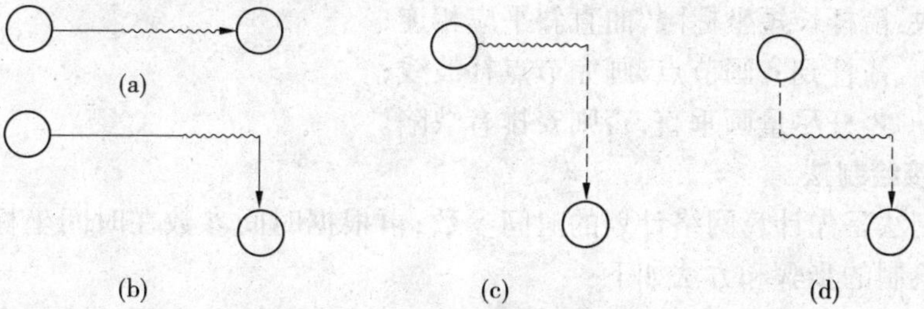

图4-33　时标网络图基本符号

3. 时标网络计划的适用范围

由于时标网络计划的上述优点，且过去人们习惯使用横道计划，所以时标网络计划容易被接受，在我国得到广泛应用。

时标网络计划主要适用于以下几种情况：

(1)编制工作项目较少，并且工艺过程较简单的建筑工程施工计划，能迅速地边绘图、边计算、边调整。

(2)对于大型复杂的工程，特别是不使用计算机时，可以先用时标网络图的形式绘制各分部工程或施工阶段的网络计划，然后综合起来绘制出比较简明的总网络计划；也可以先编制总的施工网络计划，以后每隔一段时间对下一段时间应施工的工程区段绘制详细的时标网络计划。执行过程中若时间有变化，则不必改动整个网络计划，而只对这一阶段的时标网络计划进行修订。

(3)有时为了便于在图上直接表示每项工作的进程，可以将已编制并计算好的网络计划复制成时标网络计划。

(4)待优化或执行中在图上直接调整的网络计划。

(5)年、季、月等周期性网络计划。

(6)使用“实际进度前锋线”进行网络计划管理的亦应使用时标网络计划。

二、双代号时标网络计划的绘制

时标网络计划的绘制方法有直接绘制法和间接绘制法两种。

(一)直接绘制法

直接绘制法是不计算网络计划时间参数,直接在时间坐标上进行绘制的方法。其绘制步骤和方法如下:

(1)定坐标线。

(2)将起点定位于时标表的起始刻度线上。

(3)按工作持续时间在时标表上绘制起点节点的外向箭线。

(4)工作的箭头节点必须在其所有内向箭线绘出以后,定位在这些内向箭线中最迟完成的实箭线箭头处。某些内向实箭线长度不足以到达该箭头节点时,可用波线补足,波线长度就是时差的大小。

(5)工艺上或组织上有逻辑关系的工作,要用虚线表示。

(6)时差为零的箭线为关键工作,并用双线或粗线或彩色箭线表示。

绘图口诀:箭杆长短坐标限,曲直斜平应相连;
箭杆到齐画节点,画完节点补波线;
零杆尽量画垂直,否则安排有缺陷。

(二)间接绘制法

间接绘制法是先计算网络计划的时间参数,再根据时间参数在时间坐标上进行绘制的方法。其绘制的步骤和方法如下:

(1)绘制无时标网络计划草图,计算时间参数,确定关键工作及关键线路。

(2)根据需要确定时间单位并绘制时标横轴。时标可标注在时标网络图的顶部或底部,时标的长度单位必须注明。

(3)根据网络图中各节点的最早时间(或各工作的最早开始时间),从起点节点开始将各节点(或各工作的开始节点)逐个定位在时间坐标的纵轴上。

(4)依次在各节点面绘出箭线长度及时差。绘制时宜先画关键工作、关键线路,再画非关键工作。箭线最好画成水平或由水平线和竖直线组成的折线箭线,以直接表示其持续时间。若箭线画成斜线,则以其水平投影长度为其持续时间;若箭线长度不够与该工作的结束节点直接相连,则用波形线从箭线端部画至结束节点处。波形线的水平投影长度,即为该工作的时差。

(5)用虚箭线连接各有关节点,将各有关的施工过程连接起来。在时标网络计划中,有时会出现虚线的投影长度不等于零的情况,其水平投影长度为该虚工作的时差。

(6)把时差为零的箭线从起点节点到终点节点连接起来,并用粗线或双箭线或彩色箭线表示,即形成时标网络计划的关键线路。

第四节　单代号网络图

单代号网络图是网络计划的另一种表示方法。它是用一个圆圈或方框代表一项工作，将工作代号、工作名称和完成工作所需要的时间写在圆圈或方框里面，箭线仅用来表示工作之间的顺序关系。用这种表示方法把一项计划中所有工作按先后顺序将其相互之间的逻辑关系，从左至右绘制而成的图形，就叫单代号网络图，用这种网络图表示的计划称做单代号网络计划。图 4-34 是一个简单的单代号网络图。

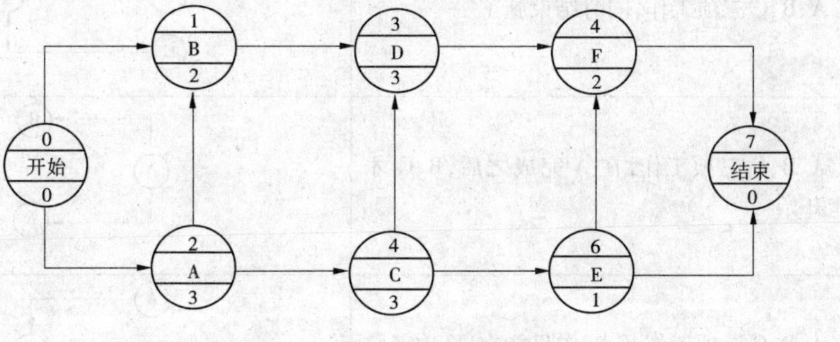

图 4-34　单代号网络图示例

一、单代号网络图的构成

单代号网络图是由箭线、节点、线路三个基本要素组成的。

(1)箭线。单代号网络图中工作之间的逻辑关系用箭线表示，箭线的形状和方向可根据绘图需要而定。

(2)节点。单代号网络图的工作用节点表示。节点可以采用圆圈，也可以用方框。工作名称或内容、工作代号、工作所需的时间及有关的工作时间参数都可以写在圆圈上或方框内。

(3)线路。单代号网络图的线路与双代号网络图的线路的含义是相同的。即从网络计划起点节点到结束节点之间持续时间最长的线路叫关键线路，其余称为非关键线路。

二、单代号网络图的绘制

(一)正确表达各种逻辑关系

单代号网络图在绘制过程中，首先要正确表达逻辑关系。根据工程计划中各种工作在工艺上、组织上的先后顺序和逻辑关系，用单代号表达方式正确表达出来。常见单代号网络图逻辑关系表达方法见表 4-4。

表 4-4　单代号网络图逻辑关系

序号	工作间的逻辑关系	单代号的表示方法
1	A、B 两项工作，依次进行施工	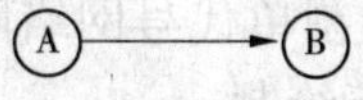
2	A、B、C 三项工作，同时开始施工	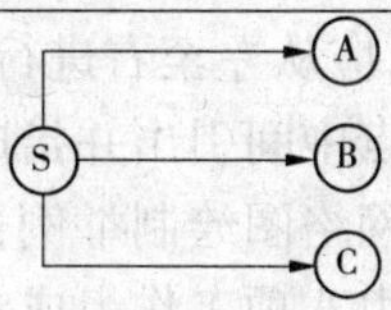

续表 4-4

序号	工作间的逻辑关系	单代号的表示方法
3	A、B、C 三项工作,同时结束施工	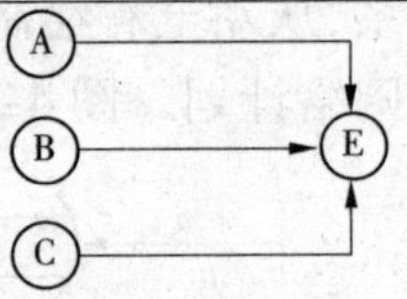
4	A、B、C 三项工作,在 A 完成之后,B、C 才能开始	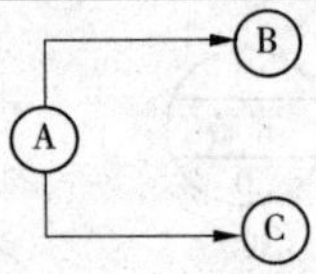
5	A、B、C 三项工作,C 工作只能在 A、B 完成之后开始	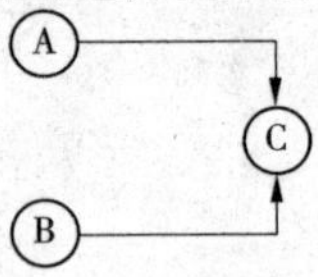
6	A、B、C、D 四项工作,在 A、B 完成之后,C、D 才能开始	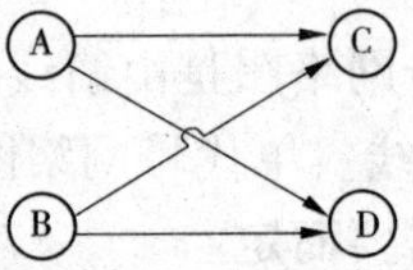

(二)单代号网络图绘制的基本规则

单代号网络图绘制的基本规则、绘制方法与双代号网络图绘制的基本相同,单代号网络图的绘制比双代号网络图的绘制容易,也不容易出错,关键是要处理好箭线交叉,使图形规则,更容易读图。绘制单代号网络图的基本规则包括以下几个方面:

(1)必须正确表达工作之间的逻辑关系。

(2)严禁出现闭合回路。

(3)严禁出现双向箭头和无箭头的连线。

(4)严禁出现没有箭头节点和没有箭尾节点的连线。

(5)严禁从箭线中间引出箭线。

(6)单代号网络图只允许有一个起点节点,当网络图中有多项起始工作时,应设置一项虚拟节点,作为该网络图的起点节点(S_t)。

(7)单目标的单代号网络图只允许有一个终点节点,当网络图中有多项结束工作时,应设置一项虚拟节点,作为该网络图的终点节点(F_n)。

(8)在绘制单代号网络图时应尽量避免箭线交叉,当交叉不可避免时,可采用过桥法或指向法进行绘制。

绘图时,应从左至右进行绘制,只有全部紧前工作绘制完成后,才能绘制本工作。箭线必须从节点中间引出并指向节点中间。

单代号网络图绘制举例:

某工程由八项工作组成,各项工作之间的逻辑关系见表 4-5,试绘制单代号网络图。

表 4-5　各项工作之间的逻辑关系

项目	工作代号							
	A	B	C	D	E	F	G	H
紧前工作	—	—	A	A、B	B	C、D	D	D、E
紧后工作	C、D	D、E	F	F、G、H	H	—	—	—
持续时间(d)	2	4	3	3	2	4	2	3

此例题的绘制结果见图 4-35。

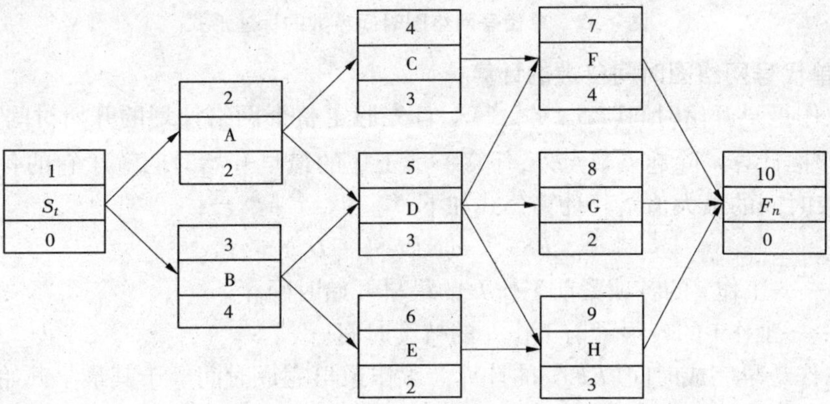

图 4-35　单代号网络图示例

三、单代号网络图时间参数计算

(一)单代号网络图时间参数的内容

单代号网络图时间参数共有 6 个,其内容包括:工作最早开始时间(ES_i),工作最早完成时间(EF_i),工作最迟开始时间(LS_i),工作最迟完成时间(LF_i),工作自由时差(FF_i),工作总时差(TF_i),时间间隔($LAG_{i,j}$)。

单代号网络图时间参数的计算方法有图上计算法、表上计算法、矩阵计算法等,常用的是图上计算法,下面以图 4-36 为例,介绍该方法的计算过程。

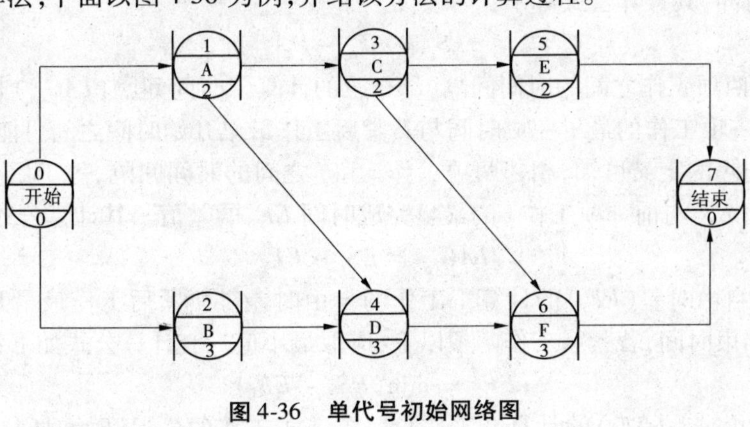

图 4-36　单代号初始网络图

（二）单代号网络图时间参数的标注形式

单代号网络图时间参数应按图 4-37 的形式进行标注。

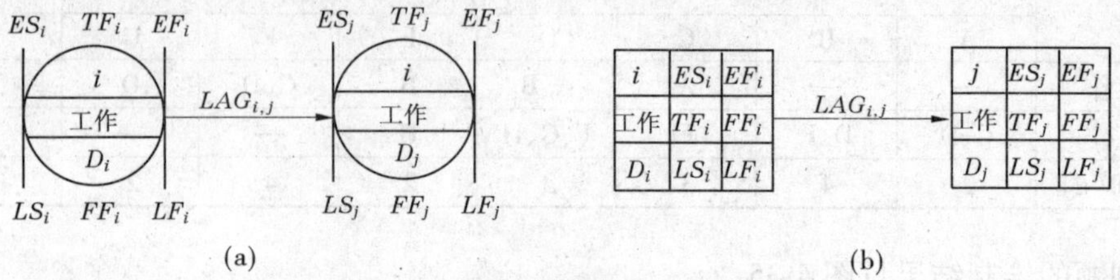

图 4-37　单代号网络图时间参数的标注形式

（三）单代号网络图时间参数的计算

（1）工作最早开始时间（ES_i）的计算。首先假定整个网络计划的开始时间为 0，然后从左向右递推计算。除起点节点外，任意一项工作的最早开始时间等于它的各紧前工作的最早结束时间的最大值。其计算公式如下：

$$ES_i = \max(ES_h + D_h) \tag{4-25}$$

式中　ES_h——工作 i 的各项紧前工作 h 的最早开始时间；

D_h——工作 i 的各项紧前工作 h 的持续时间。

（2）工作最早完成时间（EF_i）的计算。工作最早完成时间等于其最早开始时间和本工作作业时间之和。其计算公式如下：

$$EF_i = ES_i + D_i \tag{4-26}$$

（3）网络计划计算工期（T_c）的确定。网络计划计算工期等于最后工作节点的最早完成时间，即

$$T_c = EF_n \tag{4-27}$$

（4）工作最迟完成时间（LF_i）的计算。工作最迟完成时间等于其紧后工作最迟开始时间的最小值。其计算公式如下：

$$LF_i = \min(LS_j) \tag{4-28}$$

（5）工作最迟开始时间（LS_i）的计算。工作最迟开始时间等于其最迟结束时间减去本工作作业时间，其计算公式如下：

$$LS_i = LF_i - D_i \tag{4-29}$$

（6）相邻两项工作之间的时间间隔（$LAG_{i,j}$）的计算。时间间隔（$LAG_{i,j}$）是指在单代号网络计划中，一项工作的最早完成时间与其紧后工作最早开始时间之间可能存在的差值。

由时间间隔的定义可知，相邻两项工作 i 和 j 之间的时间间隔，等于后一项工作 j 的最早开始时间 ES_j 与前一项工作 i 的最早完成时间 EF_i 的差值。其计算公式如下：

$$LAG_{i,j} = ES_j - EF_i \tag{4-30}$$

（7）工作自由时差（FF_i）的计算。工作的自由时差等于紧后工作最早开始时间减去本工作最早结束时间，若紧后工作两项以上，应取最小值。其计算公式如下：

$$FF_i = \min(ES_j - EF_i) \tag{4-31}$$

（8）工作总时差（TF_i）的计算。工作总时差等于工作的最迟开始时间减去工作最早

开始时间。其计算公式如下：

$$TF_i = LS_j - ES_j \tag{4-32}$$

（9）确定关键线路。在单代号网络图中，总时差最小的工作就是关键工作，从起点节点到终点节点由关键工作连成的线路就是关键线路。关键线路用粗线或双线或彩色线标注。

图4-36时间参数的计算结果见图4-38。

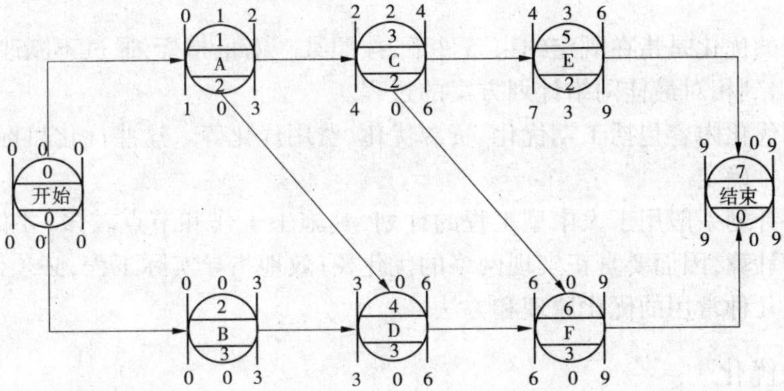

图4-38 单代号网络图时间参数计算结果

四、单代号网络图与双代号网络图的特点比较

（1）在双代号网络图中节点表示工作的开始或结束，在单代号网络图中节点表示工作。

（2）在双代号网络图中箭线表示工作，在单代号网络图中箭线表示工作之间的逻辑关系。

（3）在双代号网络图中两个节点的编号代表一项工作，在单代号网络图中一个节点的编号代表一项工作。

（4）在双代号网络图中引入虚工作，以正确表达工作间的逻辑关系，在单代号网络图中没有虚工作，只可能有虚拟的起点节点和虚拟的终点节点。在此点上，弥补了双代号网络图的不足。所以，近年来在国外，特别是欧洲新发展起来的几种形式的网络计划，如决策网络计划（DCPM）、图示评审技术（GERT）等，都是采用单代号表示法表示的。

（5）单代号网络图具有便于说明、容易被非专业人员所理解和易于修改的优点。这对于推广应用统筹法编制工程进度计划，进行全面科学管理是有益的。

（6）双代号网络图表示工程进度比用单代号网络图表示更为形象，特别是在应用带时间坐标的网络图中。

（7）双代号网络图在应用计算机进行计算和优化过程方面更为简便，这是因为双代号网络图中用两个代号代表一项工作，可直接反映其紧前或紧后工作的关系。而单代号网络图就必须按工作逐个列出其紧前、紧后工作关系，这在计算机中需占用更多的存贮单元。

由于单代号网络图和双代号网络图有上述各自的优缺点,故两种表示法在不同情况下,其表现的繁简程度是不同的。有些情况下,应用单代号表示法较为简单;有些情况下,使用双代号表示法则更为清楚。因此,单代号网络图和双代号网络图是两种互为补充、各具特色的表现方法。

第五节　网络计划的优化

网络计划的优化是指在既定约束条件下,按照某一衡量指标,通过不断改善网络计划的最初方案,得到相对最佳网络计划方案的过程。

网络计划优化内容包括工期优化、资源优化、费用优化等。这些优化目标应按实际工程的需要和条件确定。

由于网络计划一般用于大中型工程的计划,其施工工作和节点较多,要优化时,需进行大量烦琐的计算,因而要真正实现网络的优化,有效地指导实际工程,必须借助计算机。以下简单介绍几种常用的优化原理和方法。

一、工期优化

所谓工期优化,是指网络计划的计算工期不满足要求工期时,通过压缩关键工作的持续时间以满足要求工期目标的过程。

网络计划工期优化的基本方法是在不改变网络计划中各项工作之间逻辑关系的前提下,通过压缩关键工作的持续时间来达到优化目标。在工期优化过程中,按照经济合理的原则,不能将关键工作压缩成非关键工作。此外,当工期优化过程中出现多条关键线路时,必须将各条关键线路的总持续时间压缩相同数值;否则,不能有效地缩短工期。

网络计划的工期优化可按下列步骤进行:

(1)确定初始网络计划的计算工期和关键线路。

(2)按要求工期计算应缩短的时间 ΔT

$$\Delta T = T_c - T_r \tag{4-33}$$

式中　T_c——网络计划的计算工期;

T_r——要求工期。

(3)选择应缩短持续时间的关键工作。选择压缩对象时宜在关键工作中考虑以下因素:①缩短持续时间对质量和安全影响不大的工作;②有充足备用资源的工作;③缩短持续时间所需增加的费用最少的工作。

(4)将所选定的关键工作的持续时间压缩至最短,并重新确定计算工期和关键线路。若被压缩的工作变成非关键工作,则应延长其持续时间,使之仍为关键工作。

(5)当计算工期仍超过要求工期时,则重复步骤(2)~(4),直至计算工期满足要求工期或计算工期已不能再缩短为止。

(6)当所有关键工作的持续时间都已达到其能缩短的极限而寻求不到继续缩短工期的方案,但网络计划的计算工期仍不能满足要求工期时,应对网络计划的原技术方案、组织方案进行调整,或对要求工期重新审定。

【例 4-4】 已知某工程双代号网络计划如图 4-39 所示,图中箭线下方括号外数字为工作的正常持续时间,括号内数字为最短持续时间;箭线上方括号内数字为优选系数,该系数综合考虑质量、安全和费用增加情况而确定。选择关键工作压缩其持续时间时,应选择优选系数最小的关键工作。当需要同时压缩多个关键工作的持续时间时,则它们的优选系数之和(组合优选系数)最小者应优先作为压缩对象。现假设要求工期为 18 d,试对其进行工期优化。

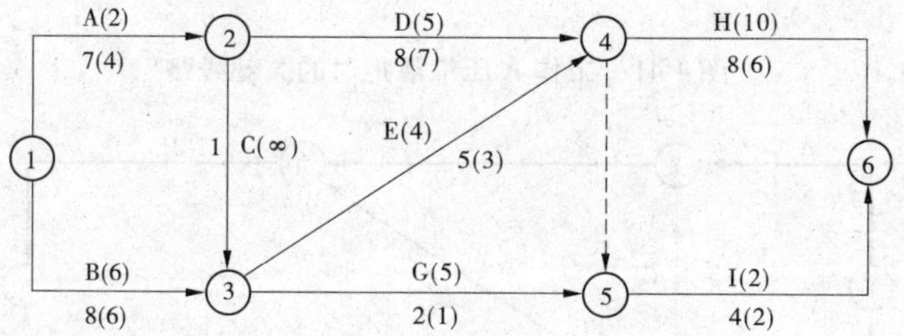

图 4-39 初始网络计划

解:该网络计划的工期优化可按以下步骤进行。

(1)根据各项工作的正常持续时间,确定网络计划的计算工期和关键线路,如图 4-40 所示,此时关键线路为① - ② - ④ - ⑥。

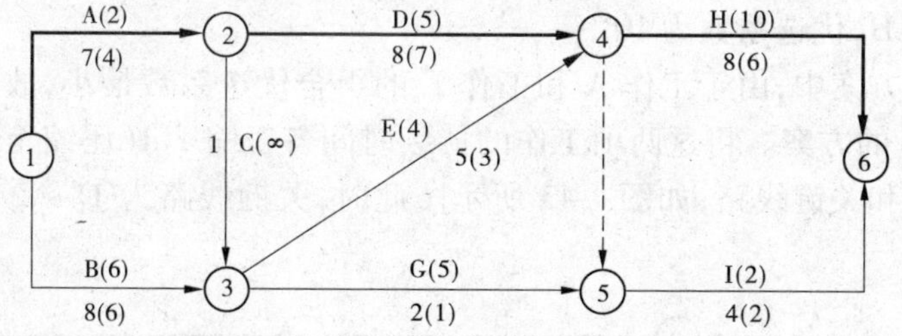

图 4-40 初始网络计划中的关键线路

(2)计算应缩短的时间

$$\Delta T = T_c - T_r = 23 - 18 = 5(\mathrm{d})$$

(3)由于此时关键工作为 A、D 和 H,而其中工作 A 的优选系数最小,故应将工作 A 作为优先压缩对象。

(4)将关键工作 A 的持续时间压缩至最短持续时间 4 d,确定新的计算工期和关键线路,如图 4-41 所示。此时,关键工作 A 被压缩成非关键工作,故将其持续时间 4 d 延长为 5 d,使之成为关键工作。工作 A 恢复为关键工作之后,网络计划中出现两条关键线路,即① - ② - ④ - ⑥和① - ③ - ④ - ⑥,如图 4-42 所示。

(5)由于此时的计算工期为 21 d,仍大于要求工期,故需继续压缩。需要缩短的时间 $\Delta T = 21 - 18 = 3(\mathrm{d})$。在图 4-42 所示网络计划中,有以下 5 个压缩方案:

①同时压缩工作 A 和工作 B,组合优选系数为 2 + 6 = 8;

②同时压缩工作 A 和工作 E,组合优选系数为 2 + 4 = 6;

③同时压缩工作 B 和工作 D,组合优选系数为 6 + 5 = 11;

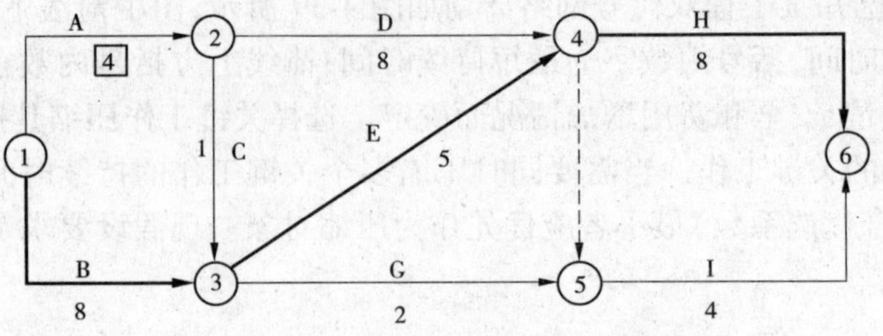

图 4-41　工作 A 压缩最短时的关键线路

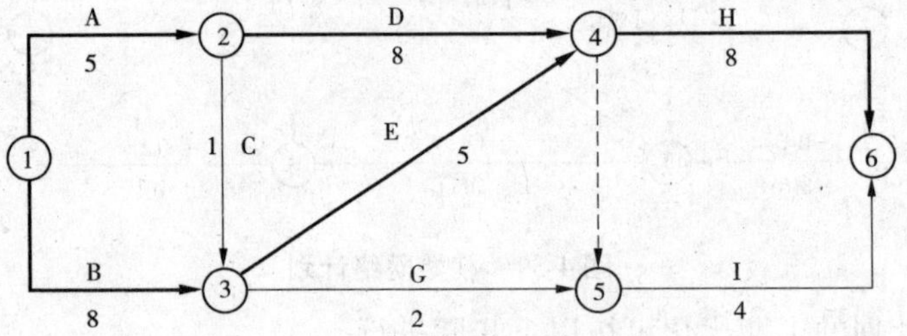

图 4-42　第一次压缩后的网络计划

④同时压缩工作 D 和工作 E，组合优选系数为 5 +4 =9；

⑤压缩工作 H，优选系数为 10。

在上述压缩方案中，由于工作 A 和工作 E 的组合优选系数最小，故应选择同时压缩工作 A 和工作 E 的方案。将这两项工作的持续时间各压缩 1 d(压缩至最短)，再用标号法确定计算工期和关键线路，如图 4-43 所示。此时，关键线路为① - ② - ④ - ⑥和① - ③ - ④ - ⑥。

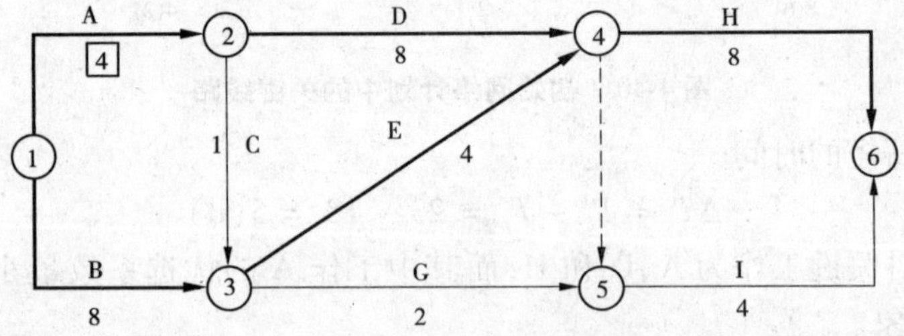

图 4-43　第二次压缩后的网络计划

在图 4-43 中，关键工作 A 的持续时间已达最短，不能再压缩，它的优选系数变为无穷大。

(6)由于此时计算工期为 20 d，仍大于要求工期，故需继续压缩。还需缩短 2 d。在图 4-43 所示网络计划中，由于关键工作 A 不能压缩，故此时还有 3 个压缩方案：

①同时压缩工作 B 和工作 D，组合优选系数为 6 +5 =11。

②同时压缩工作 D 和工作 E，组合优选系数为 5 +4 =9。

③压缩工作 H，优选系数为 10。

在上述压缩方案中，由于工作 D 和工作 E 的组合系数最小，故应选择同时压缩工作

D 和工作 E 的方案。将两项工作的持续时间各压缩 1 d(压缩至最短),再用标号法确定计算工期和关键线路,如图 4-44 所示。此时关键线路仍为两条,即①-②-④-⑥和①-③-④-⑥。计算工期为 19 d。

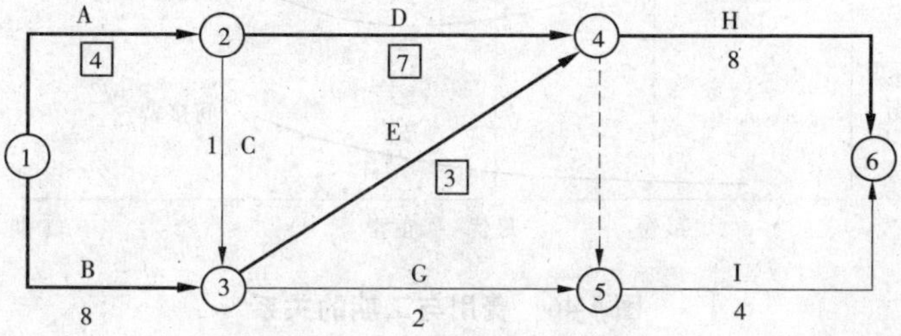

图 4-44 第三次压缩后的网络计划

在图 4-44 中,关键工作 E 和工作 D 的持续时间已达最短,不能再压缩,它们的优选系数变为无穷大。

(7)由于此时计算工期为 19 d,仍大于要求工期,需继续压缩。需要缩短的时间为 1 d。在图 4-44 中,关键工作 A、工作 D 和工作 E 已不能再压缩,只有一个压缩方案,压缩工作 H(压缩 B 不能缩短工期)。根据要求工期 18 d 的限制,将工作 H 压缩 1 d(H 工作可压缩 2 d)就能满足要求工期,优化后的网络计划如图 4-45 所示。

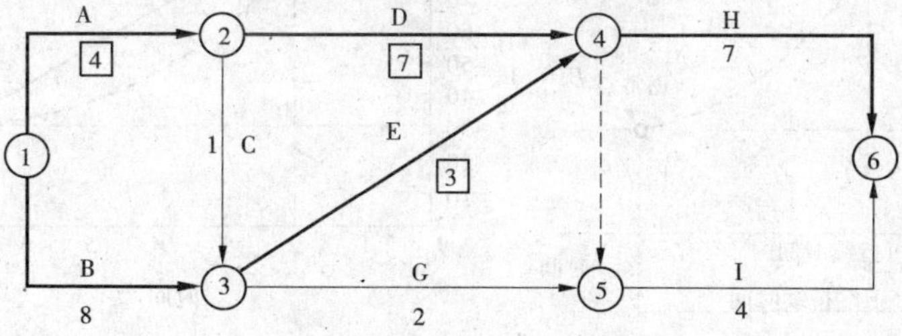

图 4-45 工期优化后的网络计划

二、费用优化

费用优化是通过不同工期及其相应工程费用的比较,寻求与工程费用最低相对应的最优工期。

(一)工程费用与工期的关系

建筑安装工程费用主要由直接费和间接费两部分组成。一般情况下,缩短工期会引起直接费的增加和间接费的减少,延长工期则会引起直接费的减少和间接费的增加(见图 4-46)。

间接费曲线表示间接费或称正常费用和时间成正比关系的曲线,其斜率表示间接费在单位时间内的增加(或减少)值。间接费与施工单位的管理水平、施工条件、施工组织等有关。

直接费曲线表示在一定范围内和时间成反比关系的曲线,因施工时要缩短时间,须采取加班加点多班制作业,增加许多非熟练工人,并且增加机械设备、材料和照明费用等,所

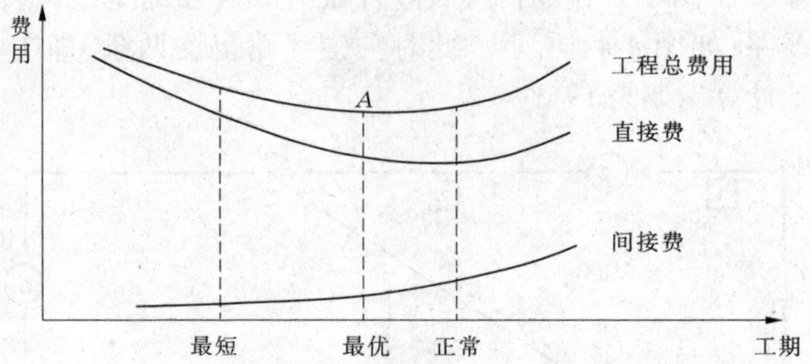

图 4-46　费用与工期的关系

以直接费也随之增加，然而工期缩短存在着一个极限，也就是无论增加多少直接费，也不能再缩短工期。此极限称为临界点，此时的时间为最短工期，此时的费用叫做最短时间直接费，如图 4-47 所示的 A 点。反之，若延长时间，则可减少直接费，然而时间延长至某一极限，则无论将工期延至多长，也不能再减少直接费。此极限称为正常点，此时的工期称为正常工期，此时的费用称为最低费用或称正常费用，如图 4-47 所示的 B 点。

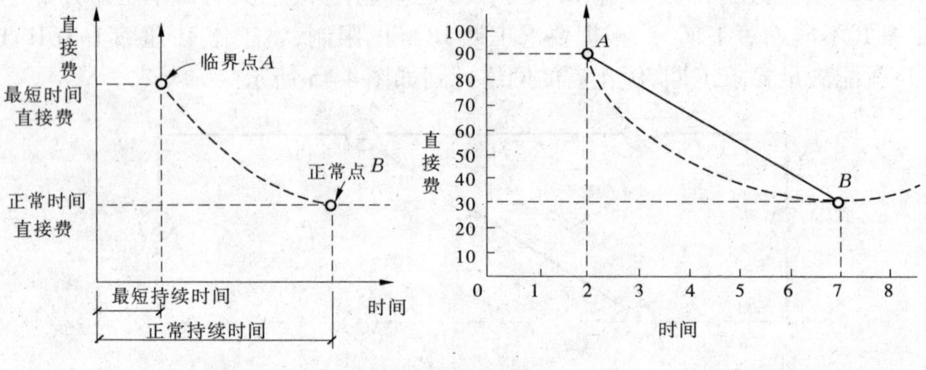

图 4-47　直接费与时间的关系

另外，在考虑工程总费用时，还应考虑因工期变化带来的诸如拖延工期遭受罚款或者提前竣工而得到奖励等其他损益，以及提前投产而获得的收益和资金的时间价值。

直接费曲线实际上并不像图中那样圆滑，而是由一系列线段组成的折线，并且越接近最高费用（极限费用），其曲线越陡。为了简化计算，一般将其曲线近似表示为直线，把缩短单位时间所增加的直接费用称为直接费用率，用 ΔC_{i-j} 表示，其计算公式如下

$$\Delta C_{i-j} = \frac{CC_{i-j} - CN_{i-j}}{DN_{i-j} - DC_{i-j}} \tag{4-34}$$

式中　ΔC_{i-j}——$i-j$ 工作的直接费用率；

CC_{i-j}——$i-j$ 工作的最短持续时间的直接费用，即在正常条件下完成工作 $i-j$ 所需的直接费；

CN_{i-j}——$i-j$ 工作的正常持续时间的直接费用，即在正常条件下完成工作 $i-j$ 所需的直接费；

DC_{i-j}——$i-j$ 工作的最短持续时间，即工作 $i-j$ 再继续增加费用也不能进一步使

其缩短的工作持续时间；

DN_{i-j}——$i-j$工作的正常持续时间，即在正常条件下完成工作$i-j$所需持续的时间。

由于施工过程的性质不同，其工作持续时间和费用之间的关系通常有以下两种情况。

1. 连续型变化关系

连续型变化关系是指直接费用随着工作持续时间的改变而改变，介于正常持续时间和最短时间(极限)之间的任意持续时间的费用，可根据其费用斜率的数学式子推算出来，其时间和费用之间的关系是连续变化的。

如某施工过程的正常持续时间为9 d，所需费用400元，在综合考虑增加机械设备、劳动力、加班等情况下，其最短时间为5 d，而费用为800元，则其单位时间变化率为

$$\Delta C_{i-j}=\frac{CC_{i-j}-CN_{i-j}}{DN_{i-j}-DC_{i-j}}=\frac{800-400}{9-5}=100(\text{元/天})$$

即每缩短一天，其费用增加100元。

2. 非连续型变化关系

非连续型变化关系是指某些施工过程的直接费用与持续时间之间的关系是根据不同施工方案分别估算的，介于正常持续时间与最短持续时间之间的关系不能用线性关系表示，不能通过数学式子计算，只能存在几种情况供选择。

如某单层工业厂房吊装工程，采用三种不同的吊装机械，其费用和持续时间如表4-6所示。

表4-6　某单层工业厂房吊装工程费用和持续时间

持续时间与费用	机械类型		
	A	B	C
持续时间(d)	4	6	9
费用(元)	3 200	2 800	1 900

因此，在确定施工方案时，根据工期要求，只能在表4-6中的三种不同机械中选择。

(二)费用优化的方法与步骤

费用优化的基本方法就是从网络计划的各工作的持续时间和费用关系中，依次找出既能使计划工期缩短又能使直接费用增加最少的工作，不断地缩短其持续时间，同时考虑相应间接费的叠加，即可求出工程成本最低时的相应最优工期。

费用优化应按下列步骤进行。

(1)按工作正常持续时间画出网络计划，找出关键工作及关键线路。

(2)按式(4-34)计算各项工作的直接费用率ΔC_{i-j}。

(3)在网络计划中找出ΔC_{i-j}或组合费用率最低的一项关键工作或一组关键工作，作为缩短持续时间的对象，其缩短值必须符合：①不能压缩为非关键工作；②缩短后的持续时间不小于最短持续时间。

(4)计算缩短后的总费用。

(5)重复步骤(3)~(4),一直计算到总费用最低为止。

【例4-5】 某工程任务的网络计划如图4-48所示。箭线上方括号外为正常时间直接费,括号内为最短时间直接费;箭线下方括号外为正常持续时间,括号内为最短持续时间。假定平均每天的间接费(综合管理费)为100元,试对其进行费用优化。

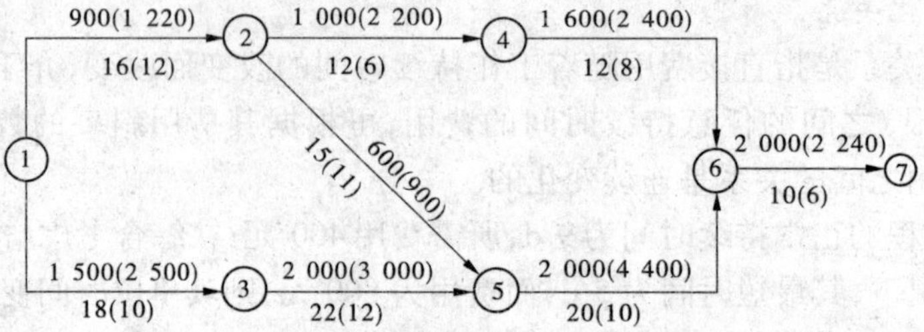

图4-48 某工程任务的网络计划

解:第一步,列出时间—费用的原始数据表,并计算各工作的费用率(见表4-7)。

表4-7 时间—费用原始数据

工作代号	正常工期		最短工期		相差		费用率	费用与时间变化情况
	DN_{i-j} (d)	CN_{i-j} (元)	DC_{i-j} (d)	CC_{i-j} (元)	(2)-(4) (d)	(5)-(3) (元)	(7)/(6)	
(1)	(2)	(3)	(4)	(5)	(6)	(7)	(8)	(9)
①-②	16	900	12	1 220	4	320	80	连续
①-③	18	1 500	10	2 500	8	1 000	125	连续
②-④	12	1 000	6	2 200	6	1 200	200	连续
②-⑤	15	600	11	900	4	300	75	非连续
③-⑤	22	2 000	12	3 000	10	1 000	100	连续
④-⑥	12	1 600	8	2 400	4	800	200	连续
⑤-⑥	20	2 000	10	4 400	10	2 400	240	连续
⑥-⑦	10	2 000	6	2 240	4	240	60	连续
		∑11 600		∑18 860				

第二步,分别计算各工作在正常持续时间和最短持续时间下网络计划时间参数,确定其关键线路,如图4-49和图4-50所示。

从图4-49和表4-7可以看出,正常持续时间网络计划的计算工期为70 d,关键线路为①-③-⑤-⑥-⑦,正常时间直接费为11 600元。

最短持续时间网络计划的计算工期为39 d,关键线路为①-②-⑤-⑥-⑦,最短时间直接费为18 860元。

图4-49与图4-50相比,两者计算工期相差70-39=31(d),直接费用相差18 860-11 600=7 260(元)。

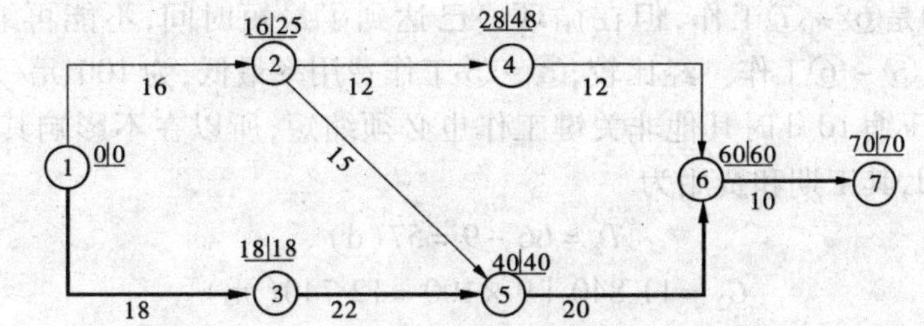

图 4-49　正常持续时间网络计划

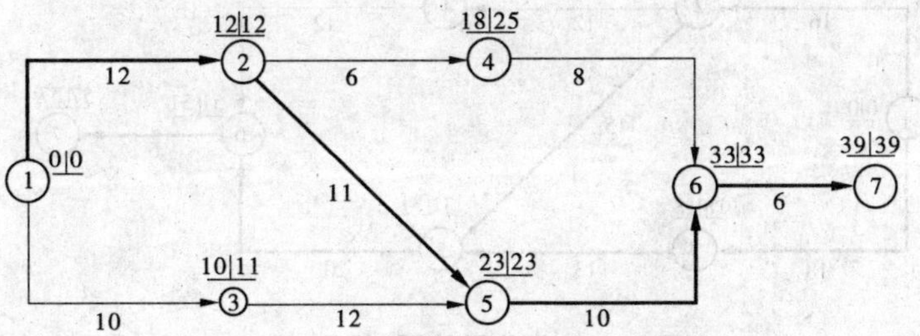

图 4-50　最短持续时间网络计划

第三步,进行工期缩短,从直接费用增加额最少的关键工作入手进行优化。优化通常需经过多次循环,而每一次循环又分以下几步:

(1)通过计算找出上次循环后网络图的关键线路和关键工作。

(2)从各关键工作中找出缩短单位时间所增加费用最少的方案。

(3)通过计算并确定该方案可能缩短的最多天数。

(4)计算由于缩短工作持续时间所引起的费用增加或其循环后的费用。

在本例中,循环一,在正常持续时间原始网络计划图(见图 4-49)中,关键工作为①－③、③－⑤、⑤－⑥、⑥－⑦。从表 4-7 中可以看到,⑥－⑦工作费用变化率最小,为 60 元/天,时间可缩短 4 d,则

工期　　　　$T_1 = 70 - 4 = 66$(d)

直接费　　　$C_1 = 11\ 600 + 4 \times 60 = 11\ 840$(元)

关键线路没有改变(见图 4-51)。

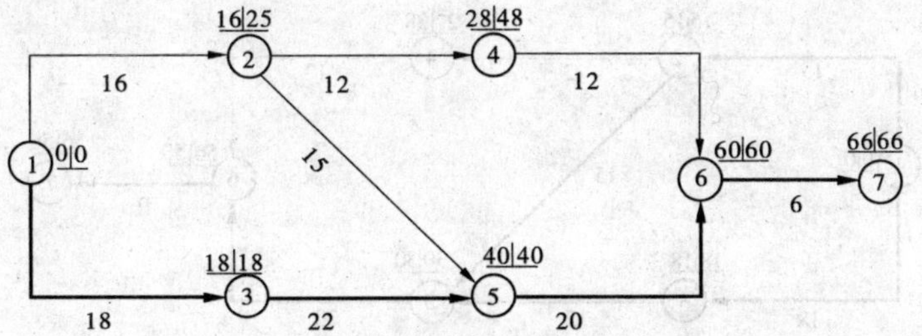

图 4-51　优化网络图(循环一)

循环二,从图 4-51 可以看到,关键工作仍为①－③、③－⑤、⑤－⑥、⑥－⑦。表 4-7

中费用率最低的是⑥-⑦工作，但在循环一已达到了最短时间，不能再缩短，所以考虑①-③、③-⑤、⑤-⑥工作。经比较，③-⑤工作费用率最低，为100元/天，③-⑤工作可缩短10 d，但压缩10 d时其他非关键工作也必须缩短，所以在不影响其他工作的情况下，只能压缩9 d，其工期和费用为

$$T_2 = 66 - 9 = 57(\text{d})$$

$$C_2 = 11\ 840 + 9 \times 100 = 12\ 740(\text{元})$$

这时关键线路已变成两条(见图4-52)。

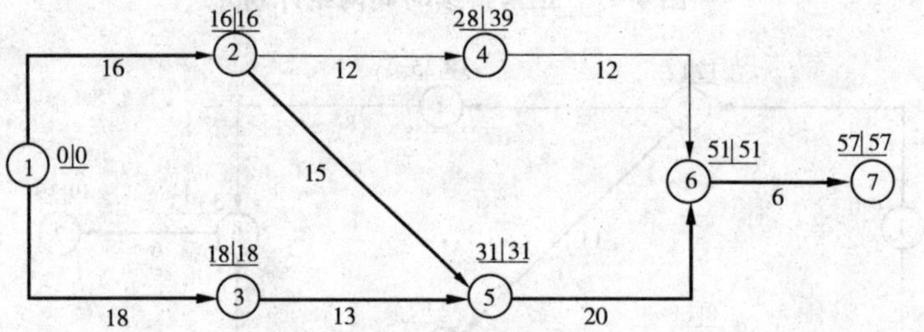

图4-52　优化网络图(循环二)

循环三，从图4-52可以看到，关键线路已变为两条：①-②-⑤-⑥-⑦，①-③-⑤-⑥-⑦。

关键工作为①-②、②-⑤、⑤-⑥、①-③、③-⑤、⑥-⑦。

其压缩方案为：

方案一，缩短⑤-⑥工作，每天增加费用240元，可缩短10 d。

方案二，缩短①-②、①-③工作，每天增加费用205元，可缩短4 d。

方案三，缩短①-②、③-⑤工作，只能缩短1 d，每天增加费用180元。

方案四，缩短②-⑤、①-③工作，必须缩短4 d，每天平均增加费用200元。

根据增加费用最少的原则，经过比较选择方案三，若平均缩短①-②、③-⑤工作各1 d，其工期和费用为

$$T_3 = 57 - 1 = 56(\text{d})$$

$$C_3 = 12\ 740 + 1 \times 180 = 12\ 920(\text{元})$$

缩短后的网络图如图4-53所示。

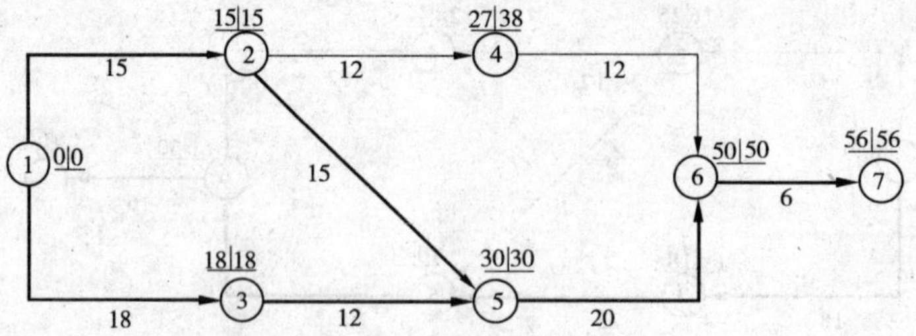

图4-53　优化网络图(循环三)

循环四，从图4-53可以看到，关键线路仍为两条：①-②-⑤-⑥-⑦，①-③-

⑤-⑥-⑦。

关键工作为①-②、②-⑤、⑤-⑥、①-③、③-⑤、⑥-⑦。

其压缩方案为：

方案一，缩短⑤-⑥工作，每天增加费用240元，可压缩10 d。

方案二，缩短①-②、①-③工作，每天增加费用205元，可压缩4 d。

方案三，缩短①-③、②-⑤工作，必须缩短4 d，每天平均增加费用200元。

根据增加费用最少的原则，通过比较选择方案三，缩短①-③、②-⑤工作，必须缩短4 d，每天平均增加费用200元。

$$T_4 = 56 - 4 = 52(\text{d})$$

$$C_4 = 12\ 920 + 4 \times 200 = 13\ 720(\text{元})$$

缩短后的网络图如图4-54所示。

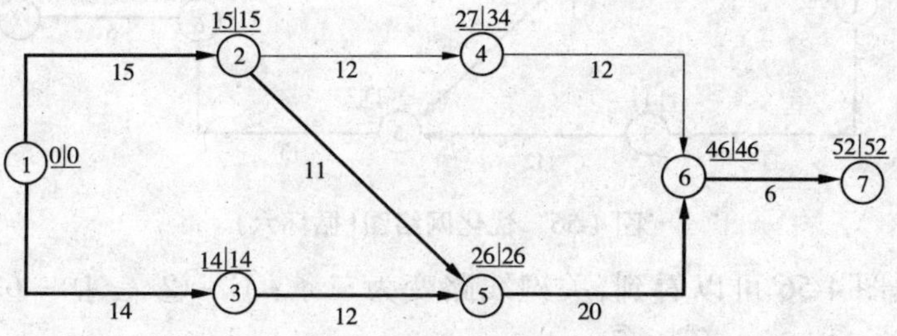

图4-54　优化网络图(循环四)

循环五，从图4-54可以看到，关键线路仍为两条：①-②-⑤-⑥-⑦，①-③-⑤-⑥-⑦。

关键工作为①-②、②-⑤、⑤-⑥、①-③、③-⑤、⑥-⑦。

其压缩方案为：

方案一，缩短⑤-⑥工作，每天增加费用240元，可压缩10 d。

方案二，缩短①-②、①-③工作，每天增加费用205元，可压缩3 d。

根据增加费用最少的原则，通过比较选择方案二，缩短①-②、①-③工作，缩短3 d，平均每天增加205元。

$$T_5 = 52 - 3 = 49(\text{d})$$

$$C_5 = 13\ 720 + 3 \times 205 = 14\ 335(\text{元})$$

缩短后的网络图如图4-55所示。

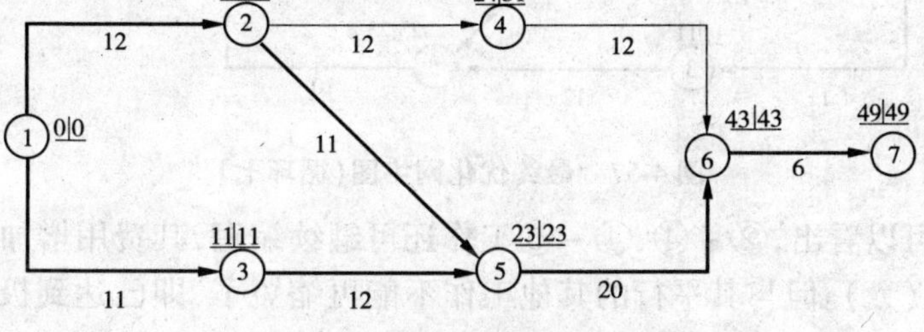

图4-55　优化网络图(循环五)

循环六,从图 4-55 可以看到,关键线路仍为两条:①-②-⑤-⑥-⑦,①-③-⑤-⑥-⑦。

关键工作为①-②、②-⑤、⑤-⑥、①-③、③-⑤、⑥-⑦。

其压缩方案只有一个,即压缩⑤-⑥工作。可压缩 10 d,每天增加费用 240 元,但⑤-⑥工作由于压缩到 8 d,其费用增加,工期未能缩短,所以只能压缩 7 d。

$$T_6 = 49 - 7 = 42(\text{d})$$

$$C_6 = 14\ 335 + 240 \times 7 = 16\ 015(\text{元})$$

缩短后的网络图如图 4-56 所示。

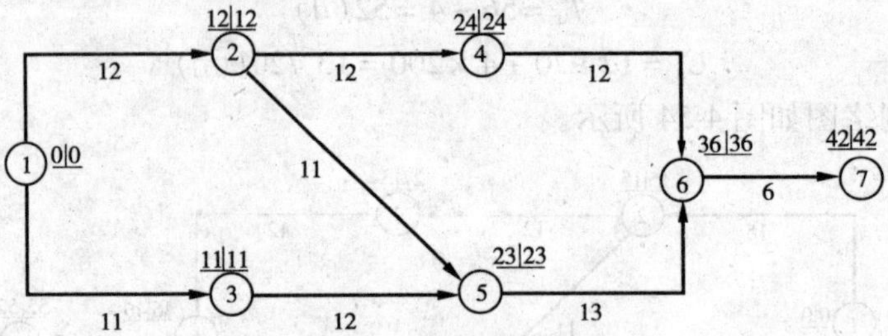

图 4-56 优化网络图(循环六)

循环七,从图 4-56 可以看到,关键线路变为三条:①-②-④-⑥-⑦,①-②-⑤-⑥-⑦,①-③-⑤-⑥-⑦。

其压缩方案为:

方案一,缩短②-④、⑤-⑥工作,每天增加费用 440 元,可缩短 3 d。

方案二,缩短④-⑥、⑤-⑥工作,每天增加费用 440 元,可缩短 3 d。

由于方案一和方案二增加费用相等,所以可任意选择,若选择方案二,缩短④-⑥、⑤-⑥,每天增加 440 元,缩短 3 d。

$$T_7 = 42 - 3 = 39(\text{d})$$

$$C_7 = 16\ 015 + 3 \times 440 = 17\ 335(\text{元})$$

缩短后的网络图如图 4-57 所示。

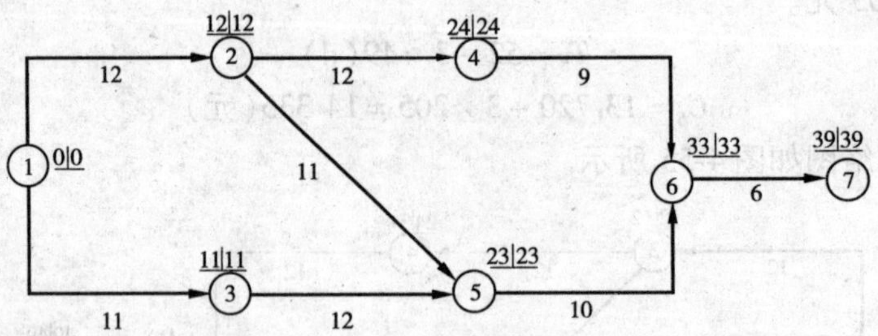

图 4-57 最终优化网络图(循环七)

从图 4-57 可以看出,②-④、④-⑥工作还可继续缩短,其费用增加到 $T = 17\ 335 + 3 \times 200 = 17\ 935$(元)。但与其平行的其他工作不能再缩短了,即已达到极限时间,所以尽管缩短②-④、④-⑥工作,费用增加了,但工期并没有再缩短,那么缩短②-④、④-⑥

工作是徒劳的。

另一方面,从循环七可看到共缩短 70 - 39 = 31(d),增加直接费 17 335 - 11 600 = 5 735(元),而全部采用最短持续时间的直接费为 18 860 元,采用优化方案直接费 17 335 元,则可节约 18 860 - 17 335 = 1 525(元)。

第四步,列表计算,将优化后的每一循环的结果汇总列表,并将直接费与间接费叠加,确定工程费用曲线,求出最低费用及相对应的最佳工期。

将时间与费用的计算结果汇总于表 4-8 中。从表 4-8 中可知,本工程的最优化工期为 57 d,与此相对应的工期总费用为 18 440 元(最低费用)。优化后的工程费用曲线见图 4-58。

表 4-8　费用计算结果

循环次数	工期(d)	直接费(元)	间接费(元)	总费用(元)	最低费用(元)
原始网络	70	11 600	7 000	18 600	
1	66	11 840	6 600	18 440	
2	57	12 740	5 700	18 440	18 440
3	56	12 920	5 600	18 520	
4	52	13 720	5 200	18 920	
5	49	14 335	4 900	19 235	
6	42	16 015	4 200	20 215	
7	39	17 335	3 900	21 235	

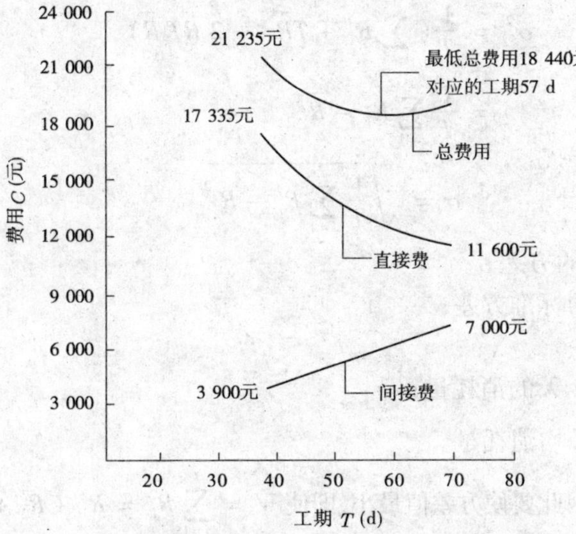

图 4-58　优化后的工程费用曲线

三、资源优化

资源优化就是在工期固定的条件下，如何使资源均衡或在资源限制的条件下如何使工期最短。

资源优化的方法是通过改变工作的开始时间，使资源按时间的分布符合优化目标。

（一）工期固定、资源均衡的优化

工期固定、资源均衡的优化就是在工期不变的情况下，使资源需要量大致均衡。

衡量资源需要量的不均衡程度有两个指标，即方差（σ^2）与标准差（σ）。方差（或标准差）越大，说明计划的均衡性越差。

方差和标准差可按以下公式计算：

$$\begin{aligned}\sigma^2 &= \frac{1}{T}\sum_{i=1}^{t}(R_i-\overline{R})^2 \\ &= \frac{1}{T}[(R_1-\overline{R})^2+(R_2-\overline{R})^2+\cdots+(R_t-\overline{R})^2] \\ &= \frac{1}{T}[(R_1^2+R_2^2+\cdots+R_t^2)+T\overline{R}^2-2\overline{R}(R_1+R_2+\cdots+R_t)] \\ &= \frac{1}{T}[\sum_{i=1}^{t}R_i^2+T\overline{R}^2-2\overline{R}\sum_{i=1}^{t}R_i]\end{aligned}$$

因为

$$\overline{R}=\frac{R_1+R_2+\cdots+R_t}{T}=\frac{\sum_{i=1}^{t}R_i}{T}$$

$$\sum_{i=1}^{t}R_i=T\overline{R}$$

所以

$$\begin{aligned}\sigma^2 &= \frac{1}{T}(\sum_{i=1}^{t}R_i^2+T\overline{R}^2-2\overline{R}T\overline{R}) \\ &= \frac{1}{T}\sum_{i=1}^{t}R_i^2-\overline{R}^2\end{aligned}$$

或

$$\sigma=\sqrt{\frac{1}{T}\sum_{i=1}^{t}R_i^2-\overline{R}^2}$$

式中 σ^2——资源消耗的方差；

σ——资源消耗的标准方差；

T——计划工期；

R_i——资源在第 i 天的消耗量；

$\overline{R}$——资源每日平均消耗量。

因为 T、$\overline{R}$ 为常数，因此要使方差值最小，即使 $W=\sum_{i=1}^{t}R_i^2=R_1^2+R_2^2+\cdots+R_t^2$ 为最小。

由于计划工期 T 是固定的，所以求解 σ^2 或 σ 为最小值问题，只能在各工序总时差范围内调整其开始或结束时间，从中找出一个 σ^2 或 σ 最小的计划方案，即为最优方案。其优化方法和步骤如下：

(1)确定关键线路和非关键工作总时差。根据工期固定条件,按最早时间绘制时间坐标网络计划及资源需要动态曲线,从中明确关键线路和非关键工作的总时差。

为了满足工期固定的条件,在优化过程中不考虑关键工作开始或结束时间的调整。

(2)按节点最早时间的后先顺序,自右向左进行优化。自终点结点开始,逆箭头方向逐个调整非关键工作的开始和结束时间。假设节点 j 为最后的一个节点,应首先对以节点 j 为结束的工作进行调整,若以节点 j 为结束点的非关键工作不止一个,应首先考虑开始时间最晚的那项工作。

假定 j 工作的开始时间最晚的一项工作为 $i-j$,工作在第 K 天开始到第 L 天结束,如果工作 $i-j$ 向右移一天,那么第 K 天需要的资源量将减少 r_{i-j},而 $L+1$ 天需要的资源数将增加 r_{i-j},即

$$R_K' = R_K - r_{i-j}$$
$$R_L' = R_{L+1} + r_{i-j}$$

工作 $i-j$ 向右移一天后,$R_1^2+R_2^2+\cdots+R_t^2$ 的变化值等于

$$\Delta W = [(R_{L+1}+r_{i-j})^2 - R_{L+1}^2] - [R_K^2 - (R_K - r_{i-j})^2]$$

上式简化后得

$$\Delta W = 2r_{i-j}[R_{L+1} - (R_K - r_{i-j})]$$

显然,当 $\Delta W<0$ 时,表示 σ^2 减小,工作可向右移动一天。在新的动态曲线上,按上述同样的方法继续考虑,是否还能再右移一天,如果能右移一天,那么就再右移,直到不能移动为止。当 $\Delta W>0$ 时,表示 σ^2 增加,不能向右移动一天,那么就考虑 $i-j$ 能否向右移两天(在总时差允许的范围内)。此时,如果 $R_{L+2}-(R_{L+1}-r_{i-j})$ 为负值,那么就计算

$$[R_{L+1}-(R_K-r_{i-j})]+[R_{L+2}-(R_{K+1}-r_{i-j})]$$

如果结果为负值,即表示工作 $i-j$ 可右移两天;反之,则考虑工作 $i-j$ 能否右移三天的问题(在总时差许可的范围内)。

当工作 $i-j$ 的右移确定以后,按上述顺序继续考虑其他工作的右移。

(3)按节点最早时间的后先顺序,自右向左继续优化在所有工作都按节点最早时间的后先顺序,自右向左进行了一次调整之后,再按节点最早时间的后先顺序,自右向左进行第二次调整。反复循环,直至所有工作的位置都不能再移动为止。

【例4-6】 某资源的供应计划如图4-59所示,资源供应量没有限制,最高峰日期每天资源需要量为 $R_{max}=21$ 个单位。请进行工期资源优化,即在工期不变的条件下改善网络计划的进度安排,选择资源消耗最均衡的计划方案。

解:第一步,画出初始时标网络计划图,如图4-60所示,确定关键工作和关键线路(图中双线表示)。

第二步,求每天平均需要量 R_m。

$$R_m = \frac{15\times3+21\times2+14+10\times2+9\times3+8+5\times3}{15} = 11.4$$

资源需要量不均衡系数为

$$K = \frac{21}{11.4} \approx 1.84$$

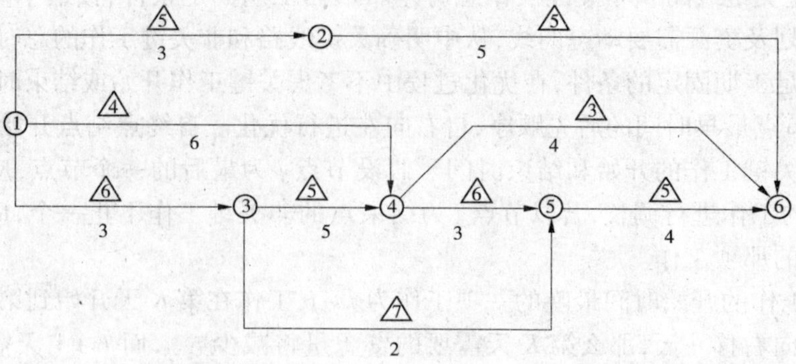

图 4-59　初始网络图

第三步,第一次调整。

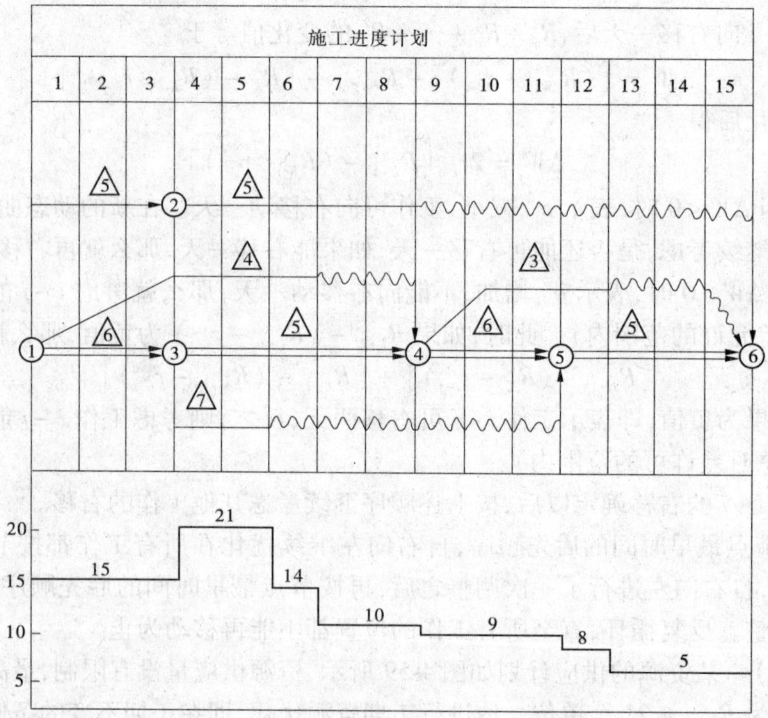

图 4-60　初始时标网络图

(1)对以节点⑥为结束节点的两项工作② - ⑥和④ - ⑥进行调整(⑤ - ⑥为关键工作,不考虑它的调整)。

从图 4-61 可知,工作④ - ⑥的开始时间(第 9 天)较工作② - ⑥的开始时间(第 4 天)迟,因此先考虑调整工作④ - ⑥。

由于　$R_{13}-(R_9-r_{4-6})=5-(9-3)=-1<0$　故可右移 1 d,即 $T_{4-6}^{ES}=9$

又因　$R_{14}-(R_{10}-r_{4-6})=5-(9-3)=-1<0$　故可再右移 1 d,即 $T_{4-6}^{ES}=10$

$R_{15}-(R_{11}-r_{4-6})=5-(9-3)=-1<0$　故可再右移 1 d,即 $T_{4-6}^{ES}=11$

可见工作④－⑥可逐天移到时段[12,15]内进行，均能使动态曲线的方差值减少，如图 4-61 所示。

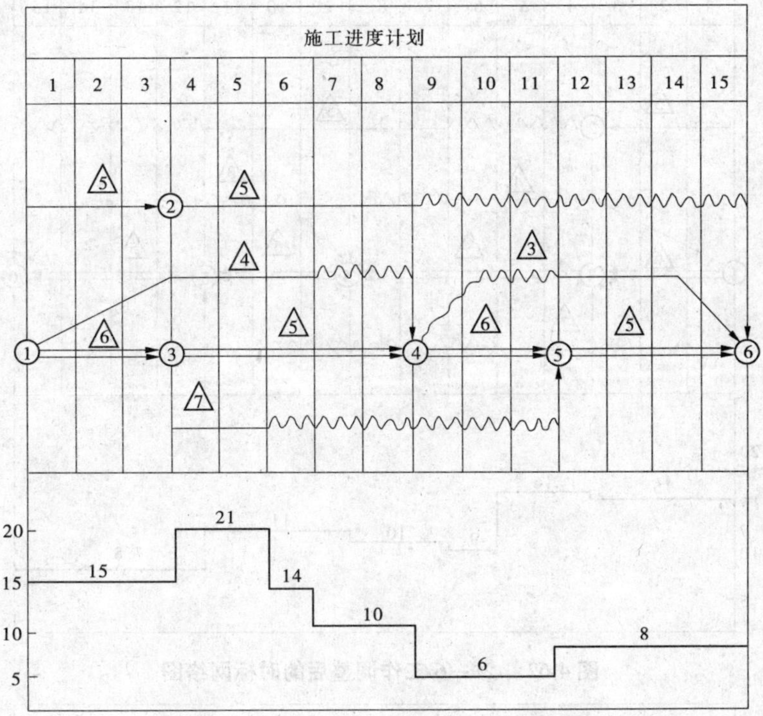

图 4-61　④－⑥工作调整后的时标网络图

接着根据工作④－⑥调整后的动态曲线图，再对②－⑥进行调整。

由于　$R_9-(R_4-r_{2-6})=6-(21-5)=-10<0$　可右移 1 d，即 $T_{2-6}^{ES}=4$

$R_{10}-(R_5-r_{2-6})=6-(21-5)=-10<0$　再右移 1 d，即 $T_{2-6}^{ES}=5$

$R_{11}-(R_6-r_{2-6})=6-(14-5)=-3<0$　再右移 1 d，即 $T_{2-6}^{ES}=6$

$R_{12}-(R_7-r_{2-6})=8-(10-5)=3>0$　不能右移

$R_{13}-(R_8-r_{2-6})=8-(10-5)=3>0$　不能右移

$R_{14}-(R_9-r_{2-6})=8-(11-5)=2>0$　不能右移

$R_{15}-(R_{10}-r_{2-6})=8-(11-5)=2>0$　不能右移

因此，工作②－⑥只能右移 3 d，其移动后的时标网络计划如图 4-62 所示。

(2)对以节点⑤为结束节点的工作③－⑤进行调整。根据②－⑥调整后的时标网络图(见图 4-62)进行计算。

$R_6-(R_4-r_{3-5})=9-(16-7)=0$　可右移 1 d，即 $T_{3-5}^{ES}=4$

$R_7-(R_5-r_{3-5})=10-(16-7)=1$　不能右移

在图 4-63 中的③－⑤右移 1 d 后的时标网络图基础上，考虑工作③－⑤能否右移 2 d。

因为　$R_8-(R_7-r_{3-5})=11-(17-7)=1>0$　不能右移 2 d

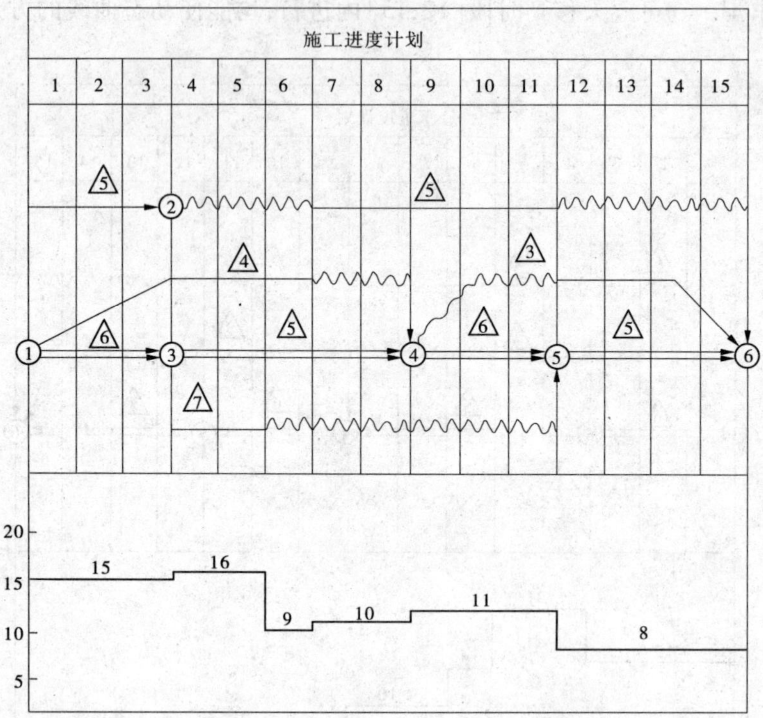

图 4-62　②－⑥工作调整后的时标网络图

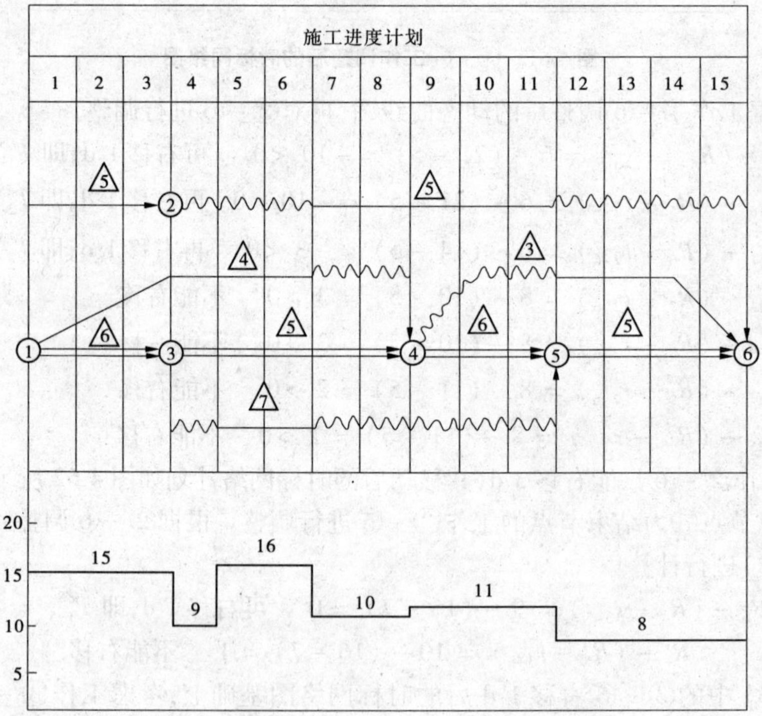

图 4-63　③－⑤工作右移 1 d 后的时标网络图

再考虑工作③－⑤能否右移3 d。

又　　　$R_9 - (R_7 - r_{3-5}) = 11 - (17 - 7) = 1 > 0$　不能右移3 d

同样可算得不能再右移4 d,因此③－⑤工作只能右移1 d。

(3)对以节点④为结束节点的非关键工作①－④进行调整。

$R_7 - (R_1 - r_{1-4}) = 10 - (15 - 4) = -1 < 0$　可右移1 d,即 $T_{1-4}^{ES} = 1$

$R_8 - (R_2 - r_{1-4}) = 10 - (15 - 4) = -1 < 0$　可右移1 d ,即 $T_{1-4}^{ES} = 2$

可见工作①－④移到时段[3,8]内,均能使动态曲线的方差值减少,如图4-64所示。

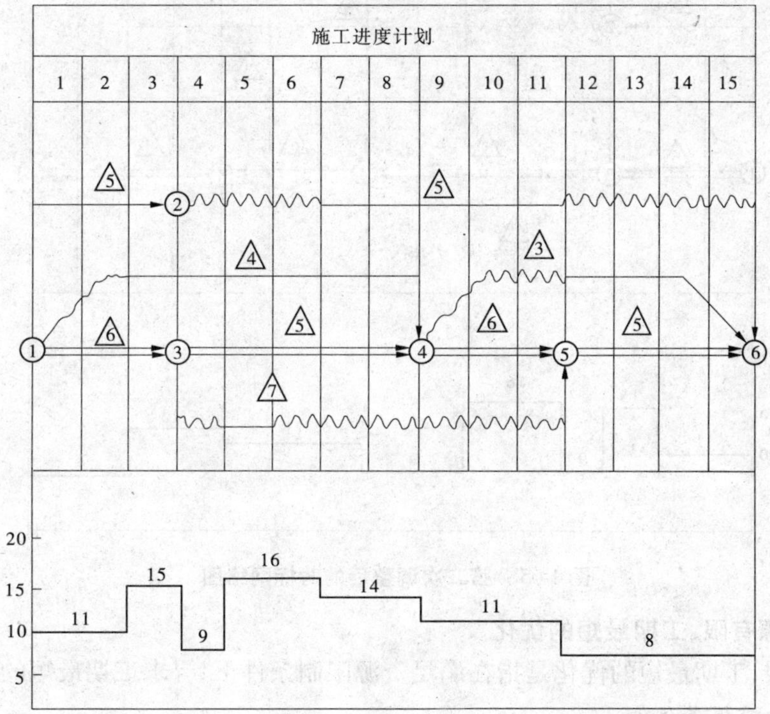

图4-64　第一次调整后的时标网络图

第四步,第二次调整。

(1)在图4-64的基础上,对以节点⑥为结束节点的工作②－⑥继续调整(④－⑥时差已用完)。

$R_{12} - (R_7 - r_{2-6}) = 8 - (14 - 5) = -1 < 0$　可右移1 d,即 $T_{2-6}^{ES} = 7$

$R_{13} - (R_8 - r_{2-6}) = 8 - (14 - 5) = -1 < 0$　可右移1 d,即 $T_{2-6}^{ES} = 8$

$R_{14} - (R_9 - r_{2-6}) = 8 - (11 - 5) = 2 > 0$　不能右移

$R_{15} - (R_{10} - r_{2-6}) = 8 - (11 - 5) = 2 > 0$　不能右移

可见工作②－⑥右移到时段[9,13]内均能使动态曲线的方差值减少,如图4-65所示。

(2)分别考虑以节点④、⑤为结束节点的各非关键工作的调整,计算结果表明都不能右移。

从第二次调整后图4-65可以看出,优化后的资源动态曲线,最高峰日期每天资源需

要量不均衡系数为

$$K = \frac{16}{11.84} = 1.35 < 1.84$$

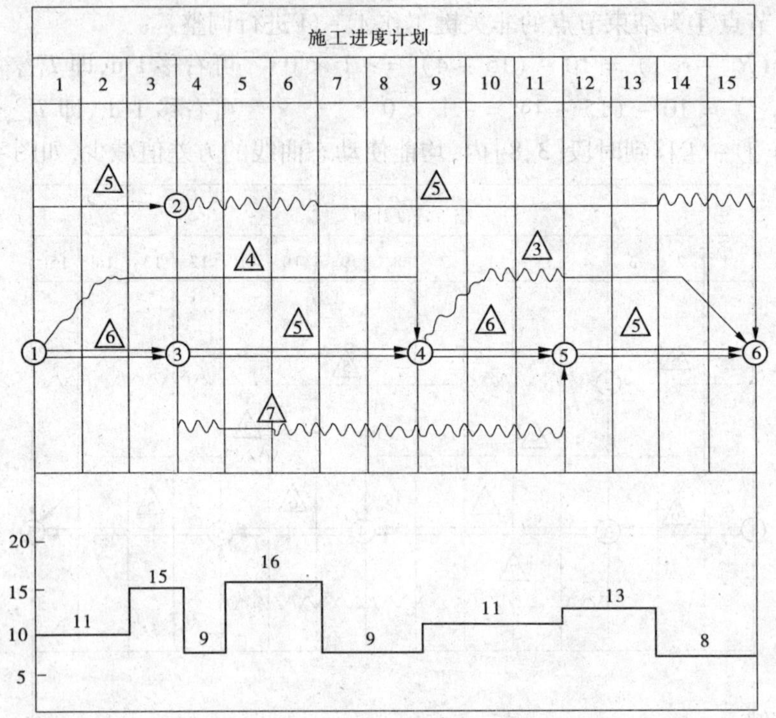

图 4-65　第二次调整后的时标网络图

(二)资源有限、工期最短的优化

资源有限、工期最短的优化是指在满足资源限制条件下,寻求工期最短的施工计划。

1. 优化的前提条件

(1)优化过程,原网络计划的逻辑关系不改变。

(2)优化过程,网络计划的各工作作业时间不改变。

(3)除规定可中断的工作外,一般不允许中断工作,应保持其连续性。

(4)各工作每天的资源需要量是均衡、合理的,在优化过程中不予变更。

2. 优化时资源分配的原则

资源优化分配是指按各工作在网络计划中的重要程度,将有限的资源进行科学的分配。其原则应包括以下方面。

(1)关键工作应优先满足,按每日资源需要量大小,从大到小顺序供应资源。

(2)非关键工作在满足关键工作资源供应后,应先考虑利用独立时差,然后考虑利用总时差,根据时差从小到大顺序供应资源。当时差相等时,以叠加量不超过资源限额的工作并能用足限额的工作优先供应资源。在优化过程中,已被供应资源而不允许中断的工作在本条内优先供应。

(3)优化步骤:

第一步，按最早开始时间绘制带时间坐标的网络计划图，找出关键线路和非关键工作的自由时差及总时差。

第二步，计算并画出资源需要量曲线图，这条曲线是资源优化的初始状态。每日资源需要量曲线的每一变化都说明有工作在该时间点开始或结束。每日资源需要量不变且连续的一段时间，称为时段。每一时段每日资源需要量的数值均要注明。

第三步，在每日资源需要量曲线图中，从第一天开始，找到最先出现超过资源供应限额的时段进行调整。调整优化会使后面的发生变化，但在本时段优化时，对其他时段暂不考虑。

第四步，本时段优化时，按资源优化分配的原则，对各工作的分配顺序进行列表编号，从第 1 号至第 n 号。

第五步，按编号的顺序，依次将本段内各工作的每日资源需要量 r_{i-j} 累加并逐次与资源供应限额 R 进行比较。当累加到第 x 号工作首先出现 $\sum r_{i-j} > R$ 时，将第 x 号到第 n 号工作全部推移出本时段，使 $\sum r_{i-j} \leqslant R$ 。

第六步，画出工作推移后的时标网络图，进行每日资源需要量的重新叠加，从已优化的时段向后找到首先出现越过资源供应限额的时段进行优化。优化工作是重复第四步至第六步，直至所有的时段每日资源需要量都不再超过资源限额，资源优化工作就结束了。

【例 4-7】 如图 4-66 所示的网络计划，箭线上面△内的数据表示该工作每天的资源需要量 r_{i-j} ，箭线下面的数据为工作作业时间 t_{i-j} 。现假定每天可能供应的资源数量为 14 个单位，工作不允许中断，试进行资源有限、工期最短的优化。

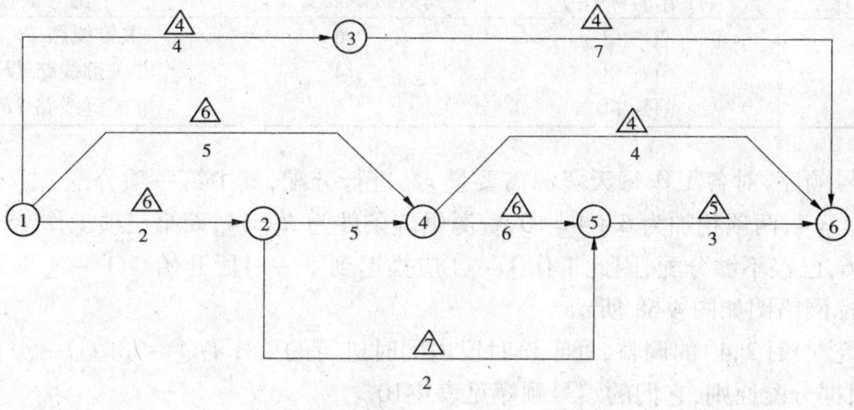

图 4-66　资源优化初始网络计划图

解：第一步，按最早开始时间绘制时标网络图，并画出资源需要量动态曲线，如图 4-67所示。

从图 4-67 可以看出，时段[0,2]、[2,4]和[4,5]每天所需要的资源数量分别为 16、21 个单位和 15 个单位，均超出了可能供应的限制条件，所以计划必须调整。

调整工作首先从时段[0,2]开始。处于该时段内同时进行的工作有①－②、①－③、①－④，按照资源分配原则，它们的编号顺序见表 4-9。

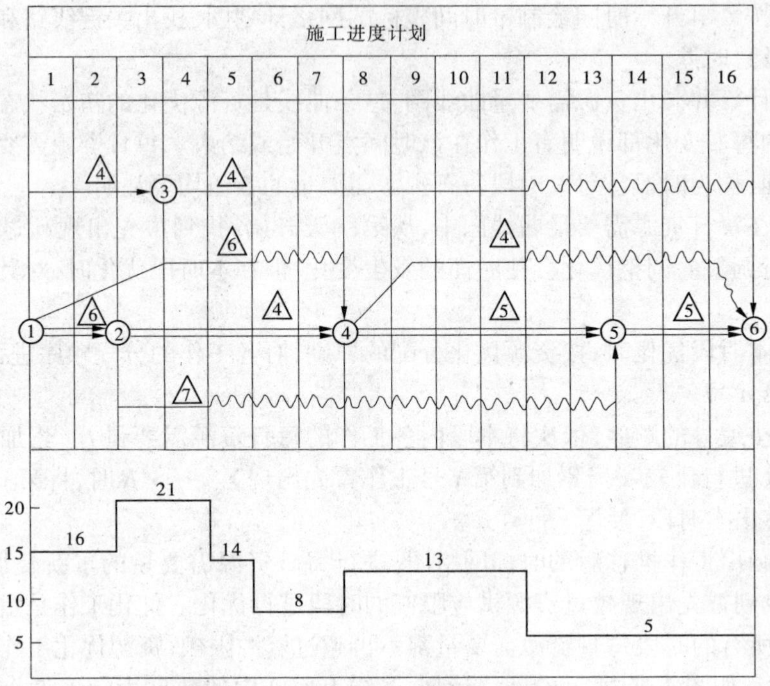

图 4-67　原始时标网络图

表 4-9　编号顺序(1)

编号顺序	工作名称 $i-j$	每天资源需要量 r_{i-j}	编号依据
1	①-②	6	关键线路 $TF_{1-2}=0$
2	①-③	4	非关键线路 $TF_{1-3}=5$
3	①-④	6	非关键线路 $TF_{1-4}=2$

按编号顺序,对各工作每天资源需要量 r_{i-j} 进行分配,其中第一项分配 $r_{1-2}=6$,第二项分配 $r_{1-3}=4$,两项相加为 $6+4=10$,资源供应条件为 $R=14$,而第三项工作①-③每天需要量是6,已经不够分配,因此工作①-④应推迟到下一时段开始。①-④推迟开始时间后的时标网络图如图4-68所示。

再研究时段[2,4]的调整,处于该时段内同时进行的工作有①-③、①-④、②-④、②-⑤,根据分配原则,它们的编号顺序见表4-10。

表 4-10　编号顺序(2)

编号顺序	工作名称 $i-j$	每天资源需要量 r_{i-j}	编号依据
1	②-④	4	关键线路 $TF_{2-4}=0$
2	①-④	6	非关键线路 $FF_{1-4}=0$ (时差已用完)
3	①-③	4	非关键线路 $TF_{1-3}=5$
4	②-⑤	7	非关键线路 $FF_{2-5}=9$

按编号顺序,②-④、①-④、①-③三项工作每天的资源需要量之和为 $4+6+$

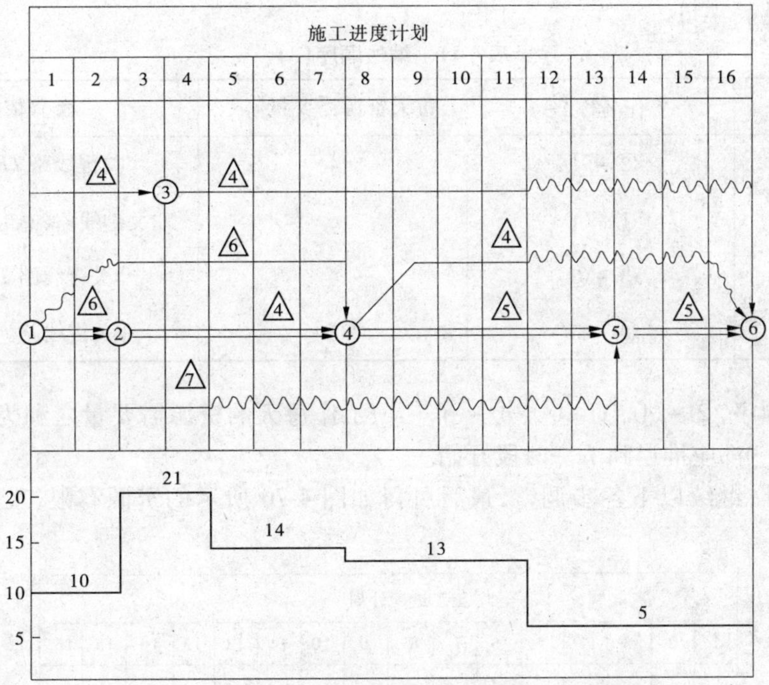

图 4-68　①-④工作推迟开始时间后的时标网络图

4 = 14 = R,故工作②-⑤必须推迟到下一个时段开始。

工作②-⑤推迟开始时间后的时标网络图如图 4-69 所示。再研究时段[4,6]的调整,处于该时段内同时进行的工作有②-④、①-④、②-⑤、③-⑥,根据分配原则,它们

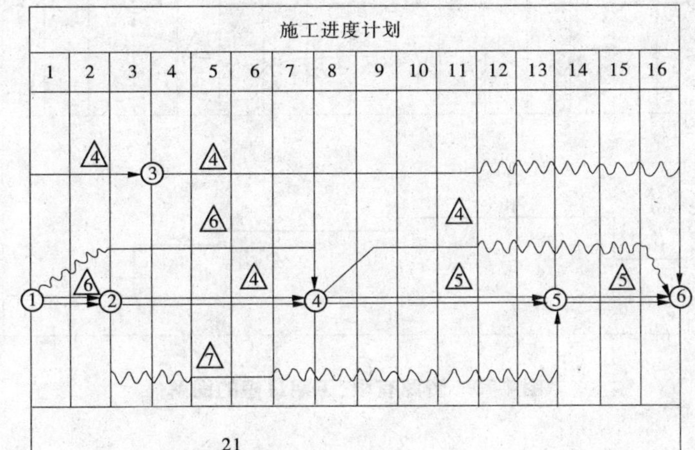

图 4-69　②-⑤工作推迟开始时间后的时标网络图

的编号顺序见表4-11。

表4-11　编号顺序(3)

编号顺序	工作名称 $i-j$	每天资源需要量 r_{i-j}	编号依据
1	②-④	4	关键线路 $TF_{2-4}=0$
2	①-④	6	非关键线路(总时差已用完)
3	③-⑥	4	非关键线路 $TF_{3-6}=5$
4	②-⑤	5	非关键线路 $FF_{2-5}=7$

按编号顺序,②-④、①-④、③-⑥三项工作每天的资源需要量之和为4+6+4=14,因此②-⑤都应推迟到下一时段开始。

依次类推,继续以下各步调整,最后可得如图4-70所示的资源有限、工期最短的图解。

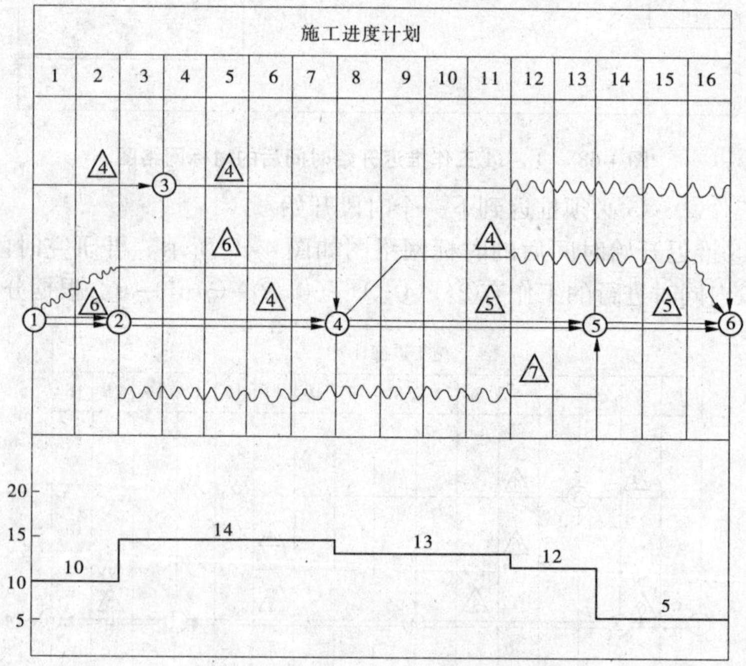

图4-70　资源有限、工期最短的图解

第六节　网络计划的应用

一、网络计划的调整与控制

利用网络计划对工程进度进行控制是网络计划技术的主要功能之一。任何一项计划在实施过程中都会遇到各种各样客观因素影响，比如，工程变更或施工机械及材料未及时进场等都可能影响进度。为了对计划进行有效的控制，就必须在计划执行过程中进行定期检查和调整，这是使计划实现预期目标的基本保证。

（一）网络计划的检查

1. 检查的方法

网络计划检查的方法是对比法。检查计划时，首先必须收集网络计划的实际执行情况，并作记录。

当采用时标网络计划时，可采用实际进度前锋线（简称前锋线）记录计划执行情况。绘制实际进度前锋线的方法是从检查时刻出发，用点画线自上而下依次连接各项工作的实际进度前锋线。根据各工作实际进度前锋点位置，可以判别实际进度与计划进度的偏差。若进度前锋点在计划左侧，说明实际进度比计划拖延；若进度前锋点在计划右侧，说明实际进度比计划提前；若实际进度前锋点与检查时刻的时间坐标相同，说明实际进度与计划进度一致，如图 4-71 所示，②－③工作拖延 1 d，②－⑤工作提前 1 d。前锋线可用彩色标画，相邻的前锋线可采用不同颜色。

当采用无时标网络计划时，可采用直接在图上用文字或适当符号记录，或列表等方式记录。通过计算工序的时间参数，再与实际执行情况作一比较，直接在图上进行标注。

2. 对网络计划的检查时间及内容

网络计划检查应定期进行。检查周期的长短应视计划工期的长短和管理的需要决定，一般可以天、周、月、季度等为周期。在计划执行过程中，突遇意外情况，可进行应急检查，必要时也可作特别检查。

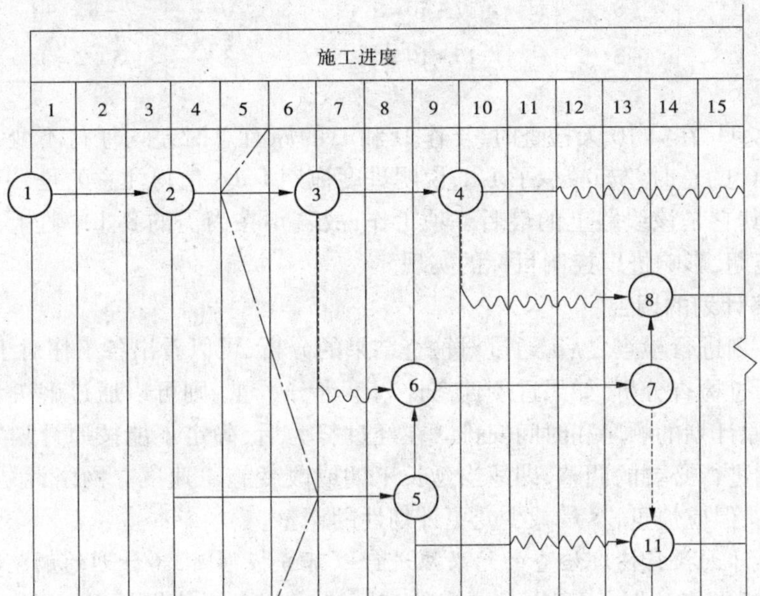

图 4-71　某带有实际进度前锋线的时标网格计划

（图中的点画线为实际进度前锋线）

网络计划的检查必须包括以下内容:工作的开始时间、完成时间、持续时间、逻辑关系、实物工程量和工作量、关键线路和总工期、时差利用等。

3. 检查结果的分析判断

现以图 4-72 的记录为例进行检查分析,具体见表 4-12。

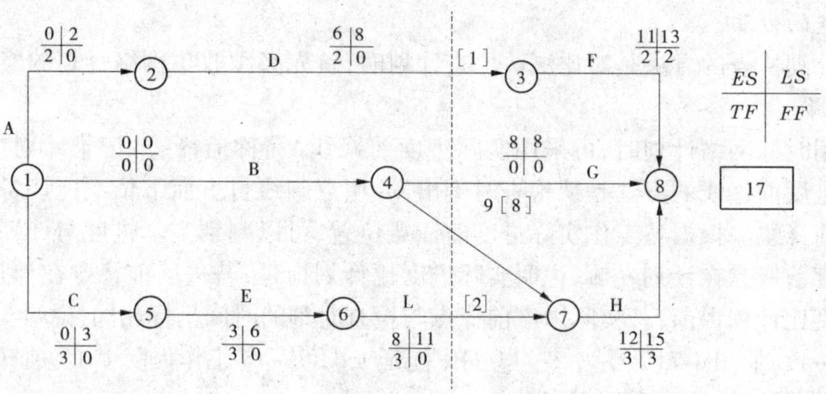

图 4-72 网络计划示例

表 4-12 对图 4-72 的检查分析

工作编号	工作代号	检查时尚需时间(d)	到计划最迟完成前尚有时间(d)	原有时差(d)	尚有时差(d)	情况判断
②-③	D	1	13-10=3	2	3-1=2	正常
④-⑧	G	8	17-10=7	0	7-8=-1	拖期 1 d
⑥-⑦	L	2	15-10=5	3	5-2=3	正常

表 4-12 说明,在第 10 天检查时,工作 D 和 L 的原有总时差均保持不变,说明进度正常;然而工作 G 的总时差却减少了 1 d,说明进度拖期 1 d。值得注意的是,工作 G 处在关键线路上,尤其它是该线路上的最后一项工作,故若不在尚需的 8 d 中赶上来,很有可能使整个计划拖期,影响进度控制目标的实现。

(二)网络计划的调整

对网络计划进行检查之后,通过对检查结果的分析,可以看出各工作对于进度计划工期的影响。通过检查分析,如果进度偏离计划不十分严重,则可以通过解决矛盾,排除障碍,继续执行原计划的顺序和时间安排。在经过努力后,确定不能按原计划实现时,再考虑对网络计划进行必要的调整,即适当延长工期或改变施工速度。网络计划的调整一般是不可避免的,但应慎重,尽量减少变更计划性的调整。

1. 对网络计划执行情况检查的结果应进行以下分析判断,为计划的调整提供依据

(1)对时标网络计划,宜利用已画出的实际进度前锋线分析计划的执行情况及其发展趋势,对未来的进度情况作出预测判断,找出偏离计划目标的原因及可供挖掘的潜力所在。

(2)对无时标网络计划,宜根据记录的情况对计划中的未完工作进行分析判断。

2. 网络计划的调整方法

网络计划调整时间一般应与网络计划检查时间相一致，或定期调整，或作应急调整，一般以定期调整为主。

网络计划的调整是一种动态调整，即计划在实施过程中，要根据情况的不断变化进行及时调整。调整的内容主要有：关键线路长度的调整；非关键工作时差的调整；增、减工作项目；调整逻辑关系；重新估计某些工作的持续时间；对资源的投入作局部调整等。

1）关键线路长度的调整

（1）当关键线路的实际进度比计划进度提前时，首先要确定是否对原计划工期予以缩短。如果不拟缩短，那么可利用这个机会降低资源强度或费用，方法是选择后续关键工作中资源占用量大的或直接费用高的予以适当延长，延长的时间不应超过已完成的关键工作提前的时间量；如果要使提前完成的关键线路的效果变成整个计划工期提前完成，那么应将计划的未完成部分作为一个新计划，重新进行计算与调整，按新的计划执行，并保证新的关键工作按新计算的时间完成。

（2）当关键线路的实际进度比计划进度落后时，计划调整的任务是采取措施把落后的时间抢回来，于是应在未完成的关键线路中选择资源强度小的缩短。最新计算未完成部分的时间参数，按新参数执行，这样做有利于减少赶工费用。

（3）当拖延时间发生在非关键线路上，但是拖延时间超过总时差，此时原来的非关键线路就变成了关键线路，按照关键线路的调整法进行即可。

2）非关键工作时差的调整

为了更充分地利用资源、更有效地降低成本，每次对计划进行调整之后，都应重新计算时间参数，绘制资源消耗量曲线，研究调整对计划全局的影响。然后，要对非关键工作在时差范围内进行调整，以便在不影响工期的情况下，使计划更完善。调整内容包括：①将工作在其最早开始时间与最迟完成时间范围内移动，来均衡资源使用；②在自由时差或总时差范围内，适当延长某些工作的持续时间，以降低资源强度或直接费用；③缩短某些工作的持续时间，以消除对后续工作的影响，满足后续工作的限制条件。

3）增减工作项目

当网络计划在实施过程中需增加某些工作项目时，应符合以下要求：①尽量不打乱原网络计划中的逻辑关系，只对局部逻辑关系进行调整；②重新计算时间参数，分析新增项目对网络计划的影响，必要时采取措施，以保证计划工期不变。

当发现某些工作的原计划持续时间有误，或实现条件不充分时，应重新确定其持续时间，并重新计算时间参数；当资源供应发生异常时，应采用资源优化方法对计划进行调整或采取应急措施，使其对工期的影响最小。

最后需要强调的是，网络计划控制是一种动态控制，是主动控制和被动控制相结合的控制。所谓主动控制，也叫事前控制，就是预先分析影响计划目标实现的各种不利因素，提前拟定和采取各项预防措施，以使计划目标得以实现。被动控制，也叫事后控制，就是在网络计划实施过程中，随时检查进度，分析偏差，进行调整，然后按调整后的网络计划指导施工。

两种控制，即主动控制和被动控制，对计划管理人员来说，缺一不可，它们都是使计划按期完工所必须采用的控制方式。

二、计算机在网络计划中的应用

在建筑施工时，占用了大量的劳动力，使用了大量的材料和构配件，投资巨大，周期长，可变因素多。为了保证生产有序合理的进行，必须重视建筑施工的计划管理，由于传统横道图的缺陷，网络计划技术越来越显出它的优点。现代化施工生产需要及时准确地收集、整理、贮存和检索各类信息，反映实际生产状况，这不仅要求施工单位迅速编制施工生产计划，而且在实施过程中对生产计划不断进行动态控制、调整和优化，合理安排各种资源，从而缩短工期，降低成本。这些都离不开网络计划技术的发展和计算机的应用，两者结合是实现计划管理科学化、现代化的重要手段。近几年来，网络计划计算机软件不断涌现，为网络计划技术在建筑施工中的应用开辟了广阔前景。

（一）网络计划计算机应用现状

进度计划管理软件从使用角度可分为以下两个层次：大型进度计划管理软件和中、小型进度计划管理软件。

大型进度计划管理软件中，比较好的主要有：Primavera 公司的 Primavera Project Planner（即 P3）、Welcom Software Technology 公司的 Open Plan、Computer Aided Management 公司的 PARISS Enterprise、Lucas Management System Inc. 公司的 Artemis Prestige、Applied Business Technology Corp 公司的 Project Workbench。大型进度计划管理软件之间的区别主要在于它们的容量和使用的网络协调多个项目的能力不同。

中、小型进度计划管理软件目前常用的种类很多，主要有：Microsoft 公司的 Project4/98/2000/2003、Primavera 公司的 Primavera Sure Trak Project Planner、Scitor 公司的 Project Scheduler、Symantec 公司的 TimeLine、Computer Associates 公司的 CA SuPer Project、Leach Management Systems 公司的 CS Project、Asta Development Corporation Limited 公司的 ASTA Power Project。我国国内开发的进度计划管理软件基本属于该层次。市场上能够见到的国内软件主要有：北京梦龙科技开发公司的智能化项目管理软件 PERT、大连同洲电脑有限公司的 TzProject、清华大学和同济大学等开发的进度计划管理软件。国内软件的共同特点是结合我国的实际情况，使用中文界面，有些软件提供单代号、双代号网络图的转换，一般均可输出国内比较通行的双代号网络图。

国内外各类网络计划管理软件功能各异，但总体性能上有以下特点：

（1）网络计划管理软件都包括了进度计划时间参数计算和关键线路分析，以及资源均衡和优化等基本内容。

（2）网络计划管理软件具有图像屏幕显示、编辑、修改和输出功能。图形的显示和输出大致有 5 类：①横道图；②网络图（可带时标）；③资源直方图；④S 曲线；⑤其他图形。

（3）网络计划管理软件都具有网络结构的自动生成功能。它可使上机的数据输入大大简化，实现数据共享。例如，自动识别工程设计的 CAD 工程图，从中提取网络计划所需的数据，自动生成网络计划等。

（4）网络计划管理软件都具有网络的更新记录功能，帮助网络计划查询、比较、调整和更新。

(5)网络计划管理软件普遍采用屏幕菜单和窗口技术,给用户带来很大方便。

此外,有些软件还具备费用和进度综合管理功能,开发了决策网络、随机网络、搭接网络等新型网络技术。

(二)网络计划软件的主要功能

网络计划技术在我国各行各业有着广泛的应用,为了适应不同领域、不同层次、不同目标、不同对象的用户需要,立足于技术先进性、操作简单化,网络计划软件应覆盖面广、功能完善、使用方便,同时结合我国的现行管理体制,推动施工管理水平向更高阶段发展。

为此,网络计划软件系统应具备下列功能:

(1)原始数据的输入和校验。

(2)检查工作的逻辑关系,确定工作节点位置号。

(3)编制网络计划,包括多阶网络,协调总网络与子网络之间的关系。

(4)网络计划时间参数的计算,关键线路的判别。

(5)日历时间的转换。

(6)网络计划的优化,主要有工期优化、时间优化和资源优化。

(7)工程实际进度的统计分析。

(8)实际进度与计划的动态比较。

(9)工程进度变化趋势预测。

(10)资源调配和平衡,提供资源动态曲线。

(11)提供具有时间坐标的网络图和相应的横道图计划。

(12)各种图形和表格编辑、检索、统计、修改、输出等功能。

上述功能随着网络计划技术的发展和我国施工管理水平的提高,还有待进一步拓展。

三、网络计划综合运用

(一)网络计划的编制步骤

大型工程在施工前一定要做好施工组织设计,根据组织施工的原则和实际条件,从整个建筑物施工全局出发,选择最有效的施工方案和方法,这是大家所熟知的。

网络计划是用网络图代替横道图在施工方案已确定的基础上来安排施工进度计划的。网络图编制施工进度计划与横道图相比,有相同之处,也有其特殊性。

(1)熟悉图纸、调查研究、分析情况。与制定横道图的计划一样,计划编制前需全面熟悉和审查图纸,与设计单位和建设单位联系,了解设计意图和主要构造;摸清工程有关的自然、技术、经济条件;充分估计劳动力、材料及机械设备使用和供应的情况;了解上级单位的指示及协作单位的情况;做好资料的收集工作。

(2)确定施工方案。网络图是表达计划安排的一种方法,是由施工方法所决定的。因此,只有某项工程在一定的自然条件、物资条件、技术条件下用什么方法施工确定以后,才可着手编制网络计划。

(3)确定工作项目。网络图中工作项目划分的粗细程度,是根据网络图的用途而定的。一般来说,供领导掌握使用的网络图,工作项目可划分得粗些,图面简单,便于抓住关键;而在工地上供基层管理人员及工人班组使用的网络图,项目要划分得细一些,便于施工。也可以做分部、分项的网络图，按分部工程或施工阶段编制网络计划。

(4)确定施工顺序。确定施工顺序对编制进度计划来说是关键。根据施工方案和多年的施工经验及各项工作之间在工艺上和组织上的制约关系，确定工程各施工项目的先后顺序。

(5)计算各项工作的持续时间。首先要根据图纸计算出每项工作的工作量，如果分层分段施工，那么工程量的计算也应分层分段来算；然后根据定额查出某项工作所需工时数，再根据劳动力安排情况，确定工作天数，即该工作的持续时间。

(6)制定工作项目一览表。以上项目可以汇总成表，以便于画图，见表4-13。表中工作项目一栏，一定要按施工先后顺序填写。第四栏可以填紧前工作，也可以填紧后工作，根据施工顺序来填写，目的是确定网络计划中工作之间的制约关系。表中的工作编号，可以在绘制网络图以后按照编号的要求统一编注和填写。

表4-13　工作项目一览表

工作编号		工作项目	紧前工作	工程量		产量定额	劳动量		劳动力安排		作业班数	机械需要量		工作持续时间
箭尾编号	箭头编号			单位	数量		工日	台班	专业名称	每班人数		名称	数量	
1	2	3	4	5	6	7	8	9	10	11	12	13	14	15

(7)绘制网络计划的初始方案。具备上述条件以后，就可以着手绘制网络图，一般先绘制草图，重点应放在工作之间的逻辑关系上，并要全面正确地反映各项工作之间的顺序关系。然后再绘制正式的初始方案，要求网络布局整齐、清晰、美观。最后在图上填入节点编号、工作名称及持续时间。

(8)计算网络计划时间参数。

(9)调整与优化网络计划。

(10)绘制正式网络计划。

(二)网络图的排列方法

建筑施工网络计划是网络计划在施工中的具体应用，其对工程施工的组织、协调、控制和管理的作用是非常显著的。为了使建筑施工网络计划条理化和形象化，在编制网络计划时，应根据各自不同情况灵活地选用不同排列方法，使各项工作之间在工艺上和组织上的逻辑关系准确、清楚，以便于施工的组织管理人员掌握，也便于对网络计划进行检查和调整。

1. 按施工过程排列

按施工过程排列就是根据施工顺序把各施工过程按垂直方向排列，而将施工段按水平方向排列，如图4-73所示。其特点是相同工种在一条水平线上，突出了各工种间的关系。

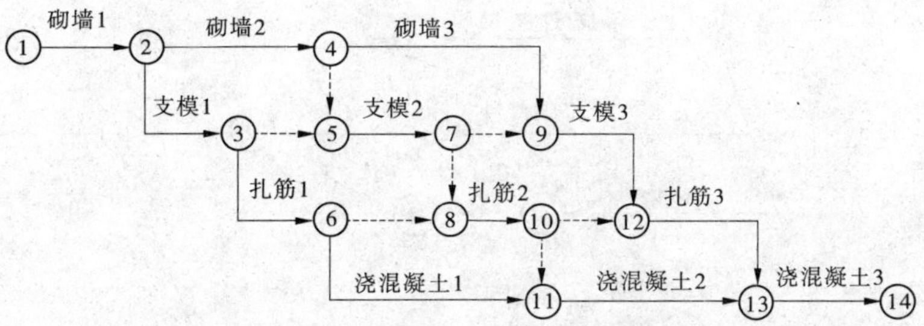

图 4-73　按施工过程排列的施工网络计划

2. 按施工段排列

按施工段排列就是将同一施工段上的各施工过程按水平方向排列，而将施工段按垂直方向排列，如图 4-74 所示。其特点是同一施工段上的各施工过程（工种）在一条水平线上，突出了各工作面间的关系。

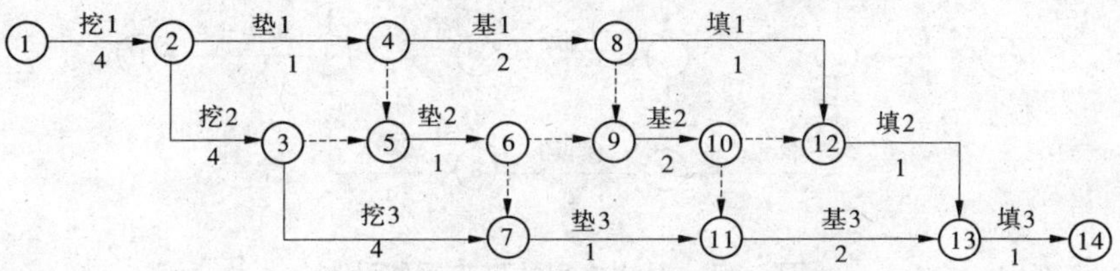

图 4-74　按施工段排列的施工网络计划

3. 按楼层排列

按楼层排列就是将同一楼层上的各施工过程按水平方向排列，而将楼层按垂直方向排列，如图 4-75 所示。其特点是同一楼层上的各施工过程（工种）在一条水平线上，突出了各工作面（楼层）的利用情况，使得较复杂的施工过程变得清晰明了。

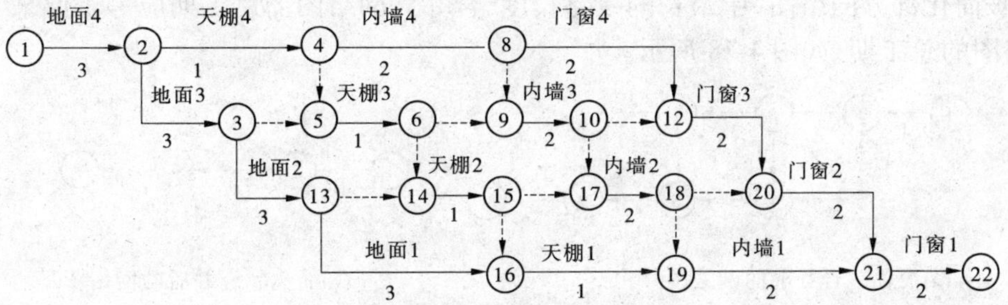

图 4-75　按楼层排列的施工网络计划

4. 按施工单位或专业排列

有许多施工单位参加完成一项单位工程的施工任务时，为了便于各施工单位对自己负责的部分有更直观的了解，而将网络计划按施工单位排列，如图 4-76 所示。

5. 混合排列

在绘制单位工程网络计划等一些较复杂的网络计划时，常常采用以一种排列为主的混合排列，如图 4-77 所示。

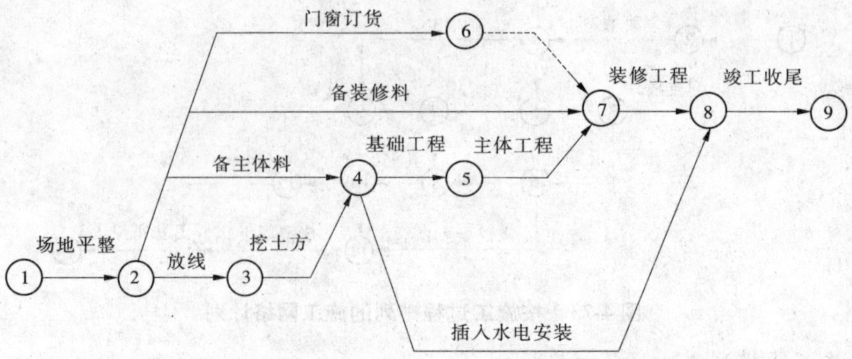

图 4-76　按施工单位排列的施工网络计划

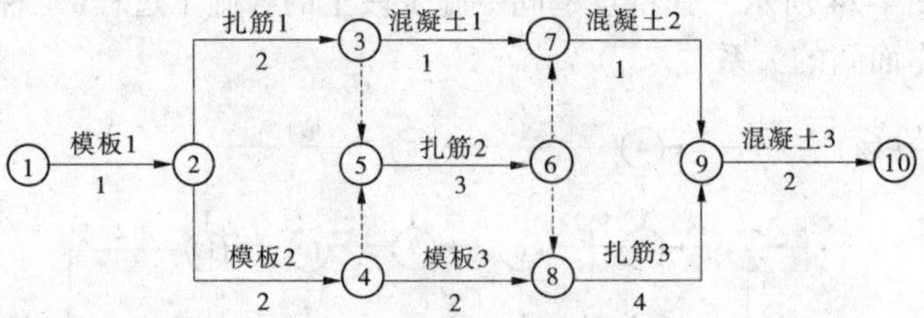

图 4-77　混合排列的施工网络计划

(三)网络图的合并、连接及详略组合

1. 网络图的合并

为了简化网络图,可以将某些相对独立的网络图合并成只有少量箭线的简单网络图。网络图合并(或简化)时,必须遵循下述原则。

(1)用一条箭线代替原网络图中某一部分网络图时,该箭线的长度(工作持续时间)应为"被简化部分网络图"中最长的线路长度,合并后网络图的总工期应等于原来未合并时网络图的总工期,如图 4-78 所示。

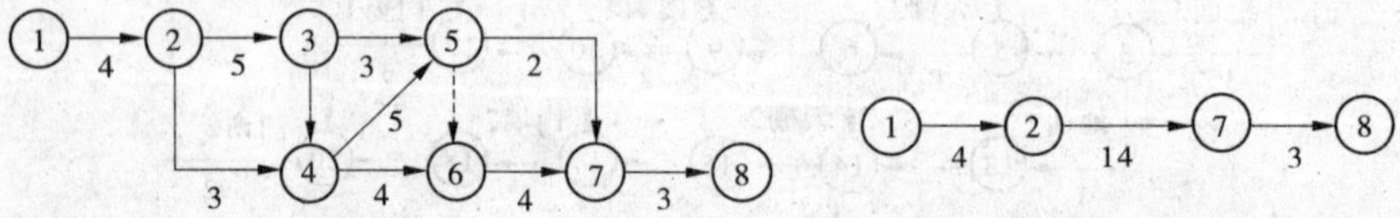

(a)简化、合并前的网络图　　(b)简化、合并后的网络图

图 4-78　网络图的合并(一)

(2)网络图合并时,不得将起点节点、终点节点和与外界有联系的节点简化掉,如图 4-79所示。

2. 网络图的连接

采用分别流水法编制一个单位工程的网络计划时,一般应先按不同的分部工程分别编制出局部网络计划,然后再按各分部工程之间的逻辑关系,将各分部工程的局部网络计划连接起来成为一个单位工程网络计划(见图 4-80),基础按施工过程排列,其余按施工段排列。

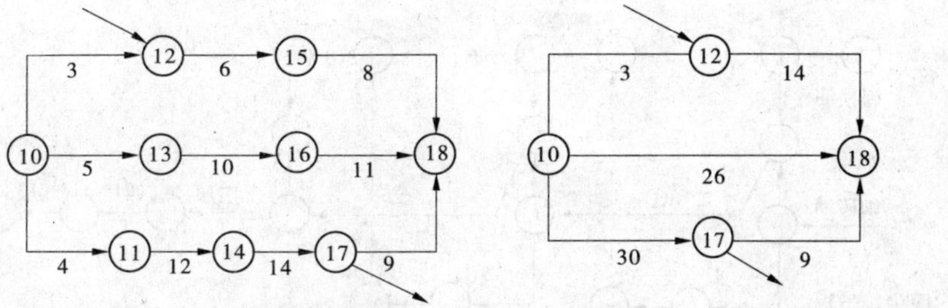

(a)简化、合并前的网络图　　　(b)简化、合并后的网络图

图 4-79　网络图的合并(二)

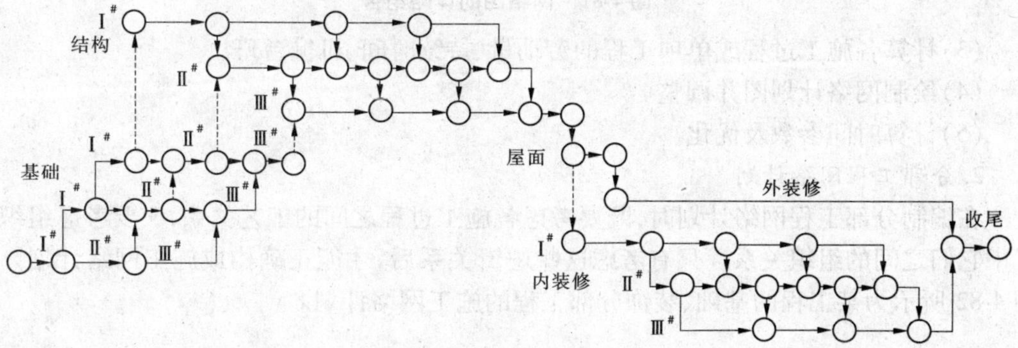

图 4-80　网络图的连接

为了便于把分别编制的局部网络图连接起来,各局部网络图的节点编号数目要留足,确保整个网络图中没有重复的节点编号;也可采用先连接,然后统一进行节点编号的方法。

3. 网络图的详略组合

在一个施工进度计划的网络图中,应以“局部详细,整体粗略”的方式,突出重点;或采用某一阶段详细,其他相同阶段粗略的方法来简化网络计划。这种详略组合的方法在绘制标准层施工的网络计划时最为常用。

例如,某项四单元六层砖混结构住宅的主体工程,每层分两个施工段组织流水施工,因为二至五层为标准层,所以二层应编制详图,三、四、五层均可采用一个箭线的略图,如图 4-81 所示。

(四)网络计划综合运用实例

网络计划的应用根据工程对象不同分为分部工程网络计划、单位工程网络计划、群体工程网络计划。若根据综合应用原理不同可分为时间坐标网络计划、单代号搭接网络计划、流水网络计划。

1. 网络计划在不同工程对象中的应用

无论是分部工程、单位工程网络计划还是群体工程网络计划,其编制步骤一般都是:

(1)确定施工方案或施工方法。

(2)开列施工过程或单项工程。

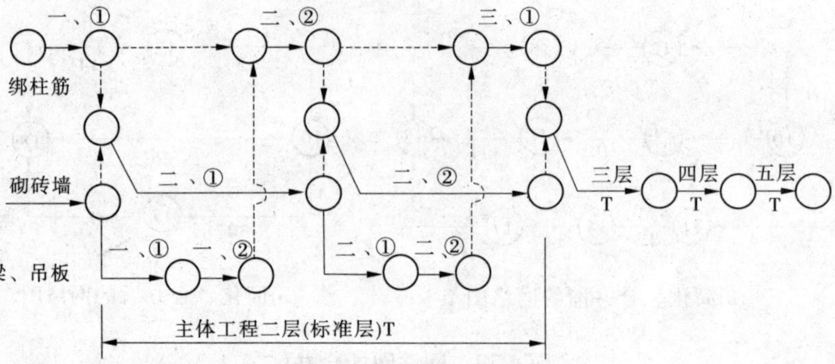

图 4-81　网络图的详略组合

(3)计算各施工过程或单项工程的劳动量、持续时间、机械台班。

(4)绘制网络计划图并调整。

(5)计算时间参数及优化。

2. 分部工程网络计划

在编制分部工程网络计划时,既要考虑各施工过程之间的工艺关系,又要考虑组织施工中它们之间的组织关系。只有考虑这些逻辑关系后,才能正确构成施工网络计划。如图 4-82 所示为某工程的基础、装饰分部工程的施工网络计划。

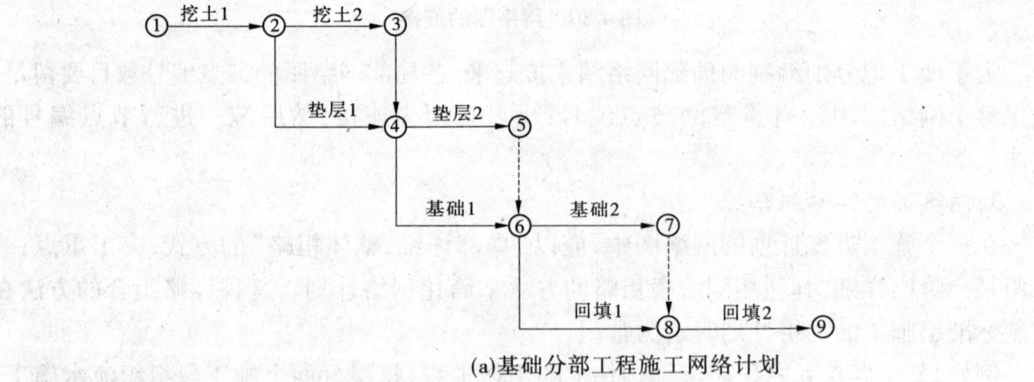

图 4-82　某工程的基础、装饰分部工程的施工网络计划

3. 单位工程网络计划

编制单位工程网络计划时，首先，熟悉图纸，对工程对象进行分析，了解建设要求和现场施工条件。选择施工方案，确定合理的施工顺序和主要施工方法，根据各施工过程之间的逻辑关系，绘制网络图。然后，分析各施工过程在网络图中的地位，通过计算时间参数，确定关键施工过程、关键线路与非关键工作的机动时间。最后，统筹考虑，调整计划，制订出最优的计划方案。

【例 4-8】 某五层教学楼，框架结构，建筑面积 3 000 m^2，平面形状为"一"字形，钢筋混凝土条形基础。主体为现浇框架结构。围护墙为空心砖砌筑。室内底层地面为缸砖，标准层地面为水泥砂浆地面，内墙、顶棚为中级抹灰，面层为涂料，外墙镶贴面砖。屋面用柔性防水。

本工程的基础、主体均分为 3 段施工，屋面不分段，内装修每层为一段，外装修自上而下一次完成。其劳动量见表 4-14，该工程的网络计划如图 4-83 所示。

表 4-14　劳动量一览表

序号	分部分项工程名称	劳动量		工作持续天数(d)	每天工作班数	每班工人数
		单位	数量			
一	基础工程					
1	基础挖土	工日	300	15	1	20
2	基础垫层	工日	45	3	1	15
3	基础现浇混凝土	工日	567	18	1	30
4	基础墙(素混凝土)	工日	90	6	1	15
5	基础及地坪回填土	工日	120	6	1	20
二	主体工程					
1	柱筋	工日	178	4.5	1	8
2	柱、梁、板模板(含梯)	工日	2 085	21	1	20
3	柱混凝土	工日	445	3	1.5	20
4	梁板筋(含梯)	工日	450	7.5	1	12
5	梁板混凝土(含梯)	工日	1 125	3	3	20
6	砌墙	工日	2 595	25.5	1	25
7	拆模	工日	671	10.5		20
8	搭架子	工日	360			6

续表 4-14

序号	分部分项工程名称	劳动量		工作持续天数(d)	每天工作班数	每班工人数
		单位	数量			
三	屋面工程					
1	屋面防水	工日	105	7.5	1	15
2	屋面隔热	工日	240	12	1	20
四	装饰工程					
1	外墙粉刷	工日	450	15	1	30
2	安装门窗扇	工日	60	5	1	12
3	顶棚粉刷	工日	300	10	1	30
4	内墙粉刷	工日	600	20	2	30
5	楼地面、楼梯、扶手粉刷	工日	450	15	1	30
6	内墙涂料	工日	50	5	1	10
7	油漆、玻璃	工日	70	7.5	1	10
8	水电安装	工日		3	1	10
9	拆脚手架、拆井架	工日		2	1	6
10	扫尾	工日			1	

4. 群体工程网络计划

对于建筑群体工程，采用网络编制计划时，其步骤同单位工程的网络计划一样，但须把每一幢视为一个施工段。

【例 4-9】 某小区有 3 幢相同的住宅楼，每幢基础的工艺流程为挖土(5 d)→垫层(3 d)→养护(5 d)→钢筋混凝土基础(6 d)→养护(1 d)→素混凝土墙基(2 d)→回填土(1 d)。

3 幢住宅楼的基础网络计划如图 4-84 所示。

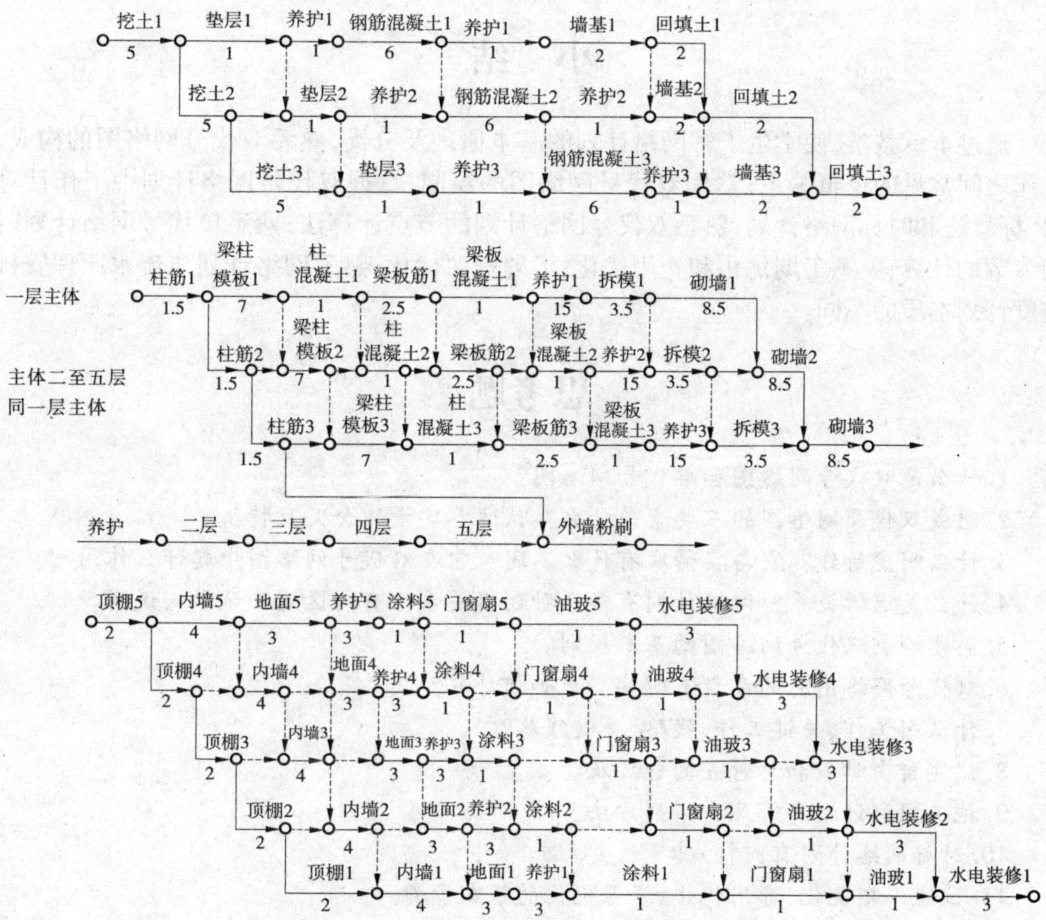

图 4-83　某五层教学楼的施工网络计划

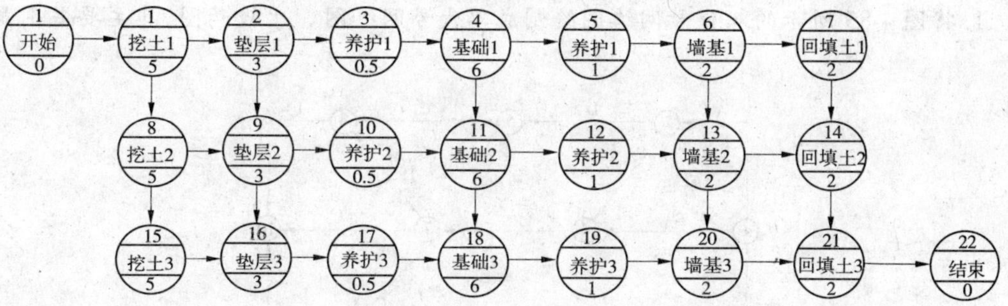

图 4-84　某 3 幢住宅楼的基础网络计划

小　结

通过本章教学，使学生了解网络计划的基本原理及分类，熟悉双代号网络图的构成，工作之间常见的逻辑关系；掌握双代号网络图的绘制；掌握双代号网络计划中工作计算法、标号法和时标网络计划，熟悉双代号网络计划的节点计算法；熟悉单代号网络计划时间参数的计算；熟悉工期优化和费用优化，了解资源优化；熟悉网络计划与流水原理安排进度计划本质的不同。

思考题

1. 什么是双代号网络图和单代号网络图？

2. 组成双代号网络图的三要素是什么？试述各要素的含义及特征。

3. 什么叫虚箭线？它与实箭线有什么不同？它在双代号网络图中起什么作用？

4. 什么是逻辑关系？网络计划有哪几种逻辑关系？有何区别？试举例说明。

5. 简述绘制双代号网络图的基本规则。

6. 双代号网络图时间参数有哪些？应如何计算？

7. 什么叫工作、关键工作、线路、关键线路？

8. 试述自由时差和总时差的含义及特点。

9. 施工网络计划有哪几种排列方法？

10. 时标网络计划有何特点？

11. 试述工期优化、费用优化、资源优化的基本步骤。

习　题

1. 将图 4-85 所示的双代号网络图绘制成单代号网络图。比较两图，其主要差别是什么？

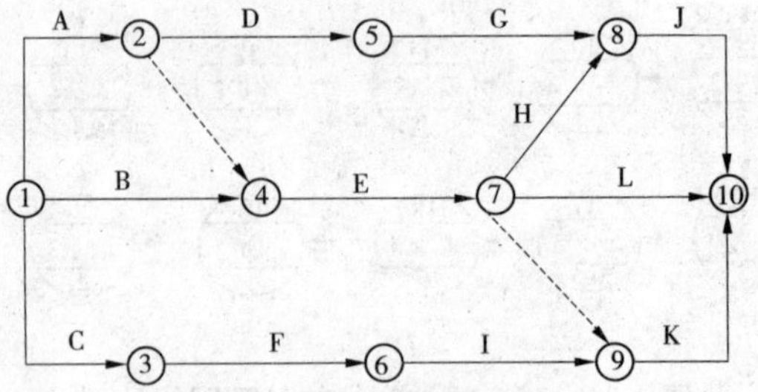

图 4-85　双代号网络图

2. 按下列工作的逻辑关系，分别绘出其双代号网络图。

(1) A、B 均完成后做 C、D；C 完成后做 E；D、E 完成后做 F。

(2)A、B 均完成后做 C;B、D 均完成后做 E;C、E 完成后做 F。

(3)A、B、C 均完成后做 D;B、C 完成后做 E;D、E 完成后做 F。

(4)A 完成后做 B、C、D;B、C、D 完成后做 E;C、D 完成后做 F。

3. 根据表 4-15 中各施工过程间的逻辑关系,绘制双代号网络图并进行节点编号。

表 4-15　各施工过程间的逻辑关系

项目	施工过程										
	A	B	C	D	E	F	G	H	I	J	K
紧前工作	—	A	A	B	B	E	A	D、C	E	F、G、H	I、J
紧后工作	B、C、G	D、E	H	H	F、I	J	J	J	K	K	—
持续时间	3	2	5	4	6	3	3	5	5	6	3

4. 根据表 4-16 中给出的数据,绘制双代号网络图,并用图上计算法计算各工序的时间参数。

表 4-16　工作名称及持续时间

工作代号	持续时间(d)	工作代号	持续时间(d)	工作代号	持续时间(d)
①-②	3	④-⑤	3	⑧-⑩	4
①-③	4	⑤-⑥	2	⑧-⑪	5
①-⑥	3	⑤-⑦	3	⑨-⑩	3
②-④	2	⑥-⑧	2	⑩-⑪	4
③-⑤	0	⑦-⑧	1	⑪-⑫	4
③-④	5	⑧-⑨	0	⑫-⑬	6

5. 已知网络计划如图 4-86 所示,箭线下方括号外为正常持续时间,括号内为最短持续时间,箭线上方括号内为优先选择系数,要求目标工期为 12 d,试对其进行工期优化。

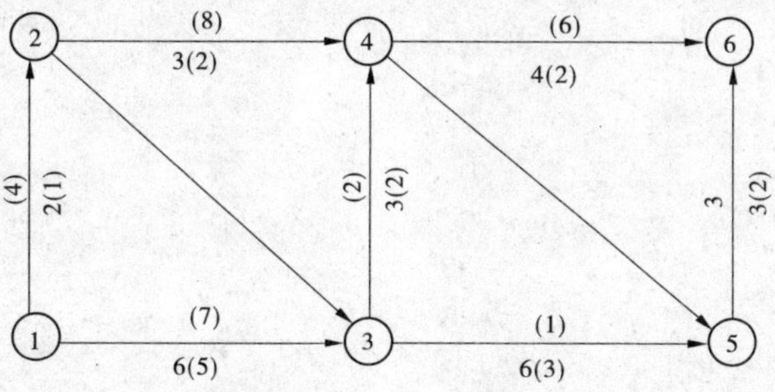

图 4-86　双代号网络计划

6. 某写字楼为现浇混凝土框架结构,柱网尺寸为 6 m×6 m。平面宽×长为 18 m×72 m,沿长度方向每隔 24 m 设置一道伸缩缝,其平面图如图 4-87 所示,试根据表 4-17 所给工程量数据组织钢筋混凝土框架分部工程(1、2 层)的流水施工。

(1)划分施工段,并计算各工作在各施工段的劳动量。

(2)确定各工作在各施工段的作业时间。

(3)绘制施工网络图计划。

要求:

(1)工期,不超过 40 d。

(2)为保证结构的整体性,一个施工段内的混凝土应连续浇筑,尽量不留施工缝。

(3)混凝土应连续浇筑完后,要求养护 1 d,才允许在其上进行其他工作。

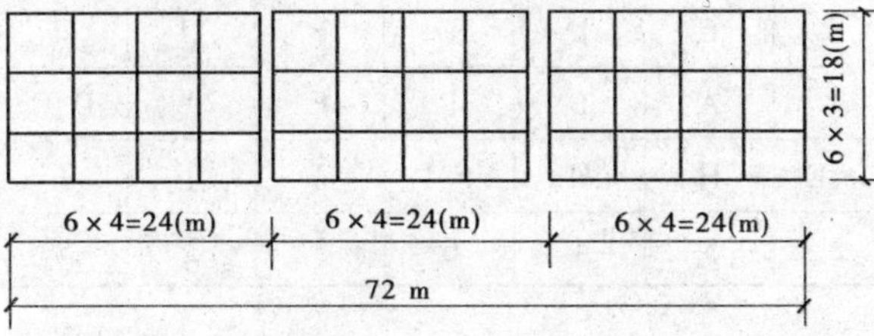

图 4-87　钢筋混凝土框架主体结构平面示意图

表 4-17　工程量一览表

序号	施工过程	工程量		时间定额	最高人数
		单位	数量		
1	绑扎柱钢筋	t	0.24	2.38 工日/t	11
2	支柱、梁、板模板	m^2	16.96	0.675 工日/m^2	26
3	绑扎梁、板钢筋	t	0.80	3.36 工日/t	23
4	浇筑混凝土	m^3	9.20	0.95 工日/m^3	不限

注:表中数据为每层一个单元(6 m×6 m)的平均工程量。

第五章 单位工程施工组织设计

【本章要点】

单位工程施工组织设计是建筑施工企业组织和指导单位工程施工全过程各项活动的技术经济文件。它是基层施工单位编制季度、月、旬施工作业计划，分部分项工程作业计划，以及劳动力、材料、预制构件、施工机具等供应计划的主要依据，也是建筑施工企业加强生产管理的一项重要工作。本章主要叙述单位工程施工组织设计的编制内容和方法。单位工程施工组织设计的内容主要包括工程概况、施工方案、单位工程施工进度计划、单位工程施工平面图、技术经济指标分析及工程实例。

【学习重点】

单位工程施工方案和施工进度计划的编制，单位工程施工平面图的绘制。

第一节 概 述

一、单位施工组织设计的内容

单位工程施工组织设计一般包括以下主要内容：

(1)工程概况。工程概况主要包括工程特点、建筑地段与周围环境特征、地质情况、气象条件、施工条件、参建各方主体单位名称、施工合同目标等。

(2)施工组织机构。施工组织策划主要包括施工现场项目组织机构的建立、确定项目管理岗位职责、确定项目施工目标、施工质量管理策划、质量运行记录及职能分配等内容。

(3)施工方案。施工方案主要包括确定总的施工顺序及确定施工流向、主要分部分项工程的划分及其施工方法的选择、施工段的划分、施工机械的选择、技术组织措施的拟定等。

(4)施工进度计划。施工进度计划主要包括划分施工过程，计算工程量、劳动量、机械台班量、施工班组人数、每天工作班次、工作持续时间，确定分部分项工程(施工过程)施工顺序及搭接关系，绘制进度计划表等。

(5)施工准备工作计划。施工准备工作计划主要包括施工前的技术准备，现场准备，机械设备、工具、材料、构件和半成品构件的准备，并编制准备工作计划表。

(6)资源需要量计划。资源需要量计划主要包括材料需要量计划、劳动力需要量计划、构件及半成品构件需要量计划、机械需要量计划等。

(7)施工平面图。施工平面图主要包括对施工所需机械、临时加工场地、材料、构件仓库与堆场的布置及临时水网和电网、临时道路、临时设施用房的布置等。

(8)工程保障措施。工程保障措施主要包括工程质量保证措施、安全生产保证措施、文明施工环境保护保证措施等。

(9)技术经济指标分析。技术经济指标分析主要包括工期指标、质量指标、安全指标、降低成本指标等的分析。

二、单位工程施工组织设计的编制依据

单位工程施工组织设计的编制依据主要包括:

(1)上级主管部门和建设单位(业主)对工程的要求或所订施工合同、开竣工日期、质量等级、技术要求、验收办法等。

(2)持证设计单位设计并经过有关部门审批的有效施工图、标准图及会审记录材料。

(3)施工现场勘察所调查的资料和信息,如地形、工程地质、水文地质、地上地下障碍物、水准点、气象、交通运输、水、电、通风等。

(4) 预算文件和国家规范等资料。工程的预算文件等提供了工程量和预算成本。国家的施工验收规范、质量规范、操作规程和有关定额是确定施工方案、编制进度计划等的主要依据。

(5)施工组织总设计。如果单位工程是建设项目的一个组成部分,那么必须按施工组织总设计有关内容及要求编制。

(6)工程预算文件及有关定额。应有详细的分部分项的工程量,必要时应有分层、分段的工程量及劳动定额。

(7)建设单位可能提供的条件,如供水、供电、施工道路、施工场地及临时设施等条件。

(8)施工企业的生产能力及本地区劳动力、资源分布状况。

(9)施工企业的质量管理体系、标准文件等。

三、单位工程施工组织设计的编制原则

在编制施工组织设计时,应根据建筑施工的特点和以往积累的经验,遵循以下原则:

(1)保证重点,统筹安排,遵守施工期限。拟建工程项目的轻重缓急,应根据国家建设需要和承包合同的要求按建筑施工程序进行工程排队,把人力、物力、财力优先投入急需的工程上去,使其尽快建成投产。同时,注意照顾一般工程,使重点工程和一般工程很好地结合起来。还应注意主要项目与辅助项目之间的关系,准备项目、施工项目、收尾项目和竣工投产项目的关系,做到主次分明、统筹兼顾。严格遵守合同规定期限,使建设项目按期或提前交付使用,尽快发挥投资效益。

(2)合理安排施工程序和顺序。建筑产品的特点之一是产品的固定性,因而建筑施工始终在同一场地上进行。没有前一阶段的工作,后一阶段的工作就不可能进行,即使它们之间交叉搭接进行,也必须严格遵守一定的程序和顺序。施工组织和顺序反映客观规律的要求,交叉搭接则体现争取时间的主观努力。在组织施工时,必须合理地安排施工和顺序,避免不必要的重复工作,加快施工速度,缩短工期。

在安排施工程序时,通常应考虑以下内容:要及时完成有关的准备工作(如拆迁、场地平整、铺设施工用的道路、敷设供水供电管网、建造临时性设施),为正式施工创造良好

条件。没有做好必要的准备工作就贸然施工，必然会造成现场的混乱。但也不是要求所有准备工作都做好才进行正式施工，只要准备工作能够做到基本满足开工需要即可。对于单个房屋和构筑物的施工顺序，既要考虑空间顺序，也要考虑工种顺序。空间顺序是解决施工流向的问题；工种顺序是解决时间上的搭接问题。可供施工期间使用的永久性建筑物（如铁路、道路、各种管网、仓库、宿舍、工场、办公室等）可以先建造，以便减少暂设工程，节约投资。

(3)尽量采用国内外先进施工技术，科学地确定施工方案。先进的施工技术是提高劳动生产率、保证工程质量、加快施工速度、降低工程成本的主要途径。在编制施工组织设计时要结合工程特点和施工水平，广泛采用先进的施工技术，吸收先进工地和先进工作者的施工方法，并把技术的先进性、实用性和经济合理性相结合，防止单纯追求先进性而忽视经济效益的做法；还要符合施工验收规范、操作规程的要求和遵守有关安全及卫生方面的规定，确保工程质量和施工安全。

(4)采用流水施工方法和网络计划技术安排进度计划。在编制施工进度计划时，应从实际出发，采用流水施工方法组织均衡施工，采用网络计划技术编制施工计划，保证施工连续、均衡进行，合理地使用人力、物力和财力；做好人力、物力的综合平衡，好、快、省、安全地完成施工任务。

对于那些必须进入冬雨期施工的工程，应落实季节性施工措施，以增加全年的施工天数。

(5)合理布置施工平面图，减少施工用地。尽量利用正式工程、原有或就近已有设施，减少暂设工程和临时性设施；尽量利用当地资源，合理安排运输、装卸与储存作业，减少物资运输量，避免二次搬运；精心进行场地规划布置，节约施工用地，做到文明施工。

(6)贯彻工厂预制和现场预制相结合的方针，提高工业化程度。必须注意根据地区条件和构件性质，通过技术经济比较，恰当地选择预制方案或现场浇筑方案。确定预制方案时，应贯彻工厂预制与现场预制相结合的方针，努力提高建筑工业化程度，以提高劳动生产率，降低工程造价，改善工程质量，加快施工进度，但不能盲目追求装配化程度的提高。

(7)充分利用现有机械设备，扩大机械化施工范围。要贯彻先进机械、简易机械和改进机械相结合的方针，恰当选择自行装备、租赁机械或机械化分包施工等方式，但不能片面强调提高机械化程度指标。

(8)坚持质量第一，重视安全施工。要贯彻质量第一的方针，严格执行施工验收规范、操作规程和质量检验评定标准，从各方面制定保证质量的措施，预防和控制影响工程质量的各种因素，建造满足用户要求的优质工程。同时，必须建立健全各项安全管理制度，制定确保安全施工的措施，并在施工过程中经常进行检查和督促。

四、单位工程施工组织设计的编制程序

单位工程施工组织设计是由工程项目经理部编制的，用以指导施工全过程施工活动的技术经济文件。它是施工前的一项重要准备工作，也是施工企业实现生产科学管理的重要手段。

在实际工作中，单位工程施工组织设计根据其用途可以分为两类：一类是用于施工单位投标的单位工程施工组织设计，另一类是用于指导施工的。前一类的目的是获得工程，由于时间关系和侧重点的不同，其施工方案可能较简单，而工程的质量、工期和单位的机械化程度、技术水平、劳动生产率等，则可能较为详细；后一类的重点在施工方案。

由于单位工程施工组织设计是施工单位用于指导施工的文件，由项目经理组织，在编制前应会同有关部门和人员，在调查研究的基础上，共同研究和讨论其主要的技术措施和组织措施。单位工程施工组织设计的编制程序如图 5-1 所示。

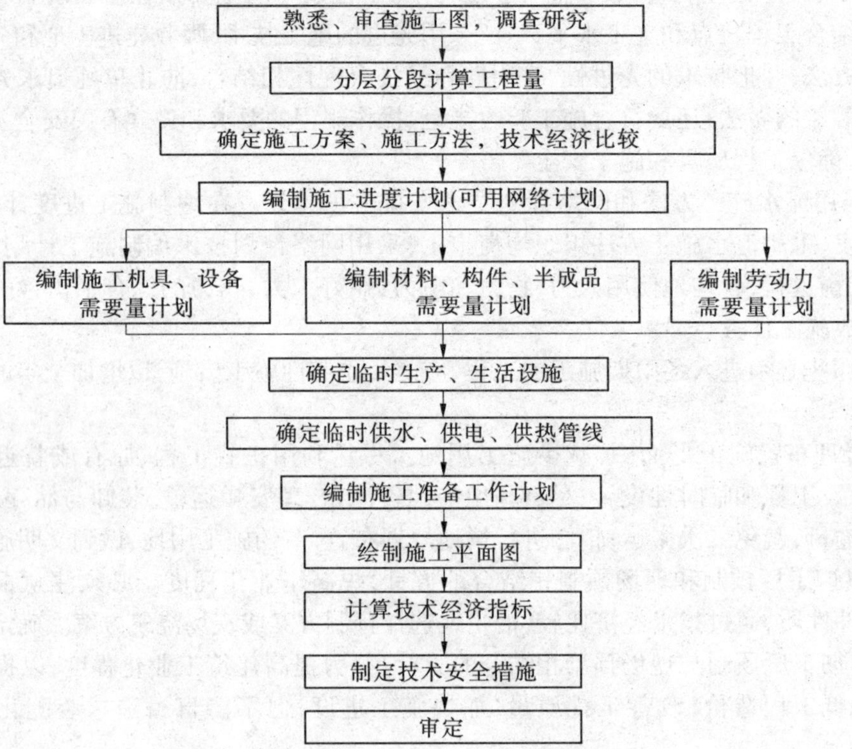

图 5-1　单位工程施工组织设计的编制程序

第二节　工程概况

单位工程施工组织设计中的工程概况，是对拟建工程的工程特点、地点特征和施工条件等所作的一个简要的、突出重点的文字介绍。为弥补文字叙述的不足，一般需附以拟建工程的平面、立面、剖面简图，图中主要注明轴线尺寸、总长、总宽、总高及层高等主要建筑尺寸。为了说明主要工程的任务量，一般还应附以主要工程一览表。

一、工程建设概况

工程建设概况主要说明：拟建工程的建设单位，工程名称、性质、用途、作用和建设目的，资金来源及工程投资额、开竣工日期，设计单位、施工单位、施工图纸情况，施工合同、主管部门的有关文件或要求,以及组织施工的指导思想等。

二、工程施工概况

这部分主要是根据施工图纸、结合调查资料,简练地概括全貌、综合分析,突出重点问题。对新结构、新材料、新技术、新工艺及施工的难点尤应重点说明。其具体内容包括以下方面:

(1)建筑设计特点。主要说明拟建工程的建筑面积、平面形状和平面组合情况、层数、层高、总高、总宽、总长等尺寸及室内外装修的情况。

(2)结构设计特点。主要说明基础的类型、埋置深度、设备基础的型式,主体结构的类型,预制构件的类型及安装位置等。

(3)建设地点和特征。主要说明拟建工程的位置、地形、工程地质与水文地质条件、不同深度土壤的分析、冻结期间与冻层厚度、地下水位、水质、气温、冬雨期起止时间、主导风向、风力等。

(4)施工条件。主要说明水、电、道路及平整的“三通一平”情况,施工现场及周围环境情况,当地的交通运输条件,预制构件生产及供应情况,施工企业机械、设备、劳动力的落实情况,内部承包方式,劳动组织形式及施工管理水平,现场临时设施、供水供电问题的解决等。

三、工程施工特点

通过上述分析,应指出单位工程的施工特点和施工中的关键问题,以便在选择施工方案、组织资源供应和技术力量设备,以及在施工准备工作上采取有效措施,使解决关键问题的措施落实于施工之前,使施工顺利进行,提高施工企业的经济效益和管理水平。不同类型的建筑、不同条件下的工程施工,均有其不同的施工特点,如现浇钢筋混凝土高层建筑的施工特点主要有:结构和施工机具设备的稳定性要求高,钢材加工量大,混凝土浇筑难度大,脚手架搭设要进行设计计算,安全问题突出等。

第三节　施工组织机构

施工组织机构主要包括建立施工现场项目组织机构、确定项目施工目标、对项目目标控制进行策划等内容。

一、组建施工组织管理机构

采用全新的管理模式,成立工程承包项目经理部,实行公司法人代表授权的项目经理负责制,建立以一级项目经理为主的项目管理层,选派具有丰富施工经验的管理人员进入项目管理班子,对外适应业主管理的要求,充分发挥公司的经济技术优势,对内建立健全项目经理、项目总工程师、项目副经理、施工员、材料员、机械员、质量员、安全员、试验员、预算员等岗位责任制,由工程项目经理部定期对各专业进行考核,确保预定目标的最终实现。

根据工程的特点,项目部管理机构由三个层次组成,如图 5-2 所示。

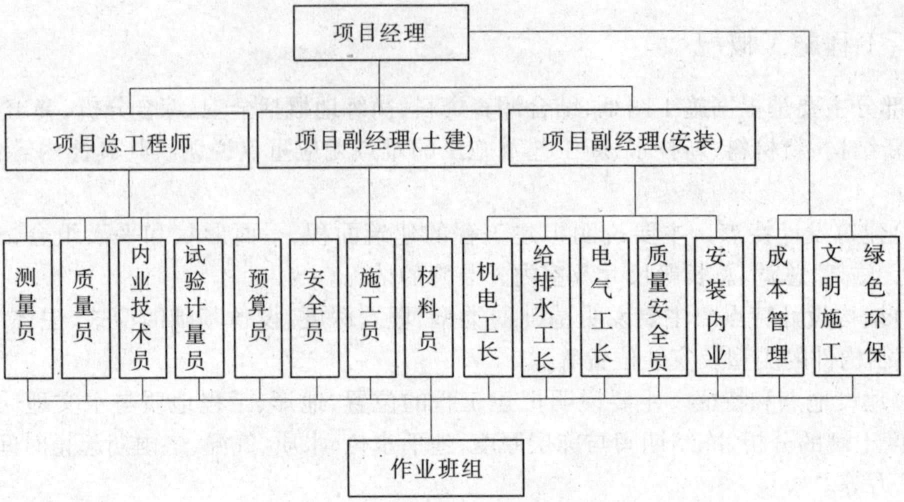

图 5-2　项目部管理机构框图

(一)指挥决策层——工程总指挥部

工程总指挥部是项目施工宏观决策的保障机构,在公司整个范围内,对项目施工所需人员、机械、材料、资金等进行统一协调和调配,为项目提供可靠的保障。

(二)项目管理层——工程承包项目经理部

按照"项目法施工"组成的项目经理负责制,对工程进度、质量、安全、文明施工、合同履约进行全面管理,并协助各工种之间的工序搭接和进度、场地、交叉作业的相互配合,确保工程按照既定质量、工期目标交付使用。

项目经理部由项目经理、项目总工程师、项目副经理等组成。下设施工内业技术、质量安全、计划成本、材料供应等实施部门,具体行使项目部各部门的职能。

(三)施工作业层——直接参与施工的作业班组

精选曾施工过多项优质工程并有过施工同类型工程经验的各专业班组。为实现工期承诺,施工安排上采取基础、主体分区,分阶段施工,同时各建筑依据主体留置的后浇带或沉降缝的分割位置,分段做小流水施工。由此施工作业层在组建上引进土建劳务队伍和安装专业队伍,并根据工期安排要求按实际情况采取两班作业。

二、各职能部门的职责

(一)项目经理的职责

(1)负责项目部的全面工作,是工程的产品质量、安全文明、工期、成本的第一责任人。

(2)负责协调与业主、监理单位的关系,及时接受业主、监理单位和质检部门的相关指令,并全力组织资源完成。

(3)有权对本项目部的机构设置以及项目管理人员的岗位职责作调整,有权在公司内部聘用管理人员以及解雇不称职人员,有权根据公司相关管理要求建立本项目部的奖励和处罚制度,并严格执行。

(4)负责三体系程序文件中相关程序的执行。

(二)项目总工程师的职责

(1)负责项目部的技术工作,包括工程方案的编制及实施监督、施工过程的技术监督、新技术的应用、检验试验的计划及实施组织、技术复核监控、纠正预防措施的制定及实施。

(2)协助项目做好与业主、监理等单位技术信息交流与沟通工作。

(3)协助项目经理搞好三体系的运行、落实。

(三)项目副经理的职责

(1)直接负责各专业及重点部位施工措施的实施。

(2)负责各专业的质量控制。

(3)协调各工种的穿插和交叉流水作业。

(4)负责项目上各项安全、保卫措施的完善与落实。

(5)负责整个项目的文明施工管理。

(6)参与各阶段的工期及总工期的控制。

(7)协助项目经理搞好三体系的运行、落实。

(四)内业技术员职能

(1)负责资料的收集管理。

(2)参与图纸会审、技术交底、施工方案编写。

(3)专业班组按施工图纸施工,按规范操作并按执行标准进行验收。

(4)项目成本管理。

(5)项目预(结)算。

(6)工程量月、季清单统计,进度网络图调整。

(7)负责《文件控制程序》、《建筑施工和服务运行程序》的执行。

(五)专职质检员、专职安全员的职能

(1)进行质量、安全技术交底。

(2)督促劳务层按照质量、安全操作规程施工。

(3)检查现场质量、安全并制定、落实整改措施,消除和处理质量、安全隐患与事故。

(4)执行材料、设备、工程产品的质量检验工作,对检验产品负直接责任。

(5)负责《建筑施工和服务运行程序》、《监视和测量装置控制程序》、《不合格品的控制程序》、《纠正和预防措施程序》、《危险源辩识、风险评价和风险控制程序》、《环境因素识别、评价与更新程序》等的执行。

(六)预算员的职能

(1)项目成本管理。

(2)项目预(结)算。

(3)工程量月、季清单统计,进度网络图调整。

(七)材料员和机电工长的职能

(1)负责材料进场时登记、清点和验收。

(2)负责材料的堆码、标识以及材料收发和保管。

(3)负责机械的进出场和维护保养。

(4)负责《采购控制程序》、《建筑施工和服务运行程序》的执行。

(八)各责任工长的职能

(1)在项目经理的领导下,直接负责本工程施工计划落实,并在质量、工期、安全等方面负责接受上级主管部门的监督、检查,使生产顺利进行。

(2)认真熟悉图纸,严格按设计图要求、施工组织设计和规范、规程组织施工,搞好劳动力、材料、机具设备的合理安排和使用,杜绝返工、浪费,保证工程质量、合同工期的实现,提高工程综合经济效益。

(3)搞好安全生产现场管理,争创标准化文明工地,坚持按规定填写施工日志。

(4)负责《建筑施工和服务运行程序》、《纠正和预防措施程序》、《不合格品控制程序》、《危险源辩识、风险评价和风险控制程序》、《应急准备和响应程序》、《不符合控制程序》的执行。

三、机构运作的保证措施

(一)明确项目经理部的责、权、利

(1)项目经理受公司法人委托,处理工程施工过程中的一切事务,并享有人事组阁权、劳动力选择权、材料采购权以及资金使用权,享有生产指挥权和待遇(工资)分配权。

(2)根据项目经理部的工作实际,明确每个项目管理人员的责、权、利,使全体项目管理人员有条不紊、紧张而有序地开展工作,从而较大幅度提高项目经理部的工作效率,有效促进管理上整体实力的提高,使项目经理有更多的精力和时间来分析运筹较为复杂的环节,做到项目整体下活一盘棋。

(3)项目经理部设资金专用账户,项目上的一切开支由项目经理签字后支付。

(4)为加强竞争机制,本项目部的管理人员均受聘于项目经理,并与项目经理签订工作合同,项目经理有权按合同要求解聘不称职的管理人员及施工作业班组。

(5)项目所需的材料、机械设备、周转材料等由项目经理部按工程进度自行配置。公司严格管理、监督实施。

(6)项目经理部按标准质量管理体系进行质量管理,按环境管理体系做好施工环境管理;按职业健康安全管理体系做好施工安全管理,实现"决策准、指挥灵、落实快"的工作方针。

(二)组织保证措施

(1)成立以公司总经理为首的工作领导小组,项目经理部直接隶属公司总部,由公司法人代表授权项目经理处理施工现场一切事务。

(2)组建强有力的工程项目部,由项目经理选用思想好、业务精、能力强、善合作、服务好的管理人员进入项目经理部。

(3)建立健全项目经理、项目总工程师、项目副经理、施工员、内业、材料、机械、质量安全等岗位责任制,定期对各专业进行考核。项目经理、业主或监理认为不称职的管理人员及施工班组应立即更换。

(4)强化激励与约束机制,实施目标考核。公司针对项目制定工程项目管理责任制目标考核与奖惩办法,以推动项目整体管理水平的提高,激发全体管理人员的工作责任心与积极性。

(5)项目经理部加强同业主、质监站、设计单位及监理单位的联系,定期召开现场大会,重点解决项目的技术、质量、进度等问题。

(6)召开由项目经理主持的班子碰头会,检查当日的工程完成情况,并对次日的工作进行协调安排。

(7)加强劳动用工管理,选用组织能力强、技术水平高、能打硬仗的作业队伍,树立连续作战的精神,确保工程按时完成。

(8)项目经理部加强对项目职工进行素质教育,强化敬业精神,提高工作技能。鼓励参战人员艰苦创业,同时提高其福利待遇,让他们以旺盛的精力积极投入到工程建设中。

(9)项目管理人员一律持证上岗,项目管理人员未经业主同意,中途不得更换,否则公司必须接受处罚。

四、质量、安全保证体系及质量检验体系

在全面熟悉施工图,充分领会设计意图的前提下,建立以公司经理、总工程师为首的质量保证体系、工程质量监督保证体系、安全管理体系及施工质量检验体系,使所有部门纵横沟通,相互联系,高速、有效的运作,排除人员、材料、机械、方法、环境等5大因素对工程质量的影响,从而最终保证工程质量,最终实现争创“合格”的质量目标。

(一)质量保证体系

公司建立以总经理为负责人,总工程师为技术业务领导,由经营、生产、人劳副总经理及总会计师参与的质量管理机构,对工程质量进行监督控制。

公司以质量安全部经理为首组织相关职能部门人员成立质量检查小组,代表公司总经理和总工程师对工程质量进行动态跟踪控制,严把每道工序质量关。

项目经理部在工程施工,加工制作过程中,对工程各施工项及成品由操作人员进行自检,由施工人员组织班组之间和上下工序之间进行互检,由专职质检人员对产品质量进行专检。

工程施工过程中应严格控制影响质量的因素。因此,项目经理部做到以下几点尤为关键:

(1)提高全体参建人员的质量意识、技术素质,加强培训教育与考核。

(2)加强机械设备管理,使设备总体保持在最佳运行状态。

(3)把好采购关,应用新材料,着重原材料的管理。

(4)采用新工艺、新方法,使施工方法科学化、技术规范化。

(5)利用先进设备和方法,提高施工质量检测水平。

(6)注意施工现场环境管理,排除环境干扰因素。

(二)工程质量监督保证体系

1. 建立项目质量监督保证体系

项目质量监督保证体系如图5-3所示。

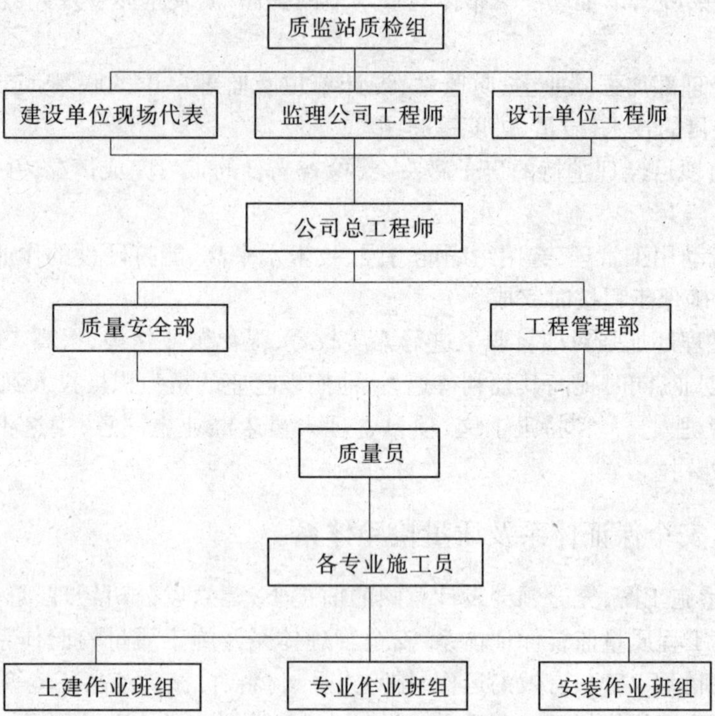

图 5-3　项目质量监督保证体系

2. 项目质量监督保证体系的运行

(1)项目总工程师负责监督文件和资料控制、检验和试验状态及其设备控制、质量记录控制、内部质量审核、纠正预防措施等要素的具体实施。

(2)施工员及各班组长认真进行施工自查、互查,对违反技术、质量操作规程的作业应及时制止、纠正。

(3)质检员独立、客观开展质检工作,对质量检验不合格品有权禁止放行。

(4)测量员发现因测量数据不准造成质量事故时,应及时通知主管领导,并及时纠正。

(5)试验计量员参与调查处理因试验计量失准导致的质量事故。

(三)安全管理体系

1. 建立安全管理体系

安全管理体系如图 5-4 所示。

2. 安全管理体系的运行

(1)广泛开展安全教育,使全体参建人员牢固树立"安全第一、预防为主"的思想,真正懂得安全生产的重要性,自觉遵守各项安全法规。

(2)对新工人必须进行"三级教育",合格的准予上岗。

(3)对电工作业、焊接(气割)作业、超重机械作业等特种作业人员必须持证上岗。

(4)对新技术、新工艺、新设备的操作人员,由质量安全部组织进行技术操作及安全教育,合格后方可上岗。

(5)施工生产中,除进行经常性的检查外,项目经理部每周、公司每月组织定期检查。

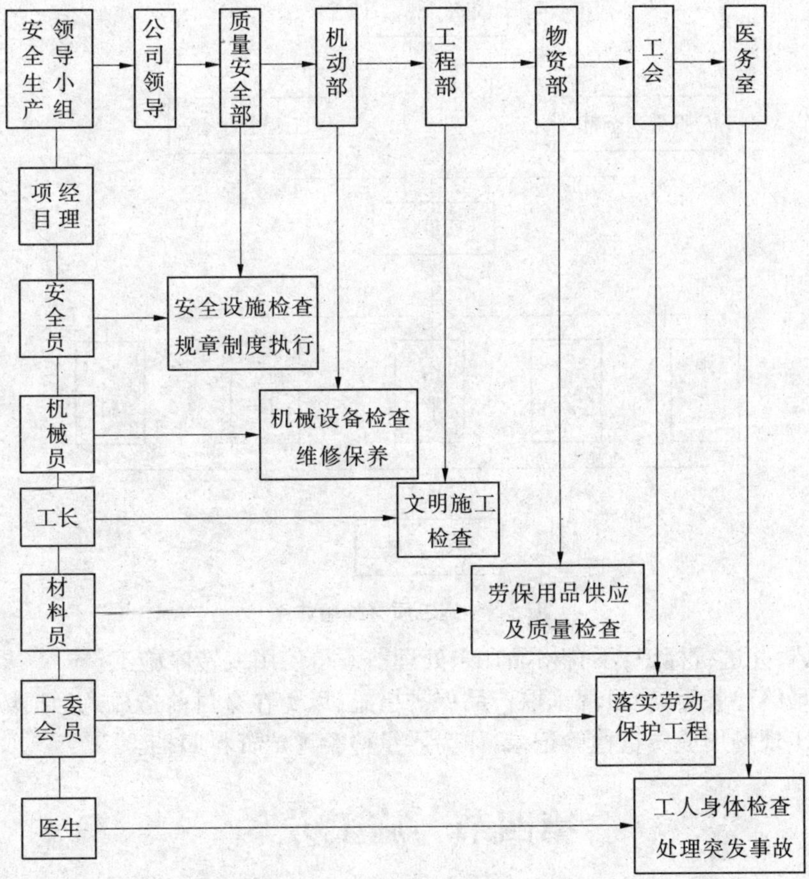

图5-4　安全管理体系

(6)对查出的隐患立即整改,不能立即整改的,要立即制订整改计划,定人、定措施、定经费、定完成期限,按期完成。

(7)每次检查要做好记录,以备查验。

(四)施工质量检验体系

1. 建立施工质量检验体系

施工质量检验体系如图5-5所示。

2. 施工质量检验体系的运行

(1)工程施工的质检员必须持证上岗。

(2)公司质量安全部组织有关部门对工程质量进行定期检查,分析鉴定质量事故并提出处理意见。

(3)项目部坚持执行施工过程中的自检、互检、专职检相结合的三检制。

(4)项目总工程师负责对本工程的轴线、标高、特殊过程的技术问题在施工完成后进行技术复核。

(5)对经检验发现不合格的施工分项、原材料、外购物资等,由质检员立即填写"不合

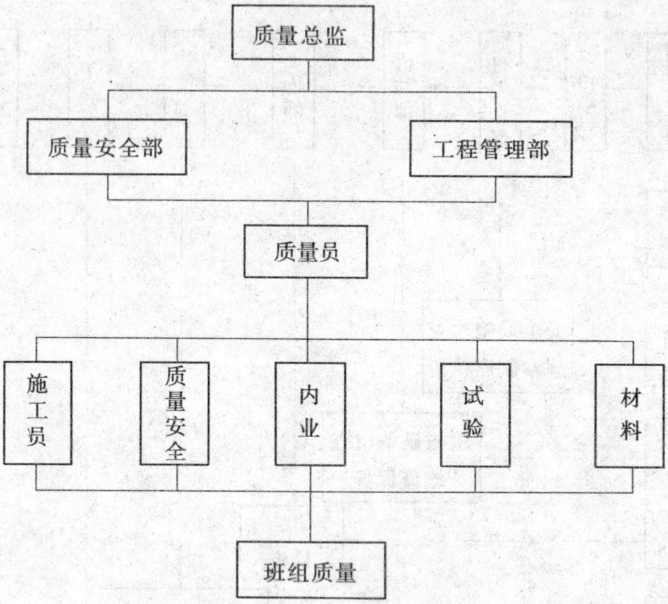

图 5-5　施工质量检验体系

格品报告单”，并进行标识，不合格品在未处理前不得使用或转序施工。

（6）在最终检验后，项目部采取产品保护措施，以免在交付前造成人为损坏和污染。

（7）施工现场形成质量检验记录，作为质量检验评定资料归档。

第四节　施工方案

施工方案的选择是单位工程施工组织设计中的重要环节，是决定整个工程全局的关键。施工方案选择的恰当与否，将直接影响到单位工程的施工效率、进度安排、施工质量、施工安全、工期长短。因此，必须在若干个初步方案的基础上进行认真分析比较，力求选择出一个最经济、最合理的施工方案。

施工方案的设计一般包括：确定单位工程的施工程序、确定单位工程的施工起点和流向、确定施工顺序、确定主要分部分项工程的施工方法和选择施工机械。

一、确定单位工程的施工程序

单位工程的施工程序是指单位工程中各分部工程和施工阶段的先后次序及其制约关系。确定施工程序时应遵循下列原则。

（一）先地下后地上

先地下后地上是指先完成管道、管线等地下设施，土方工程和基础工程，然后开始地上工程施工。

（二）先主体后围护

先主体后围护是指框架结构建筑和装配式单层工业厂房施工中，先完成主体结构，再进行围护结构施工，但在总的程序上要有合理的搭接。一般情况下，高层建筑应尽量搭接施工,以缩短工期。

(三)先结构后装饰

先结构后装饰是指先进行主体结构施工,后进行装饰工程的施工,这是指一般情况。为缩短工期,也可以部分搭接施工。如在工期要求很紧的情况下,多层建筑的室内装修,可在主体施工到3层以上时开始,与主体同时进行。

(四)先土建后设备

先土建后设备是指一般情况下,土建施工应先于建筑设备安装。但它们之间更多的是穿插配合关系,一般在土建施工的同时要配合进行有关建筑设备的安装预埋工作。

(五)交工验收

单位工程施工完成后,施工单位应先进行内部预验收,严格检查工程质量,整理各项技术经济资料;然后经建设单位、监理单位、施工单位和质量监督部门等有关单位进行交工验收,检查合格后,办理交工验收手续及有关事宜。

二、确定单位工程的施工起点和流向

单位工程的施工起点和流向是指单位工程在平面与竖向上施工开始的部位及开展的方向。单层建筑应分区分段地确定平面上的施工流向;多层建筑除要确定平面上的施工流向外,还要确定竖向上的施工流向。

(一)确定单位工程的施工起点和流向的因素

确定单位工程的施工起点和流向时一般应考虑以下因素:

(1)考虑各部分施工内容的繁简程度。技术复杂、对工期有影响的关键部位应先施工,而对于比较简单的分部分项工程可后施工。

(2)考虑用户的使用要求。使用上要求急的部位应先安排施工,以满足用户的使用要求。

(3)生产性建筑要考虑生产工艺流程及先后投产顺序。

(4)考虑所选择的施工机械。如基础施工中,由于不同机械的开行路线不同,所以所选用的机械就决定了挖土的施工起点和流向。

(5)考虑施工组织的要求。施工段的划分部位,也是影响其施工流向的主要因素。

当有高低层或高低跨并列时,应先从并列处开始施工。当基础埋深不同时,一般按先深后浅的顺序进行施工。

(二)单位工程中各分部工程施工起点和流向的一般情况

单位工程中的各分部工程结合其施工特点和具体的工程条件来确定其施工流向。就多层建筑来讲,其各分部工程的施工起点和流向按基础、主体、屋面及装修工程分别考虑。

1. 基础工程

基础工程一般由施工机械和施工方法确定其平面的施工流向。

2. 主体工程

主体工程在平面上一般从哪边开始都可以,在竖向上一般从底层开始,逐层向上进行施工。

3. 屋面工程

屋面工程一般采用先高后低的施工流向。

4. 装饰工程

装饰工程包括室外装饰和室内装饰。室外和室内的施工顺序可以是先外后内、先内后外或内外同时施工。

室外装饰工程一般采用自上而下的施工流向。

室内装饰工程可采用自上而下、自下而上或自中而下再自上而中的施工流向：

（1）室内装饰工程自上而下的施工流向。这种施工流向是指主体结构封顶，做完屋面防水层后，装修从顶层开始，逐层向下的施工流向。有水平向下和垂直向下两种形式，如图 5-6 所示。

这种施工流向的特点是主体结构完成后，建筑物有一定的沉降时间，这样能保证装修的质量，减少和避免各工种操作的交叉，有利于安全施工和现场管理。但室内装修工程不能与主体工程搭接施工，工期较长。

（2）室内装饰工程自下而上的施工流向。这种施工流向是指当主体施工到 3 层以上时，装修从底层开始，逐层向上的施工流向。有水平向上和垂直向上两种形式，如图 5-7 所示。

这种流向的特点是装饰工程与主体施工平行搭接，缩短了工期；但由于工种操作相互交叉，同时需要的资源量较大，使得施工现场的组织与管理复杂。

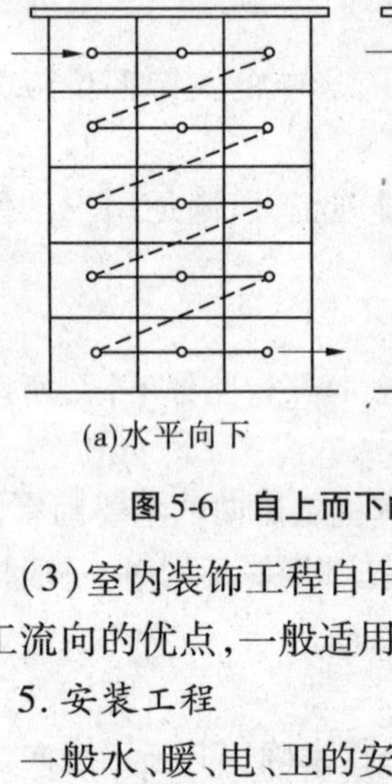

(a)水平向下　(b)垂直向下

图 5-6　自上而下的施工流向

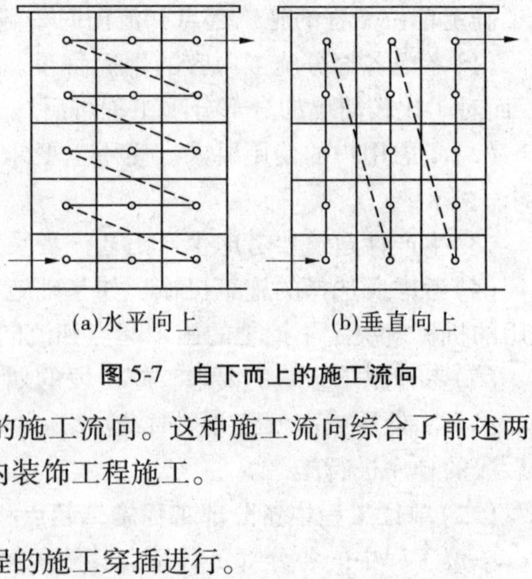

(a)水平向上　(b)垂直向上

图 5-7　自下而上的施工流向

（3）室内装饰工程自中而下再自上而中的施工流向。这种施工流向综合了前述两种施工流向的优点，一般适用于高层建筑的室内装饰工程施工。

5. 安装工程

一般水、暖、电、卫的安装要结合土建工程的施工穿插进行。

各种施工流水方案都有不同的特点，要根据工程的具体情况、工期的要求等来确定。

三、确定施工顺序

施工顺序是指分部分项工程或施工过程之间施工的先后次序。确定施工顺序时，既要考虑施工的客观规律、工艺顺序，又要考虑各工种在时间与空间上最大限度的搭接，从而在保证质量和安全的基础上充分利用工作面，争取时间、缩短工期，取得较好的经济效益。

(一)确定施工顺序的基本要求

1. 遵循施工程序

确定单位工程的施工顺序,首先要符合施工程序的要求。

2. 符合施工工艺的要求

建筑工程施工过程中,各施工过程之间存在着一定的工艺顺序关系,这是由客观规律决定的。如建筑工程施工,要先完成基础才能进行主体;现浇钢筋混凝土楼板,要先完成支模板绑钢筋才能浇筑混凝土等。

3. 与施工方法和施工机械相协调

施工方案所确定的施工方法和选择的施工机械对施工顺序有很大的影响。如在单层工业厂房结构安装工程中,若采用自行式起重机,一般采用分件吊装法,施工顺序为:吊装柱→吊装梁→吊装各节间的屋架及屋面板等,起重机在厂房内 3 次开行才能吊装完厂房结构构件;而选择桅杆式起重机,则必须采用综合吊装法,其施工顺序为一个节间的全部构件吊装完成后,再依次吊装下一个节间的构件,直至构件全部吊装完成。

4. 考虑施工质量的要求

在安排施工顺序时,应以确保工程质量为前提。如室内抹灰,为保证墙面抹灰质量,应先进行天棚抹灰,再进行墙面抹灰。

5. 考虑施工安全的要求

如室内装饰工程施工若采用自下而上的施工顺序,则要求主体结构施工到三层以上(隔两层楼板)时才能开始,以保证底层施工操作的安全。

6. 考虑气候条件的影响

工程施工顺序要适应工程建设地点气候变化规律的要求,如在冬雨期到来之前,应先做好室外各项施工过程,为室内施工创造条件。

(二)几种常见建筑的施工顺序

1. 多层混合结构房屋施工顺序

多层混合结构房屋施工,按照结构部位及施工特点,通常分为基础工程、主体结构工程、屋面工程、装饰工程、房屋设备安装等几个阶段。施工顺序如图 5-8 所示。

1)基础工程施工顺序

基础工程的施工顺序一般为:挖土→做垫层→做基础→地圈梁→回填土。当有地下室时,其施工顺序一般为:挖土→做垫层→地下室底板→地下室墙身→防水层→地下室顶板→回填土。

在挖槽和钎探过程中发现地下有障碍物或软弱地基时,应进行局部加固处理。因基础工程受自然条件影响较大,各施工过程安排应尽量紧凑。基坑(槽)暴露时间不宜太长,以防暴晒和积水,影响其承载力。垫层施工完成后,要留有一定的技术间歇时间,使其具有一定强度之后,再进行下一道工序施工。回填土应在基础完成后一次分层压实,这样既可保证基础不受雨水浸泡,又可为后续工作提供场地条件。

各种管沟的施工,应尽可能与基础工程配合进行,平行搭接,合理安排施工顺序,避免土方重复开挖。

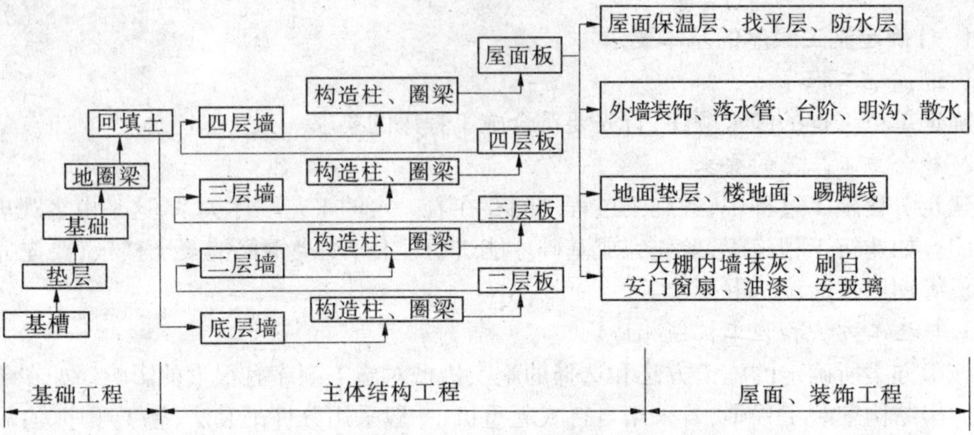

图5-8　多层混合结构房屋施工顺序示意图

2）主体结构施工顺序

主体结构主要施工过程有：搭设脚手架，砌筑墙体，安装门窗框，安装过梁，浇筑钢筋混凝土圈梁、构造柱、楼梯、雨篷，吊装预制楼板或浇筑钢筋混凝土楼板、屋面板等。其主导施工过程为砌筑墙体和吊装楼板（或现浇楼板）。

在主体施工阶段，砌墙和现浇楼板（或安装楼板）为主导施工过程，应使它们在施工中保持连续、均衡、有节奏的进行，其他施工过程则应配合砌墙和现浇楼板（或安装楼板）搭接进行。如脚手架应随主体的进行逐层逐段搭设；其他现浇钢筋混凝土构件的支模板、绑钢筋、浇筑混凝土可安排在现浇楼板的同时或砌筑墙体的最后一步插入。对于现浇楼板的砖混结构房屋，其施工顺序一般为：立构造柱钢筋→砌筑墙体→支构造柱模板→浇构造柱混凝土→支梁、板、楼梯模板→绑扎梁、板、楼梯钢筋→浇梁、板、楼梯混凝土。

3）屋面与装饰工程的施工顺序

刚性防水屋面的施工顺序一般为：结构层→隔离层→防水层。柔性卷材防水屋面的施工顺序一般为：结构层→找坡层→保温层→找平层→结合层→防水层→保护层。其中找平层施工完成后，要充分干燥后才能进行防水层的施工，以保证防水层的质量。为给装饰施工创造条件，主体结构封顶后，屋面防水施工应尽早开始。

装饰工程的手工作业量大、工种多、材料种类多，因此要妥善安排装饰工程施工顺序，组织好流水施工。装饰工程分为室外装饰和室内装饰，通常可采用先外后内、先内后外或内外同时的施工顺序。

室外装饰，一般采用自上而下的施工流向，最后进行台阶、散水的施工。

室内装饰包括安装门窗框、室内抹灰、安装门窗扇玻璃、油漆等。室内抹灰工程应在室内设备安装并检验后进行。从整体上可采用自上而下、自下而上、自中而下再自上而中三种施工顺序进行。

在同一楼层室内抹灰的施工顺序有两种，一种为：顶棚→墙面→地面。这种抹灰顺序的优点是工期较短，但由于在顶棚、墙面抹灰时有落地灰，在地面抹灰之前，应将落地灰清理干净，否则会影响地面的抹灰质量；同时，在进行楼地面抹灰时的施工渗漏水可能会影响墙面的抹灰质量，所以在施工时要注意采取一定的措施。另一种顺序为：地面→顶棚→

墙面。按照这种顺序施工,室内清洁方便,地面抹灰质量容易保证,但地面抹灰完成后需要有一定的养护时间,才能进行顶棚和墙面的抹灰。

楼梯和走道是施工的主要通道,在施工期间容易损坏,应在抹灰工程结束后,由上而下施工,并采用相应措施保护。底层地面一般在各层墙面、楼地面做好后进行。门窗框的安装应在抹灰前进行,而门窗扇的安装可据施工条件和气候情况在抹灰前或抹灰后进行。门窗油漆后再安装玻璃。

4)房屋设备安装工程

房屋设备安装工程的施工一般与土建施工交叉进行。基础阶段埋设好相应的管沟后,再进行回填;主体阶段,在砌筑墙体和现浇楼板时,预留电线、水管等的孔洞和其他预埋件;装修阶段,应安装各种管道和附墙暗管、接线盒等。水、暖、电、卫等设备安装最好在楼地面和墙面抹灰之前或之后穿插施工。

2. 多层现浇钢筋混凝土框架结构施工顺序

多层现浇钢筋混凝土框架结构房屋施工,按照结构部位及施工特点,通常分为基础工程、主体结构工程、屋面工程、围护结构工程、装饰工程及设备安装几个阶段。施工顺序如图 5-9 所示。

图 5-9　多层现浇钢筋混凝土框架结构房屋施工顺序示意图

(1)基础阶段施工顺序。若无地下室,其施工顺序一般为:挖土→做垫层→钢筋混凝土基础→回填土;若有地下室,则其施工顺序为:桩基础施工→土方开挖→做垫层→做地下室底板→做地下室墙、柱(防水处理)→地下室顶板→回填土。

(2)主体阶段施工顺序。主体阶段的施工主要包括梁、板、柱的施工。其施工顺序一般为:绑扎柱钢筋→支梁、板、柱、梯模板→浇柱混凝土→绑扎梁、板钢筋→浇梁、板、梯混凝土→养护→拆模。

(3)围护结构工程施工顺序。围护工程包括砌筑外墙、内墙,安装门窗等施工过程。这些施工过程,可以按要求组织平行、搭接及流水施工。

(4)屋面及装饰工程的施工顺序同多层砖混结构施工顺序。

3.装配式单层工业厂房施工顺序

装配式单层工业厂房应用较广,其施工特点是:基础施工复杂,构件预制吊装工作量大,施工时不仅要考虑土建与设备的安装配合,还要考虑生产工艺流程。单层工业厂房按照结构部位不同的施工特点,一般分为基础工程、预制工程、结构吊装工程、屋面工程、围护结构工程、装饰工程及设备安装工程等几个阶段。施工顺序如图5-10所示。

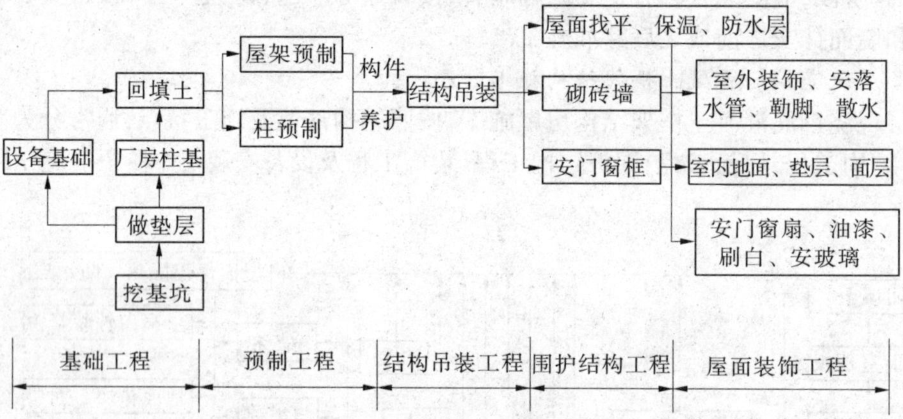

图5-10 装配式单层工业厂房施工顺序示意图

1)基础阶段施工顺序

基础阶段施工顺序一般为:基坑挖土→做垫层→绑扎基础钢筋→安装模板→浇筑基础混凝土→养护、拆模→回填土。

当厂房建在土质较差的场地上时,通常采用桩基础。为了缩短工期,常将打桩阶段安排在施工准备阶段进行。

基础工程包括厂房柱基础和设备基础的施工。在安排施工顺序时,首先要确定厂房柱基础与设备基础的施工顺序,因为它会影响到主体结构和设备安装的方法及开始时间,通常有两种方案:

(1)封闭式施工。即先施工厂房柱基础,主体结构施工完毕后,再施工设备基础。一般适用于厂房柱基础埋深大于设备基础埋深的情况。这种方案,柱基础施工和构件预制的工作面比较宽,便于布置机械的开行路线,设备基础在室内施工,不受气候影响。缺点是会出现一些重复性的工作,而且设备基础的施工条件差。

(2)敞开式施工。即采用厂房柱基础与设备基础同时施工的方式。这种方案适用于设备基础埋深大于厂房柱基础埋深的情况。其优缺点与封闭式施工正好相反。

2)预制工程的施工顺序

单层工业厂房构件的预制,通常采用工厂预制和现场预制相结合的方法。对于重大、较大和运输不便的构件,可在现场预制,如柱子、屋架等;对于中小型构件可在工厂预制。

非预应力钢筋混凝土构件预制的施工顺序为：支模板→绑扎钢筋→浇筑混凝土→养护→拆模；预应力钢筋混凝土构件预制的施工顺序有两种，即先张法和后张法，一般采用后张法施工。后张法的施工顺序为：支模板→绑扎钢筋→预埋铁件→预留孔道→浇筑混凝土→养护→拆模→预应力筋张拉、锚固→孔道灌浆等。

3）构件吊装阶段的施工顺序

结构吊装工程是装配式单层工业厂房施工中的主导施工过程。其吊装流向通常与预制构件制作流向一致。这一阶段主要施工过程有：安装柱子、柱间支撑、基础梁、连系梁、吊车梁、屋架、天窗架和屋面板等。

构件吊装顺序取决于吊装方法，单层工业厂房结构吊装方法有分件吊装法和综合吊装法。若采用分件吊装法，其吊装顺序一般为：第一次开行吊装全部柱子，并校正、固定；待接头混凝土强度达到设计标准值75%以后，第二次开行吊装吊车梁、托架梁、连系梁与柱间支撑；第三次开行吊装完全部屋盖系统构件。若采用综合吊装法，其吊装顺序一般是先吊4～6根柱并迅速校正和固定，再吊装梁及屋盖的全部构件，如此依次逐个节间吊装，直到整个厂房吊装完毕。

4）屋面、围护及装饰工程施工顺序

这一阶段总的施工顺序为：围护结构→屋面工程→装修工程。但有时也平行搭接施工。

围护工程主要工作内容为：墙体砌筑、安装门窗框等施工过程。其施工顺序一般为：搭设垂直运输设施→砌筑围护墙→现浇门框、雨篷、圈梁等。

屋面工程在屋盖构件吊装完毕，垂直运输设备搭设好后即可施工。它包括屋面板灌缝，保温层、找平层、结合层、防水层及保护层施工。在铺卷材之前，应将天窗扇及玻璃安装好，特别要注意天窗架部分的屋面防水、天窗围护工作等，确保屋面防水的质量。

一般单层工业厂房装饰标准较低，可与设备安装等工序穿插进行。

5）设备安装阶段施工顺序

水、暖、电、卫的安装与砖混结构相同。生产设备的安装，一般由专业公司承担。

上面所述多层混合结构房屋、多层现浇钢筋混凝土框架结构房屋和装配式单层工业厂房的施工顺序，仅适用于一般情况。建筑施工顺序的确定既是一个复杂的过程，又是一个发展的过程，它随着科学技术的发展，人们观念的更新在不断的变化。因此，针对每一个单位工程，必须根据其施工特点和具体情况，合理确定施工顺序。

四、确定主要分部分项工程的施工方法和选择施工机械

施工方法和施工机械的选择是施工方案中的重要问题，它直接影响施工进度、质量、安全及工程成本。一个工程的每个施工过程，其施工方法可采用多种形式。施工单位应根据施工对象的建筑特征、结构型式、场地条件及工期要求等，对多种施工方法进行比较，选择一个先进合理的、适合该工程的施工方法，并选择相应的施工机械。

主要分部分项工程的施工方法和施工机械，在建筑施工技术课程中已详细叙述，这里仅选择要点归纳一下。

(一)施工方法的选择

1. 确定施工方法应遵循的原则

(1)选择施工方法,首先应着重考虑影响整个单位工程的分部分项工程。如工程量较大、施工技术复杂或采用新技术、新工艺及对工程质量起关键作用的分部分项工程,对常规做法和工人熟悉的项目,只要提出具体要求,不必详细拟定。

(2)施工方法在技术上的先进性和经济上的合理性相统一。选择施工方法时,除要求技术上先进合理外,还要考虑对施工单位的可行性和经济性。

(3)要考虑施工技术上的要求,如吊装机械型号、数量的选择应满足构件吊装的技术和进度要求。

2. 主要分部分项工程施工方法要点

1)土石方工程

(1)计算土石方工程的工程量,确定土石方开挖或爆破方法,选择土石方施工机械。

(2)确定土壁放坡的边坡系数或土壁支护形式及打桩方法。

(3)选择地面排水、降低地下水位的方法,确定排水沟、集水井或布置井点降水所需设备。

(4)确定土方调配方案。

2)基础工程

(1)浅基础施工的技术要点及所需的机械型号和数量。

(2)桩基础的施工方法及施工机械的选择。

(3)地下室工程施工的技术要求等。

3)砌筑工程

(1)脚手架的搭设方式及要求。

(2)垂直及水平运输设备的选择。

(3)砖墙的组砌方法和质量要求。

(4)弹线及皮数杆的控制要求等。

4)钢筋混凝土工程

(1)确定混凝土工程的施工方案。

(2)确定模板类型和支模方法,对于复杂工程还需进行模板设计和模板放样。

(3)确定钢筋的加工、绑扎、焊接方法及所需的机具型号和数量。

(4)选择混凝土制备方案,确定搅拌、运输、浇筑方法,选择混凝土垂直运输机械。

(5)确定施工缝留设位置及处理要求。

(6)确定预应力混凝土结构的施工方法,选择所需的机具型号和数量等。

5)结构吊装工程

(1)确定构件的吊装方法及所需机械的型号和数量。

(2)确定吊装机械的开行路线,构件制作平面布置,拼装场地。

(3)确定构件运输、装卸、堆放要求和所需机具设备型号、数量等。

6)屋面工程

(1)确定屋面工程的施工方法。

(2)确定屋面工程各个层次的操作要求。

(3)确定屋面工程所用材料和运输方式等。

7)装饰工程

(1)确定装饰工程的施工方法及操作要求。

(2)确定材料运输方式及储存要求。

(3)确定工艺流程和施工组织,尽可能组织装修与结构施工穿插进行,以缩短工期。

8)其他项目

对于特殊项目如采用新材料、新工艺、新技术、新结构的项目,以及大跨度、高耸结构、水下结构、软弱地基等项目,应单独选择施工方法,阐明施工技术要点,进行技术交底,拟定安全质量措施。

(二)施工机械的选择

选择施工方法,必然要考虑所选用的施工机械。机械化施工是当前建筑工业生产的主流。因此,施工机械的选择是施工方法选择的中心环节。选择施工机械考虑的主要因素包括以下方面:

(1)根据工程特点,首先选择适宜主导工程的施工机械。如地下工程的土方机械,主体结构工程的垂直、水平运输机械,结构吊装工程的起重机械等。

(2)辅助机械或运输工具要与主导机械的生产能力相协调,以充分发挥主导机械的效率。如土方工程在采用汽车运土时,汽车的载重量应为挖土机斗容量的整数倍,汽车的数量应保证挖土机连续工作。

(3)兼顾施工机械的适用性和多样性,充分发挥施工机械的利用率。同一工地上,应力求建筑机械的种类和型号尽可能少一些,以利于机械管理和降低成本;尽量做到一机多能,提高机械使用效率。

(4)机械选用应考虑充分发挥施工单位现有机械的能力,不能满足工程需要时,则应购置或租赁所需新型机械或多用机械。

第五节　单位工程施工进度计划

单位工程施工进度计划是在施工方案的基础上,根据规定工期和技术物资供应条件,遵循工程的施工顺序,用图表形式表示各分部分项工程搭接关系及工程开工竣工时间的一种计划安排。

一、单位工程施工进度计划的作用及分类

单位工程施工进度计划是施工组织设计的重要内容。它的主要作用是:确定各分部分项工程的施工时间及其相互之间的衔接、穿插、平行搭接、协作配合等关系;确定所需的劳动力、机械、材料等资源量;指导现场的施工安排,确保施工任务的如期完成。

单位工程施工进度计划根据工程规模的大小、结构的复杂难易程度、工期长短、资源供应情况等因素考虑,根据其作用,一般可分为控制性进度计划和指导性进度计划两类。

控制性进度计划按分部工程来划分施工过程,控制各分部工程的施工时间及其相互搭接配合关系。它主要适用于工程结构较复杂、规模较大、工期较长而需跨年度施工的工

程(如宾馆、体育场、火车站候车大楼等大型公共建筑),还适用于虽然工程规模不大或结构不复杂但各种资源(劳动力、机械、材料等)不落实的情况,以及由于建筑结构等可能变化的情况。

指导性进度计划按分项工程或施工工序来划分施工过程,具体确定各施工过程的施工时间及其相互搭接、配合关系。它适用于任务具体而明确、施工条件基本落实、各项资源供应正常、施工工期不太长的工程。

单位工程施工进度计划的编制依据主要包括:施工图、工艺图及有关标准图等技术资料;施工组织总设计对工程的要求;施工工期要求;施工方案;施工定额以及施工资源供应情况。

二、单位工程施工进度计划的编制

(一)单位工程施工进度计划的编制程序

单位工程施工进度计划的编制程序如图5-11所示。

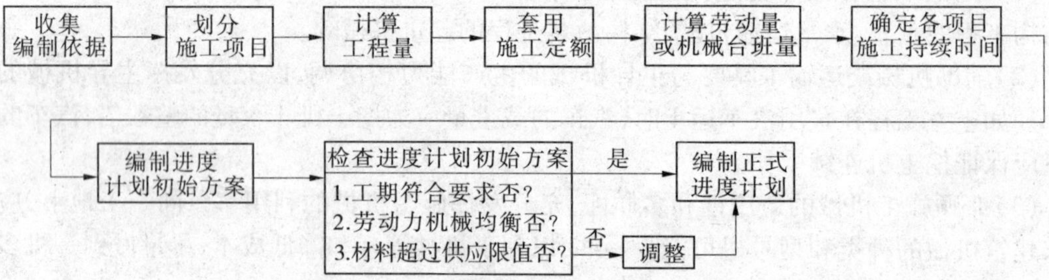

图5-11　单位工程施工进度计划的编制程序

(二)单位工程施工进度计划的编制步骤及方法

1.划分施工过程

编制单位工程施工进度计划时,首先必须研究施工过程的划分,再进行有关内容的计算和设计。

在划分施工项目时,应注意以下几个问题:

(1)施工项目划分的粗细程度。

(2)要结合所选择的施工方案。

(3)适当简化,突出重点。

(4)水、暖、电、卫和智能建筑专业不必细分。

(5)施工项目名称规范,内容不遗漏、不重复。

2.计算工程量

当确定了施工过程之后,应计算每个施工过程的工程量。工程量应根据施工图纸、工程量计算规则及相应的施工方法进行计算。实际就是按工程的几何形状进行计算。计算时应注意以下几个问题。

1)注意工程量的计量单位

每个施工过程工程量的计量单位应与采用的施工定额的计量单位一致。如模板工程以平方米为计量单位，绑扎钢筋以吨为计量单位，混凝土以立方米为计量单位等。这样，在计算劳动量、材料消耗量及机械台班量时就可直接套用施工定额，不再进行换算。

2)注意采用的施工方法

计算工程量时，应与采用的施工方法相一致，以便计算的工程量与施工的实际情况相符合。例如，挖土时是否放坡，是否加工作面，坡度和工作面尺寸是多少；开挖方式是单独开挖、条形开挖，还是整片开挖等，不同的开挖方式，土方量相差是很大的。

3)正确取用预算文件中的工程量

如果编制单位工程施工进度计划时，已编制出预算文件（施工图预算或施工预算），那么工程量可从预算文件中抄出并汇总。但是，施工进度计划中某些施工过程与预算文件的内容不同或有出入（如计量单位、计算规则、采用的定额等），则应根据施工实际情况加以修改、调整或重新计算。

3. 套用施工定额

确定了施工过程及其工程量之后，即可套用施工定额（当地实际采用的劳动定额及机械台班定额），以确定劳动量和机械台班量。

在套用国家或当地颁发的定额时，必须注意结合本单位工人的技术等级、实际操作水平、施工机械情况和施工现场条件等因素，确定定额的实际水平，使计算出来的劳动量、机械台班量符合实际需要。

有些采用新技术、新材料、新工艺或特殊施工方法的施工过程，定额中尚未编入，这时可参考类似施工过程的定额、经验资料，按实际情况确定。

4. 计算劳动量及机械台班量

根据工程量及确定采用的施工定额，即可进行劳动量及机械台班量的计算。

1)劳动量的计算

劳动量也称劳动工日数。凡是采用手工操作为主的施工过程，其劳动量均可按式(5-1)计算：

$$P_i = Q_i/S_i \text{ 或 } P_i = Q_i H_i \tag{5-1}$$

式中 P_i——某施工过程所需劳动量（工日）或机械台班数量（台班）；

Q_i——该施工过程的工程量，m^3、m^2、m、t 等；

S_i——该施工过程采用的产量定额，m^3/工日、m^2/工日、m/工日、t/工日等；

H_i——该施工过程采用的时间定额，工日/m^3、工日/m^2、工日/m、工日/t 等。

【例5-1】 某混合结构工程基槽人工挖土量为700 m^3，查劳动定额得产量定额为3.5 m^3/工日，计算完成基槽挖土所需的劳动量。

解：$P = 700/3.5 = 200$（工日）

【例5-2】 某钢筋混凝土基础工程，其支模板、扎钢筋、浇筑混凝土3个施工过程的工程量分别为500 m^2、5.5 t、300 m^3，查劳动定额其时间定额分别为0.253 工日/m^2、5.28 工日/t、0.388 工日/m^3，试计算完成钢筋混凝土基础所需的劳动量。

解：$P_{模} = 500 \times 0.253 = 126.5$（工日）

$P_{筋} = 5.5 \times 5.28 = 29.04$（工日）

$P_{混凝土} = 300 \times 0.833 = 249.9$（工日）

$P_{基} = P_{模} + P_{筋} + P_{混凝土} = 126.5 + 29.04 + 249.9 = 405.44$（工日）

2）机械台班量的计算

凡是采用机械为主的施工过程，可按式（5-2）计算其所需的机械台班数：

$$P_{机械} = Q_{机械}/S_{机械} \text{ 或 } P_{机械} = Q_{机械} \times H_{机械} \tag{5-2}$$

式中 $P_{机械}$——某施工过程需要的机械台班数，台班；

$Q_{机械}$——机械完成的工程量，m^3、t、件等；

$S_{机械}$——机械的产量定额，m^3/台班、t/台班等；

$H_{机械}$——机械的时间定额，台班/m^3、台班/t 等。

在实际计算中，$S_{机械}$或$H_{机械}$的采用应根据机械的实际情况、施工条件等因素考虑，结合实际确定，以便准确地计算需要的机械台班数。

【例 5-3】 某工程基础挖土采用 W－100 型反铲挖土机挖土，挖土方量为 2 099 m^3，经计算采用的机械台班产量为 120 m^3/台班。计算挖土机所需台班量。

解：$P_{机械} = Q_{机械}/S_{机械} = 2\,099/120 = 17.49$（台班）

取 17.5 个台班。

5. 计算确定施工过程的持续时间

施工过程持续时间的确定方法有三种：经验估算法、定额计算法和计划倒排法。

1）经验估算法

经验估算法也称三时估算法，即先估计出完成该施工过程的最乐观时间、最悲观时间和最可能时间三种施工时间，再根据式（5-3）计算出该施工过程的持续时间。这种方法适用于新结构、新技术、新工艺、新材料等无定额可循的施工过程。

$$D = (A + 4B + C)/6 \tag{5-3}$$

式中 A——最乐观的时间估算（最短的时间）；

B——最可能的时间估算（最正常的时间）；

C——最悲观的时间估算（最长的时间）。

2）定额计算法

定额计算法是根据施工过程需要的劳动量或机械台班量，以及配备的劳动人数或机械台数，确定施工过程持续时间。其按式（5-4）计算：

$$t = \frac{Q}{RSN} = \frac{P}{RN} \tag{5-4}$$

式中 t——某项目的施工过程持续时间，d；

P——该施工过程所需的劳动量（工日）或机械台班数量（台班）；

R——该施工过程所配备的施工班组人数或机械数量；

N——每天采用的工作班制，班、台班；

S——该施工过程每个工日（台班）的产量；

Q——该施工过程的工程量，m^3、m^2、m、t。

在实际工作中，还必须结合施工现场的具体条件、最小工作面与最小劳动组合人数的要求，以及机械施工的工作面大小、机械效率、机械必要的停歇维修与保养时间等因素考虑，才能确定符合实际可能和要求的施工班组人数及机械台数。

每天工作班制确定，当工期允许、劳动力和施工机械周转使用不紧迫、施工工艺上无连续施工要求时，通常采用一班制施工。当工期较紧或为了提高施工机械的使用效率及加快机械的周转使用，或工艺上要求连续施工时，某些施工项目可考虑两班甚至三班制施工。但采用多班制施工，必然增加有关设施及费用，因此须慎重研究确定。

3）计划倒排法

计划倒排法根据施工的工期要求，先确定施工过程的持续时间及工作班制，再确定施工班组人数或机械台数。其按式(5-5)计算：

$$R = \frac{Q}{tSN} = \frac{P}{tN} \tag{5-5}$$

6. 编制施工进度计划的初始方案

流水施工是组织施工、编制施工进度计划的主要方式，在第三章中已作了详细介绍。编制施工进度计划时，必须考虑各分部分项工程的合理施工顺序，尽可能组织流水施工，力求主要工种的施工班组连续施工，其编制方法如下：

(1)首先对主要施工阶段(分部工程)组织流水施工。先安排其中主导施工过程的施工进度，使其尽可能连续施工，其他穿插施工过程尽可能与主导施工过程配合、穿插、搭接。如砖混结构房屋中的主体结构工程，其主导施工过程为砖墙砌筑和现浇钢筋混凝土楼板；现浇钢筋混凝土框架结构房屋中的主体结构工程，其主导施工过程为钢筋混凝土框架的支模、扎筋和浇混凝土。

(2)配合主要施工阶段，安排其他施工阶段(分部工程)的施工进度。

(3)按照工艺的合理性和施工过程间尽量配合、穿插、搭接的原则，将各施工阶段(分部工程)的流水作业图表搭接起来，即得到了单位工程施工进度计划的初始方案。

7. 施工进度计划的检查与调整

检查与调整施工进度计划的目的在于使施工进度计划的初始方案满足规定的目标，一般从以下几方面进行检查与调整：

(1)各施工过程的施工顺序是否正确，流水施工的组织方法应用得是否正确，技术间歇是否合理。

(2)工期方面，初始方案的总工期是否满足合同工期。

(3)劳动力方面，主要工种工人是否连续施工，劳动力消耗是否均衡。劳动力消耗的均衡性是针对整个单位工程或各个工种而言的，应力求每天出勤的工人人数不发生过大变动。

(4)物资方面，主要机械、设备、材料等的利用是否均衡，施工机械是否充分利用。

主要机械通常是指混凝土搅拌机、灰浆搅拌机、自动式起重机和挖土机等。机械的利用情况是通过机械的利用程度来反映的。

初始方案经过检查，对不符合要求的部分需进行调整。调整方法一般有：增加或缩短某些施工过程的施工持续时间；在符合工艺关系的条件下，将某些施工过程的施工时间向前或向后移动，必要时还可以改变施工方法。

应当指出，上述编制施工进度计划的步骤不是孤立的，而是互相依赖、互相联系的，有的可以同时进行。还应看到，由于建筑施工是一个复杂的生产过程，受周围客观条件影响的因素很多,加上在施工过程中,受劳动力、机械和材料等物资的供应及自然条件等因素的影响,使其经常不符合原计划的要求,因而在工程进展中应随时掌握、检查施工动态,不断调整计划。

第六节　资源需求计划

单位工程施工进度计划编制确定以后,便可编制劳动力需要量计划;编制主要材料、预制构件、门窗等的需要量和加工计划;编制施工机具及周转材料的需要量和进场计划。它们是做好劳动力与物资的供应、平衡、调度、落实的依据,也是施工单位编制施工作业计划的主要依据之一。以下简要叙述各计划表的编制内容及其基本要求。

一、劳动力需要量计划

表5-1反映单位工程施工中所需要的各种技术工人、普工人数。一般要求按月分旬编制计划。主要根据确定的施工进度计划提出,其方法是按进度表上每天需要的施工人数,分工种进行统计,得出每天所需工种及人数,按时间进度要求汇总编出。

表5-1　劳动力需要量计划

序号	工种名称	人数	月			月			月			月		
			上旬	中旬	下旬	上旬	中旬	下旬	上旬	中旬	下旬	上旬	中旬	下旬

二、主要材料需要量计划

主要材料需要量计划(见表5-2)是根据施工预算、材料消耗定额和施工进度计划编制的,主要反映施工过程中各种主要材料的需要量,作为备料、供料和确定仓库、堆场面积及运输量的依据。

表5-2　主要材料需要量计划

序号	材料名称	规格	需要量		需要时间									备注
					月			月			月			
			单位	数量	上旬	中旬	下旬	上旬	中旬	下旬	上旬	中旬	下旬	

三、施工机具需要量计划

施工机具需要量计划(见表5-3)是根据施工预算、施工方案、施工进度计划和机械台班定额编制的,主要反映施工所需机械和器具的名称、型号、数量及使用时间。

表5-3　施工机具需要量计划

序号	机具名称	型号	需用数量	进退场时间	备注

四、预制构件需要量计划

预制构件需要量计划(见表5-4)是根据施工图、施工方案及施工进度计划要求编制的。其主要反映施工中各种预制构件的需要量及供应日期,并作为落实加工单位及按所需规格、数量和使用时间组织构件进场的依据。

表5-4　预制构件需要量计划

序号	构件名称	编号	规格	数量	进退场时间	备注

第七节　单位工程施工平面图

单位工程施工平面图是对拟建工程的施工现场,根据施工需要的有关内容,按一定的规则而做出的平面和空间的规划。它是单位工程施工组织设计的重要组成部分。一般单位工程施工平面图的绘制比例为1:200~1:500。

一、单位工程施工平面图的设计内容

组织拟建工程的施工,施工现场必须具备一定的施工条件,除做好必要的“三通一平”工作外,还应布置施工机械、临时堆场、仓库、办公室等生产性和非生产性临时设施,这些设施均应按照一定的原则,结合拟建工程的施工特点和施工现场的具体条件,做出一个合理、适用、经济的平面布置和空间规划方案。对规模不大的混合结构和框架结构工程,由于工期不长,施工也不复杂,对这些工程往往只要反映其主要施工阶段的现场平面规划布置,一般是考虑主体结构施工阶段的施工平面布置,当然也要兼顾其他施工阶段的需要。如混合结构工程的施工,在主体结构施工阶段要反映在施工平面图上的内容最多,但随着主体结构施工的结束,现场砌块、构件等的堆场将空出来,某些大型施工机械将拆除退场,施工现场也就变得宽松了,但应注意是否增加砂浆搅拌机的数量和相应堆场的面积。

单位工程施工平面图一般包括以下内容：

(1)单位工程施工区域范围内，将已建的和拟建的地上的、地下的建筑物及构筑物的平面尺寸、位置标注出来，并标注出河流、湖泊等的位置和尺寸，以及指北针、风向玫瑰图等。

(2)拟建工程所需的起重机械、垂直运输设备、搅拌机械及其他机械的布置位置，起重机械开行的线路及方向等。

(3)施工道路的布置、现场出入口位置等。

(4)各种预制构件堆放及预制场地所需面积、布置位置；大宗材料堆场的面积、位置确定；仓库的面积和位置确定；装配式结构构件的就位位置确定。

(5)生产性及非生产性临时设施的名称、面积、位置确定。

(6)临时供电、供水、供热等管线的布置；水源、电源、变压器位置确定；现场排水沟渠及排水方向的考虑。

(7)土方工程的弃土及取土地点等有关说明。

(8)劳动保护、安全、防火及防洪设施布置，以及其他需要的布置内容。

二、单位工程施工平面图的设计依据和原则

在设计施工平面图之前，必须熟悉施工现场与周围的地理环境；调查研究，收集有关技术经济资料；对拟建工程的工程概况、施工方案、施工进度及有关要求进行分析研究。只有这样，才能使施工平面图设计的内容与施工现场的实际情况相符合。

(一)单位工程施工平面图的设计依据

(1)自然条件调查资料。

(2)技术经济条件调查资料。

(3)拟建工程施工图纸及有关资料。

(4)一切已有和拟建的地上、地下的管道位置。

(5)建筑区域的竖向设计资料和土方平衡图。这对布置水电管线、安排土方的挖填及确定取土、弃土地点很重要。

(6)施工方案与进度计划。

(7)根据各种主要材料、半成品、预制构件加工生产计划、需要量计划及施工进度要求等资料，设计材料堆场、仓库等的面积和位置。

(8)建设单位能提供的已建房屋及其他生活设施的面积等有关情况，以便决定施工现场临时设施的搭设数量。

(9)现场必须搭建的有关生产作业场所的规模要求，以便确定其面积和位置。

(10)其他需要掌握的有关资料和特殊要求。

(二)单位工程施工平面图的设计原则

(1)在确保安全施工以及使现场施工能比较顺利进行的条件下，要布置紧凑，少占或不占农田，尽可能减少施工占地面积。

(2)最大限度缩短场内运距，尽可能减少二次搬运。

(3)在保证工程施工顺利进行的条件下，尽量减少临时设施的搭设。

(4)各项布置内容，应符合劳动保护、技术安全、防火和防洪的要求。

根据上述原则及施工现场的实际情况,尽可能进行多方案施工平面图设计,并从满足施工要求的程度,施工占地面积及利用率,各种临时设施的数量、面积、所需费用,场内各种主要材料、半成品(混凝土、砂浆等)、构件的运距和运量大小,各种水电管线的敷设长度,施工道路的长度、宽度,安全及劳动保护是否符合要求等进行分析比较,选择出合理、安全、经济、可行的布置方案。

三、单位工程施工平面图的设计步骤

(一)确定起重机械的位置

起重机械的位置直接影响仓库、堆场、砂浆和混凝土制备站的位置,以及道路和水电线路的布置等。因此应予以首先考虑。

布置固定式垂直运输设备,例如井架、龙门架、施工电梯等,主要根据机械性能、建筑物的平面和大小、施工段的划分、材料进场方向和道路情况而定。其目的是充分发挥起重机械的能力并使地面和楼面上的水平运距最小。一般说来,当建筑物各部位的高度相同时,尽量布置在建筑物的中部,但不要放在出入口的位置;当建筑物各部位的高度不同时,布置在高的一侧。若有可能,井架、龙门架、施工电梯的位置,以布置在建筑的窗口处为宜,以避免砌墙留槎和减少井架拆除后的修补工作。固定式起重运输设备中卷扬机的位置不应距离起重机过近,以便司机的视线能够看到起重机的整个升降过程。

建筑物的平面应尽可能处于吊臂回转半径之内,以便直接将材料和构件运至任何施工地点,尽量避免出现死角。塔式起重机的安装位置,主要取决于建筑物的平面布置、形状、高度和吊装方法等。塔吊离建筑物的距离应该考虑脚手架的宽度、建筑物悬挑部位的宽度、安全距离、回转半径等要素。

(二)确定搅拌站,仓库,材料、构件堆场以及工厂的位置

(1)搅拌站,仓库,材料、构件堆场的位置应尽量靠近使用地点或在起重机起重能力范围内,并考虑到运输和装卸的方便。

①建筑物基础和第一施工层所用的材料,应该布置在建筑物的四周。材料堆放位置应与基槽边缘保持一定的安全距离,以免造成基槽土壁的塌方事故。

②第二施工层以上所用的材料,应布置在起重机附近。

③砂、石等大宗材料应尽量布置在搅拌站附近。

④当多种材料同时布置时,对大宗的、重大的和先期使用的材料,应尽量在起重机附近布置;少量的、轻的和后期使用的材料,则可布置得稍远一些。

⑤根据不同的施工阶段使用不同材料的特点, 在同一位置上可先后布置不同的材料。

(2)根据起重机械的类型,搅拌站、仓库和堆场位置又有以下几种布置方式。

①当采用固定式垂直运输设备时,须经起重机运送的材料和构件堆场位置,以及仓库和搅拌站的位置应尽量靠近起重机布置,以缩短运距或减少二次搬运。

②当采用塔式起重机进行垂直运输时,材料和构件堆场的位置,以及仓库和搅拌站出料口的位置,应布置在塔式起重机的有效起重半径内。

③当采用无轨自行式起重机进行水平和垂直运输时,材料构件堆场、仓库和搅拌站等应沿起重机运行路线布置,且其位置应在起重臂的最大外伸长度范围内。

木工棚和钢筋加工棚的位置可考虑布置在建筑物四周以外的地方，但应有一定的场地堆放木材、钢筋和成品。石灰仓库和淋灰池的位置要接近砂浆搅拌站并在下风向；沥青堆场及熬制锅的位置要离开易燃仓库或堆场，并布置在下风向。

(三)运输道路的布置

运输道路的布置主要解决运输和消防两个问题。现场主要道路应尽可能利用永久性道路的路面或路基，以节约费用。现场道路布置时要保证行驶畅通，使运输工具有回转的可能性。因此，运输线路最好绕建筑物布置成环形道路，道路宽度应大于3.5 m。

(四)临时设施的布置

1. 临时设施的分类、内容

施工现场的临时设施可分为生产性临时设施与非生产性临时设施两大类。

生产性临时设施包括：在现场制作加工的作业棚，如木工棚、钢筋加工棚、白铁加工棚；各种材料库、棚，如水泥库、油料库、卷材库、沥青棚、石灰棚；各种机械操作棚，如搅拌机棚、卷扬机棚、电焊机棚；各种生产性用房，如锅炉房、烘炉房、机修房、水泵房、空气压缩机房等；其他设施，如变压器等。

非生产性临时设施包括：各种生产管理办公用房、会议室、文化文娱室、福利性用房、医务室、宿舍、食堂、浴室、开水房、警卫传达室、厕所等。

2. 单位工程临时设施布置

布置临时设施应遵循使用方便、有利施工、尽量合并搭建、符合防火安全的原则；同时结合现场地形、条件及施工道路的规划等因素分析考虑它们的布置。

各种临时设施均不能布置在拟建工程（或后续开工工程）、拟建地下管沟、取土、弃土等地点。

各种临时设施尽可能采用活动式、装拆式结构或就地取材。施工现场范围应设置临时围墙、围网或围笆。

(五)布置水电管网

(1)施工用临时给水管，一般由建设单位的干管或施工用干管接到用水地点。布置有枝状、环状和混合状等方式，应根据工程实际情况从经济和保证供水两个方面去考虑其布置方式。管径的大小、龙头数目根据工程规模由计算确定。管道可埋置于地下，也可敷设在地面上，视气温情况和使用期限而定。工地内要设消防栓，消防栓距离建筑物应不小于5 m，也不应大于25 m，距离路边不大于2 m。条件允许时，可利用城市或建设单位的永久消防设施。有时，为了防止供水的意外中断，可在建筑物附近设置简易蓄水池，储存一定数量的生产和消防用水。如果水压不足，尚应设置高压水泵。

(2)为了便于排除地面水和地下水，要及时修通永久性下水道，并结合现场地形在建筑物四周设置排泄地面水和地下水的沟渠。

(3)施工中的临时供电，应在全工地性施工总平面图中一并考虑。只有独立的单位工程施工时才根据计算出的现场用电量选用变压器或由业主原有变压器供电。变压器的位置应布置在现场边缘高压线接入处，但不宜布置在交通要道口处。现场导线宜采用绝缘线架空或电缆布置。

施工现场平面布置实例如图5-12～图5-16所示。

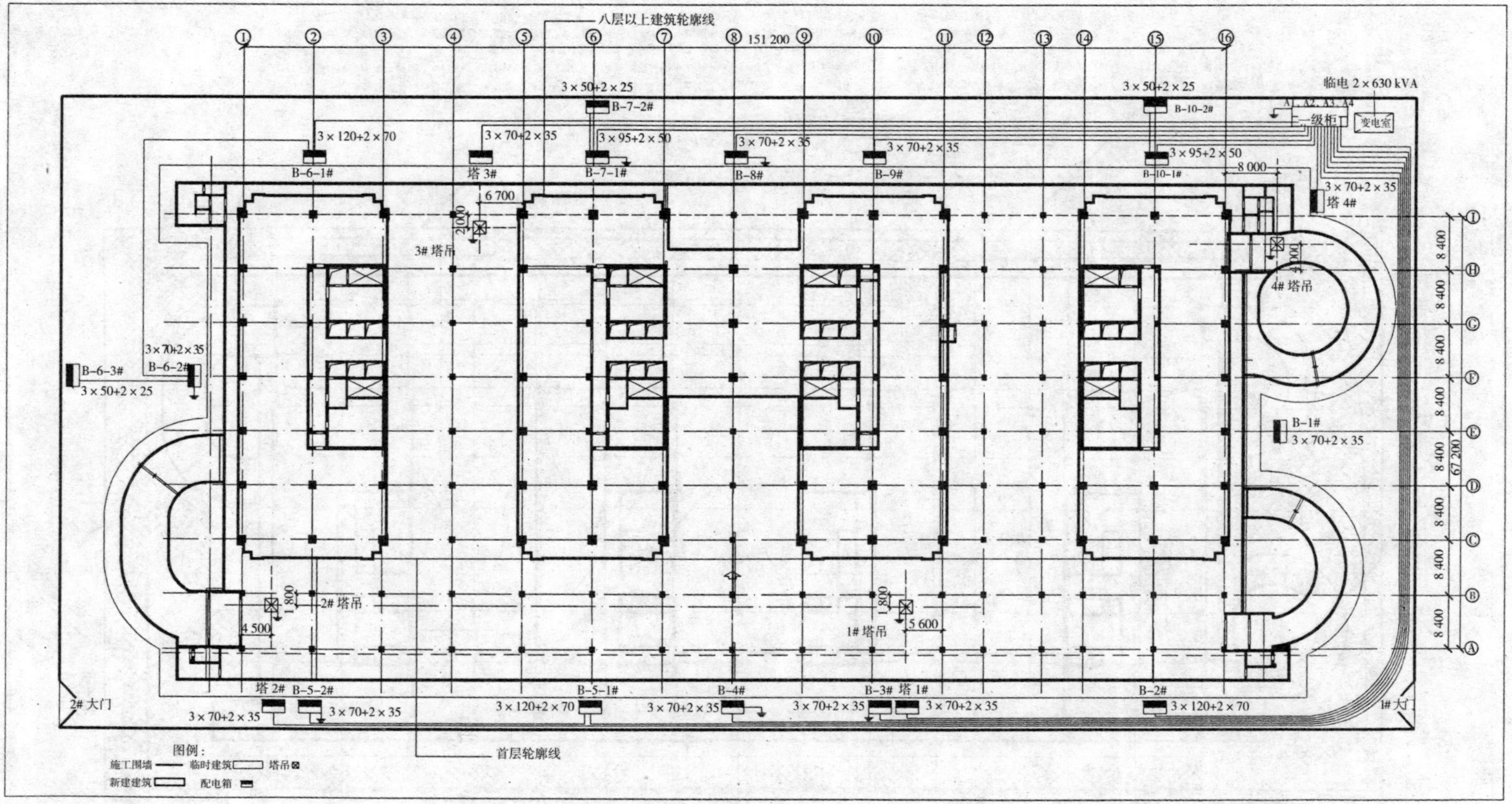

图 5-12　国际投资大厦工程临电现场平面布置图

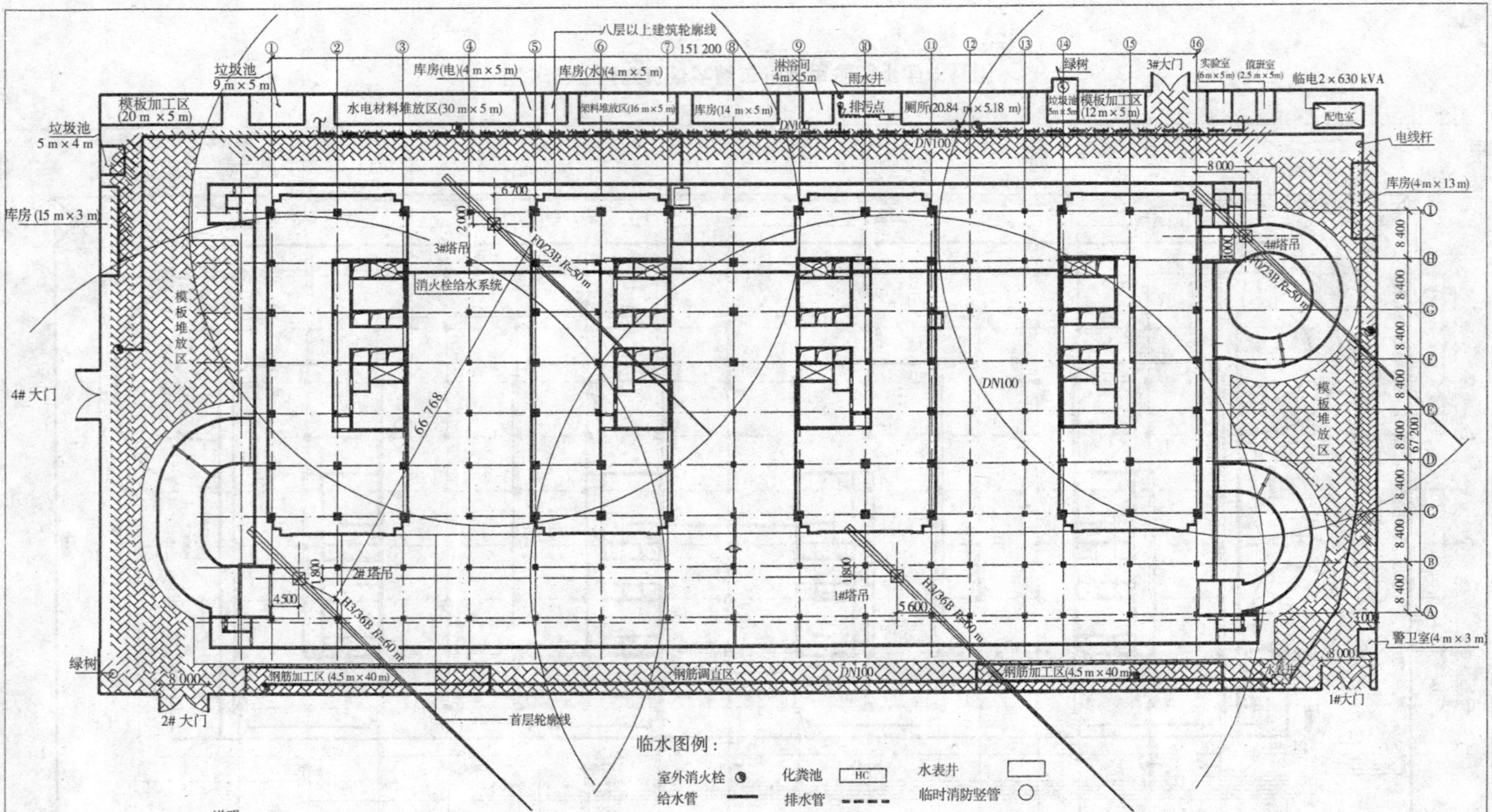

说明：

1. 室内消火栓系统设计采用临时高压系统，在地下三层 7–8/G–H 轴设置消防泵房，配置两台水泵，并备用一台，利用室外消防水池吸水，并设旁通管。楼层施工从旁通管接入施工用水，较高楼层施工或火灾时启动水泵加压。由于是临时消火栓系统，故按一股充实水柱到达任何部位考虑，本方案建筑物内设计四根 DN80 竖管供每栋主楼施工及消防用。竖管上每层设室内消火栓，并预留甩口，以供施工用水。竖管的具体位置应满足位置明显、易于取用，位于每栋主楼中部的原则，置于楼内 1#、3#、5#、7# 楼梯间。室内消火栓设计采用 19 mm 喷嘴，φ65 栓口，25 m 长麻质水龙带。
2. 室外给水环管采用焊接钢管，生活区及办公室等的生活给水管道采用镀锌钢管，室内消防及生产用水管道采用焊接钢管。排水系统采用排水铸铁管。
3. 室外消防用水量为 15 L/s，室内消防用水量为 10 L/s，现场消防用水总量为 25 L/s。施工现场生产用水量按 15 L/s 考虑。根据计算，消防环管及接到楼上的立管的管径均采用 DN100。
4. 施工时应注意保证消防管路畅通，消火栓箱内设施完备且箱前道路畅通，无阻塞或堆放杂物，严禁埋压、圈占。
现场消防及生产用水干管的埋深应在北京地区冻土层以下，本工程按地面以下 0.8 m 考虑。

图 5-13　国际投资大厦工程临水平面布置及消防给水示意图

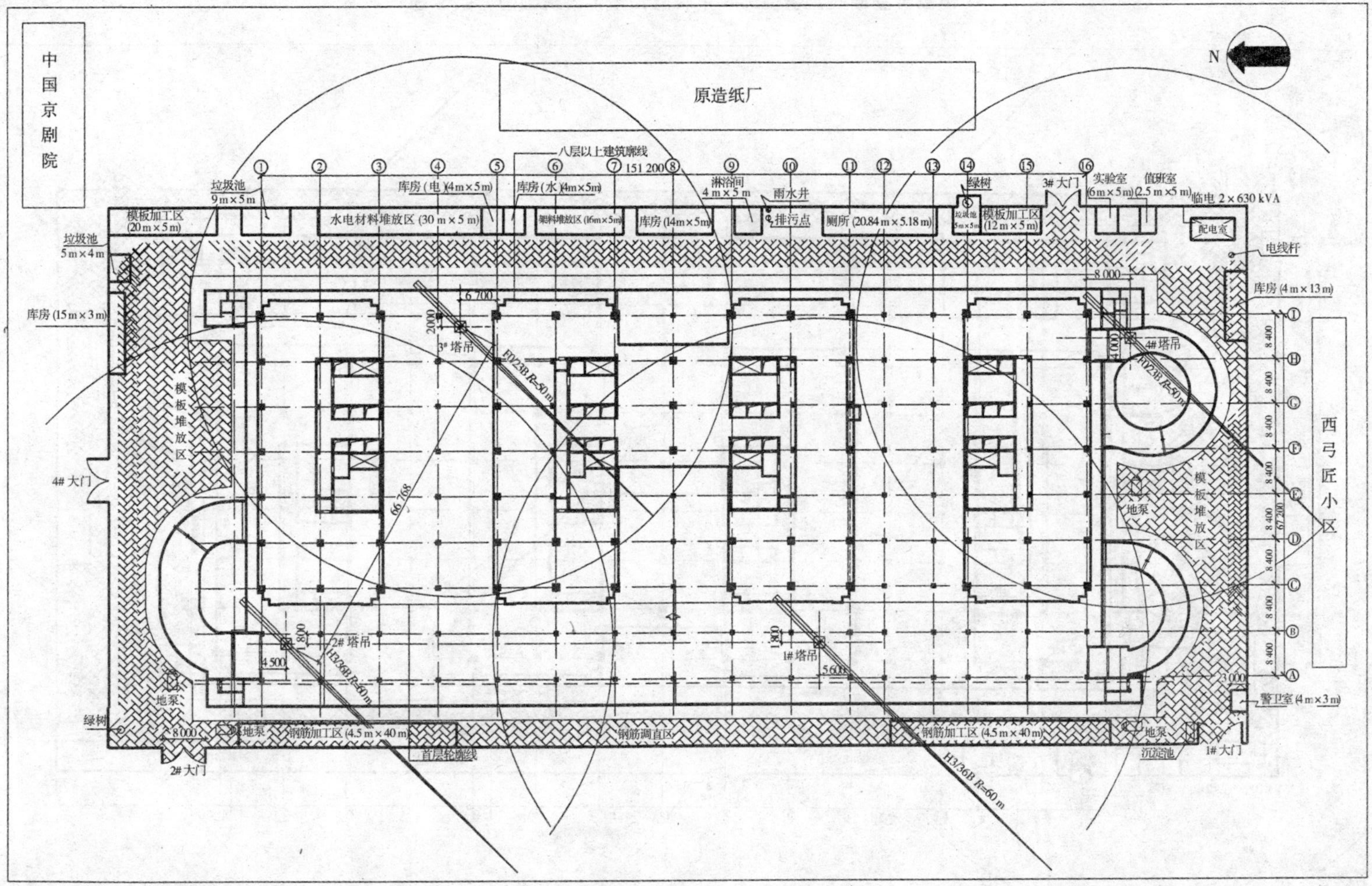

图 5-14　国际投资大厦工程基础施工阶段平面布置示意图

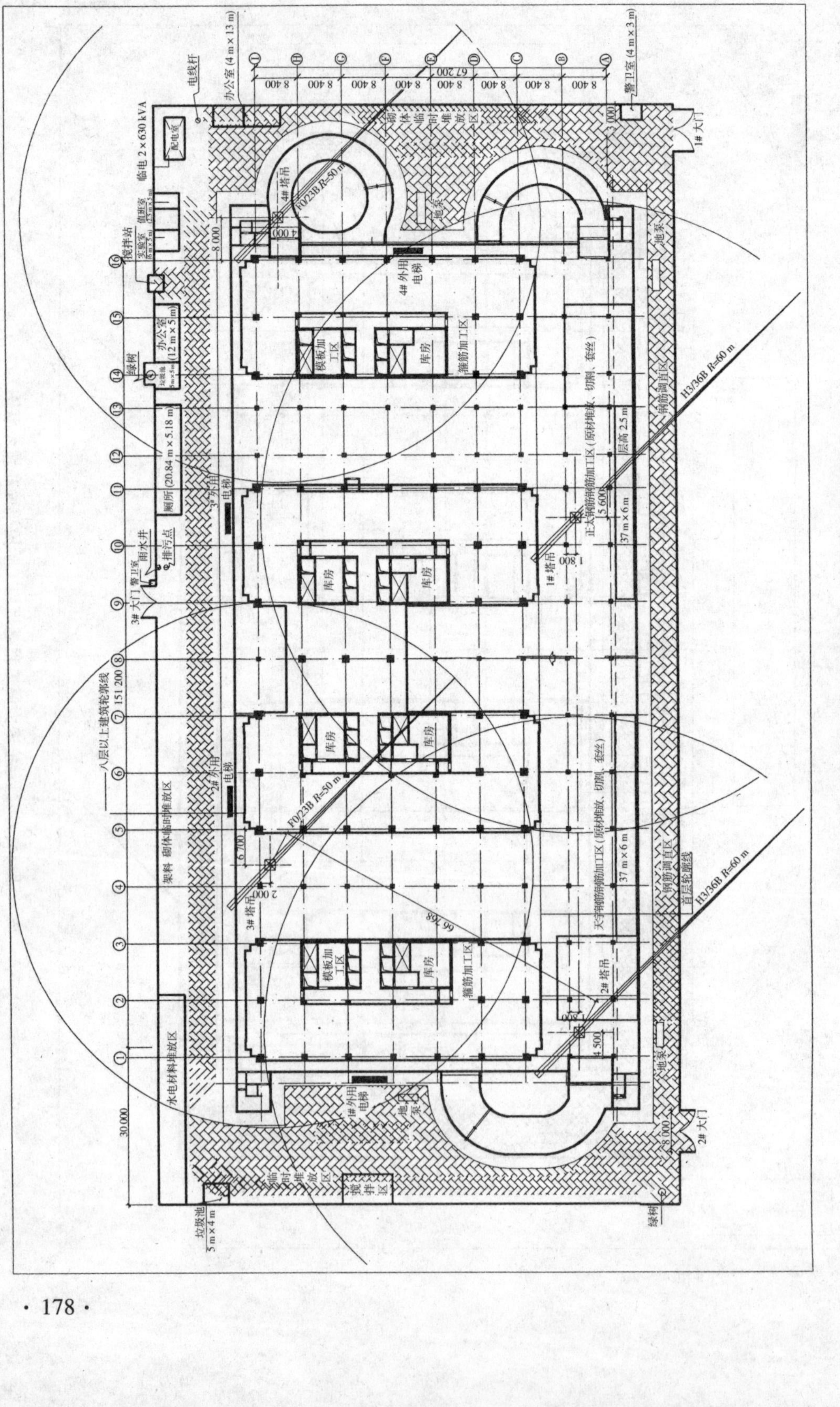

图 5-15 国际投资大厦工程地上施工阶段平面布置示意图

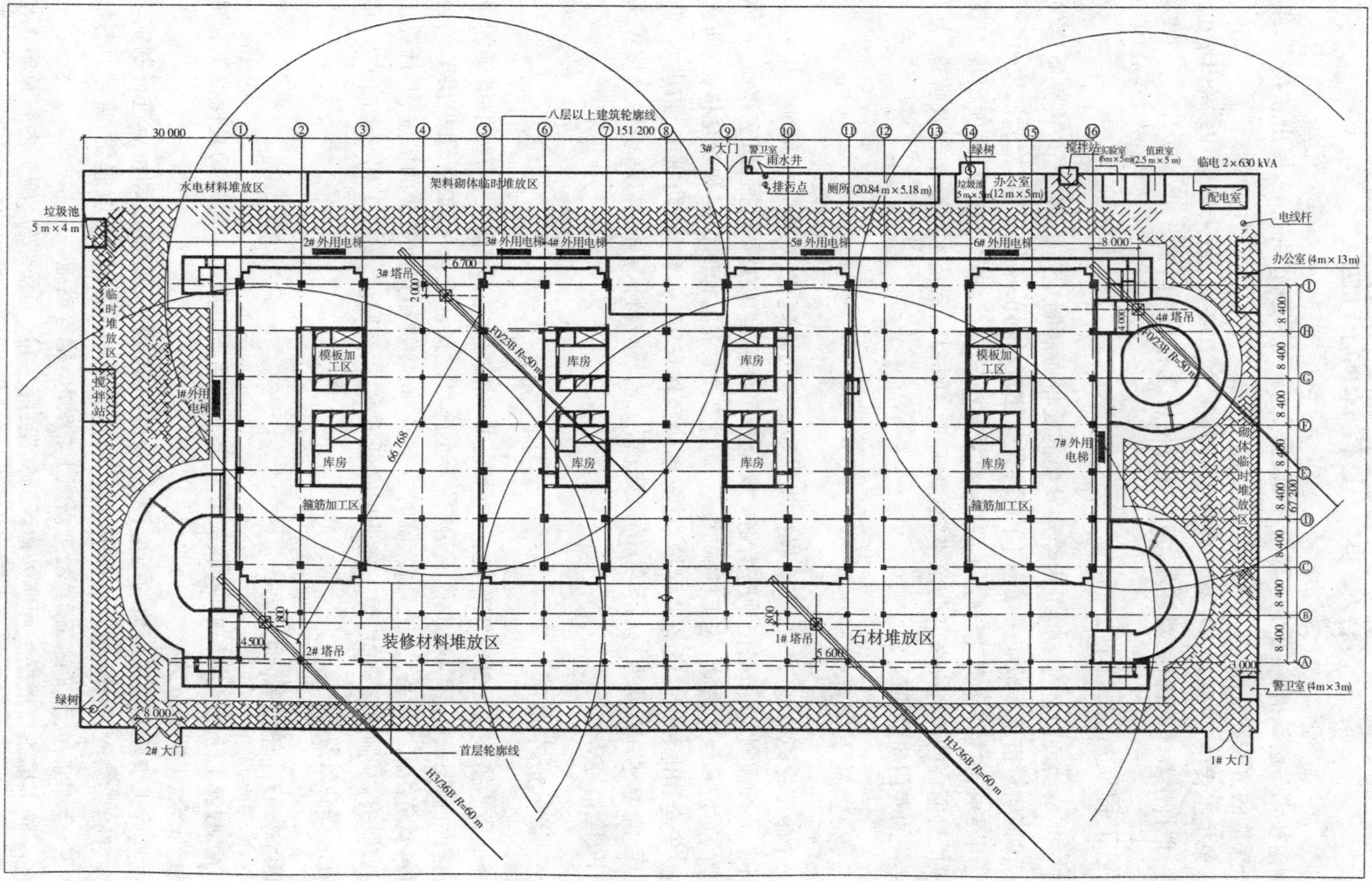

图 5-16　国际投资大厦工程装修施工阶段平面布置示意图

第八节　工程保障措施

制定技术与组织措施，是为了保证质量、安全、节约和季节性施工，提出在技术、组织方面所采取的方法和要求。

在单位工程中，应从具体工程的建筑结构特征、施工条件、技术要求和安全生产的需要出发，拟订出具体明确、针对性强、切实可行且行之有效的措施。

一、工程质量保证措施

保证质量的关键是对该类工程经常发生的质量通病制定防治措施，并建立质量保障体系。保证质量措施一般应考虑以下内容：有关建筑材料的质量标准、检验制度、保管方法和使用要求；主要工种工程的技术要求、质量标准和检验评定方法；对可能出现的技术问题或质量通病的改进办法和防范措施；新工艺、新材料、新技术和新结构及特殊、复杂、关键部位的专门质量措施等。

二、安全施工保障措施

安全施工保障措施应贯彻安全操作规程和安全技术规范，对施工中可能发生安全问题的环节进行预测，从而提出预防措施。安全施工保障措施主要包括：高空作业、立体交叉作业的防护和保护措施；施工机械、设备、脚手架、上人电梯的稳定和安全措施；防火防爆措施；安全用电和机电设备的保护措施；预防自然灾害（防台风、防雷击、防洪水、防地震、防暑、降温、防冻、防寒、防滑等）的措施；新工艺、新材料、新技术、新结构及特殊工程的专门安全措施等。

三、降低成本措施

降低成本措施主要针对工程施工中降低成本潜力大、工程量大、有采取措施的可能性、有条件的项目，在不影响工程质量、易于实施且能保证安全的前提下，提出节约劳动力、材料及节约机械设备费、工具费、临时设备费、间接费和其他资金的措施，并计算出经济效果和指标。制定措施时，要正确处理降低成本、提高质量、缩短工期三者的关系，以取得较好的综合效益。

四、季节性施工措施

当工程施工跨越冬期和雨期时，就要制定冬雨期施工措施。其目的是保证工程的施工质量、安全、工期和节约。

雨期施工措施要根据当地的雨量、雨期及雨期施工的工程部位和特点进行制定。要在防淋、防潮、防泡、防淹、防质量安全事故、防拖延工期等方面，采取遮盖、疏导、堵挡、排水、防雷、合理储存、改变施工工序、避雨施工、加固防陷等措施。

冬期施工措施要根据工程所处地区的气温、降雪量、工程部位、施工内容及施工单位的条件，按有关规范及《冬期施工手册》等有关资料，制定保温、防冻、改善操作环境、保证质量、控制工期、安全施工、减少浪费的有效措施。

五、防止环境污染的措施

为了保护环境、防止污染，应严格遵守施工现场及环境保护的规定，并主要制定以下几个方面的措施：防止废水污染（如搅拌机冲洗废水、油漆废液、磨石废水等）的措施；防止废气污染（如熬制沥青、熟化石灰、某些装饰或防水涂料的喷刷等）的措施；防止垃圾、粉尘污染（如土方与垃圾的运输，水泥、白灰等散装材料的装卸与堆放等）的措施；防止噪声污染（如打桩、搅拌与振捣混凝土、锯割材料等）的措施。

六、现场文明施工措施

施工现场设置围栏与标牌，出入口交通安全，道路畅通，场地平整，安全与消防设施齐全；临时设施的规划与搭设应符合生产、生活和环境卫生要求；各种建筑材料、半成品、构件的堆放与管理有序；散碎材料、施工垃圾的运输及防止各种环境污染；及时进行成品保护及施工机具保养。

第九节　技术经济分析

一、技术经济分析指标体系

单位工程施工组织设计中的总工期指标、劳动生产率指标、产品质量指标、安全指标、降低成本率指标、设备利用率指标、主要工程机械化程度及三大材料节省指标等均是单位工程施工组织设计技术经济分析指标。在单位工程施工组织设计完成后，对这些指标进行计算分析，是评价施工组织设计优劣的参考依据。不同的建筑工程，由于施工、管理、质量等方面的要求不一样，在进行技术经济分析时，所选用的分析评价指标也不相同，通常可按图 5-17 中所列的指标体系进行选用。

二、技术经济分析评价

施工方案的技术经济评价是在众多的施工方案中选择出快、好、省、安全的施工方案。施工方案的技术经济评价涉及的因素多而复杂，一般来说，施工方案的技术经济评价有定性分析和定量分析两种。

（一）定性分析

施工方案的定性分析是人们根据自己的个人实践和一般经验，对若干个施工方案进行优缺点比较，从中选择出比较合理的施工方案。如技术上是否可行、安全上是否可靠、经济上是否合理、资源上能否满足要求等。此方法比较简单，但主观随意性较大。通常从以下几个方面来进行比较。

（1）工期是否适当。可按一般规律或要求工期进行分析。

（2）选择的施工机械是否适当。主要看其是否能满足施工要求，机械供应部门是否可能提供这种机械等。

- 单位工程施工组织设计技术经济指标体系
  - 工期指标
    - 总工程工期,d
    - ±0.000以上工期,d
    - 分部工程工期
      - 基础工期,d
      - 结构工期,d
      - 装饰工期,d
  - 质量指标　优良品率(%)
  - 劳动指标
    - 用工
      - 总用工
        - 总工日,工日
        - 分部工程工日,工日
      - 每平方米用工
        - 每平方米用工,工日/m^2
        - 分部工程工日
          - 基础,工日/m^2
          - 结构,工日/m^2
          - 装饰,工日/m^2
    - 劳动力均衡系数
    - 劳动生产率
      - 分工种每日产量
      - 生产工人日产值,元/工日
      - 建筑安装工人日产值,元/工日
    - 劳动效率
      - 工程项目劳动效率(%)
      - 分工种劳动效率(%)
    - 节约工日
      - 节约总量,工日
      - 分工种节约量,工日
  - 主要材料节约指标
    - 主要材料节约额,元
    - 主要材料节约量
      - 钢筋,t
      - 水泥,kg
      - 木材,m^3
    - 主要材料节约率(%)
  - 机械使用指标
    - 大型机械每平方米耗用量,台班/m^2
    - 大型机械每平方米耗用费,元/m^2
  - 降低成本指标
    - 降低成本额,元
    - 降低成本率(%)
  - 其他指标

图5-17　单位工程施工组织设计技术经济分析指标体系

(3)流水工作段划分是否适当,是否给流水施工带来方便。

(4)施工平面图布置得是否合理。主要看场地是否合理利用,临时设施费用是否正常,能否为文明施工创造条件。

(二)定量分析

施工方案的定量分析是通过计算施工方案的几个相同的主要技术经济指标,进行综合分析比较选择出各项指标较好的施工方案。这种方法比较客观,但指标的确定和计算比较复杂。主要的评价指标有以下几种:

(1)工期指标。当要求工程尽快完成以便尽早投入生产或使用时,选择施工方案就要在确保工程质量、安全和成本较低的条件下,优先考虑缩短工期。在钢筋混凝土工程主体施工时往往用增加模板的套数来缩短主体工程的施工工期。

(2)单位面积建筑造价。单位面积建筑造价包括人工费、材料机械费用和施工管理费等。

$$每平方米造价 = \frac{建筑总造价}{建筑总面积} \quad (元/m^2)$$

这里建筑总造价是实际施工造价而不是预算造价。

(3)机械化程度指标。在考虑施工方案时应尽量提高施工机械化程度,降低工人的劳动强度。从我国国情出发,采用土洋结合的办法,积极扩大机械化施工的范围,把机械化施工程度的高低,作为衡量施工方案优劣的重要指标。

$$施工机械化程度 = \frac{机械完成的实物工程量}{全部实物工程量} \times 100\%$$

(4)主要材料消耗指标。它反映若干施工方案的主要材料节约情况。

(5)降低成本指标。它综合反映工程项目或分部分项工程由于采用不同的施工方案而产生不同的经济效果,可以用降低成本额和降低成本率来表示。

第十节　单位工程施工组织设计实例

一、工程概况

华天大酒店贵宾楼是集住宿、餐饮、健身、会议、办公、停车等多种功能于一体的五星级宾馆工程。

本工程地下2层,地上28层,建筑物地面部分长66.60 m,宽36.10 m,上部最长76.41 m,宽40.49 m,建筑面积46 408 m^2,建筑总高度108.8 m。工程为一级建筑,建筑耐火等级为一级,抗震设防烈度为7度。建筑外观采用玻璃幕墙和石材幕墙。

本工程基础采用现浇筏板基础,主体为框剪结构,采用部分劲性混凝土柱、梁和混凝土板。混凝土强度等级分别为C40(S10)和C50,钢筋采用Ⅰ、Ⅱ、新Ⅲ级钢和冷轧带肋钢筋。加气混凝土及轻质板墙作围护结构。

该工程配套设施完备、先进。设置有9台电梯和中央集中空调。除配置有常规的供电和给排水外,本工程采用现代智能化设计和综合布线设计。

(一)设计概况

本工程设计建筑平面轴线尺寸东西长23.7 m,南北长64.8 m,地下2层,地上28层,其建筑面积46 408 m^2。建筑总高度108.8 m。各层主要建筑功能如下:

地下1~2层为停车场及配电房、水泵房。

地上1~5层裙楼为酒店商务用房,6~28层为酒店客房。

本工程基础深度为12.54 m,采用筏板基础,以强风化岩或中风化泥质粉砂岩作为持力层。筏板平均厚为1 600 mm、在电梯井处为2 600 mm。基础混凝土总量约8 000 m^3

(其中筏板基础约 4 000 m^3),钢筋约 1 000 t(其中基础底板约 400 t),型钢 35 t。地下室部分混凝土强度等级为 C40、C50,抗渗等级为 S10。底板下设 100 mm 厚 C15 混凝土垫层。

主体结构为框架剪力墙结构。南北端共有 11 根钢骨柱及相应的钢骨梁。

主体混凝土随结构部位不同有 C55、C50、C45、C40、C35、C30 等。水箱、水池用 C30 防水密实混凝土。

墙体材料:内墙采用轻质墙板和混凝土空心砌块。

屋面采用三元乙丙橡胶防水卷材、FSPI 防水隔热板和聚氨酯防水涂膜。

楼地面有花岗岩板、陶瓷地砖板、木地板、活动地板及水泥砂浆面层上再进行二次装修等多种形式。

外墙面采用玻璃幕墙和石材幕墙,内墙面采用花岗岩板、陶瓷面砖、吸音墙面及混合砂浆墙面等多种形式。

该工程配套设施完备、先进。设置有 9 台电梯和中央集中空调。除配置有常规的供电和给排水外,本工程采用现代智能化设计和综合布线设计。

(二)自然条件概况

贵宾楼拟建于华天大酒店西侧,南临解放东路、西望育英小学、北接酒店多层车库。施工场地窄小,地势平坦,地面高程为 40.8 m(绝对标高),施工用地非常紧张。

常年主风向为西、北风,年平均降水量 1 450.2 mm,年最高气温 40.6 ℃,最低气温 -3.2 ℃。

(三)工程特点

本工程为异形框剪结构,特采用倾斜的劲性柱、墙(外倾斜最大水平距离 12.5 m)。其钢柱、梁的吊装、安装、校正与钢筋、模板的配合以及后期外装饰为仰面施工操作状态,加之周围高层建筑物密集,使用外附着或内爬式塔吊的工作范围受到较大的限制,这是本工程施工技术的难点和重点。

施工现场非常窄小,是本次施工的又一难点和重点。

本工程基础为筏板式基础,属大体积混凝土,解决好水化热,控制混凝土裂缝是基础施工质量的关键。

二、施工组织和施工总体布署

(一)施工组织

项目部组织机构(见图 5-18)立足于深化企业改革和集团发展战略目标,通过管理层与劳务层的分离,运用现代化的管理思想和方法,强化项目现场施工管理和专业化施工,确保实现“建一个工程,创一个精品”的品牌战略目标,人员、机构精干,运转高效,保障有力,便于协调。

(二)施工目标计划

1. 质量目标

强化全面质量管理,基础、主体等主要分部工程一次交验合格率为 100%,优良率 100%;确保省优质工程和“芙蓉奖”工程。

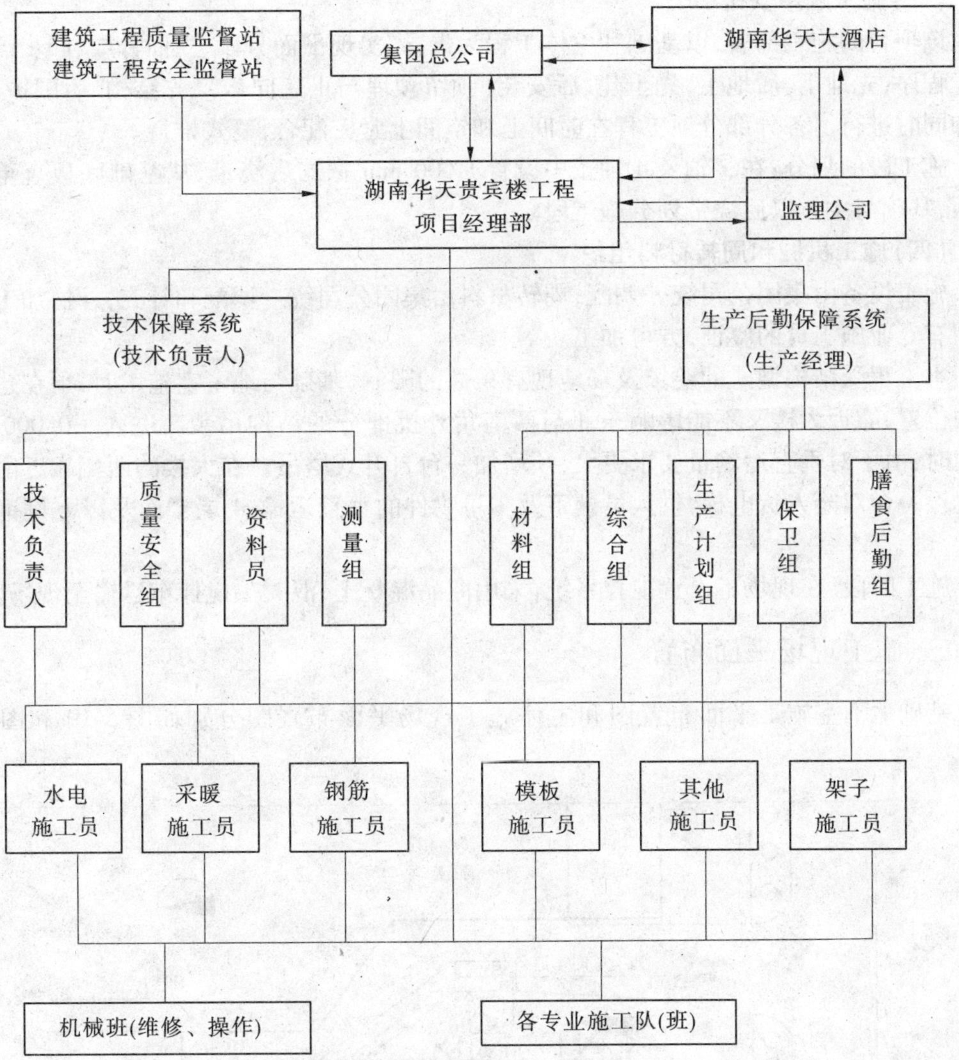

图 5-18　项目部组织机构框图

2. 工期目标

认真履行合同承诺,合理组织流水作业和穿插施工,确保总工期 728 天,其中第 123 天基础地下室工程完成,第 212 天主体工程完成。

3. 安全目标

认真贯彻《建筑施工安全检查评分标准》(JGJ 59—99),杜绝重大人身伤亡事故和重大设备损坏事故,安全事故频率控制在 3‰以内。

4. 现场文明目标

狠抓现场文明管理,创建省施工现场综合考评样板工程,展现企业良好形象。

5. 服务目标

认真接受建设、设计、监理、质监各方的指导和监督,认真配合公安、城管、环卫等政府职能部门的工作,优质安全建好本工程,美化施工区域环境。

（三）施工顺序安排

该项目的施工部署，以基础和主体工程为先导，实现平面分段、立面分层、同步流水的施工程序，先地下、后地上，先土建、后安装（预留预埋与土建同步），先结构、后围护，内外装饰同时进行。各分部分项工程在时间上和空间上紧密配合，复式推行。

施工段的划分：在②轴～④轴正中设置 1 600 mm 宽的后浇带，从基础底板直至主体屋顶，基础与主体以后浇带划分施工段。

（四）施工机械和周转材料组织

施工设备由集团公司统一调配，周转材料由集团公司统一调配和补充，外协加工材料必须有专业施工员的签证，方可加工。

本工程受结构型式的要求及场地现有条件的限制，基础与地下室施工时，须在建筑物适中位置，靠近大楼又不能影响东北与西南角外挑部分的结构吊装。进入 ±0. 000 以上施工时，由于对垂直运输量要求更大，须增加一台自升式塔吊。在大楼的西侧靠近南端的位置设一台双笼人货电梯，供人员上下及零星物件的垂直运输，4 层楼面及以下设钢管上人梯。

施工阶段，在现场不设置搅拌系统，采用商品混凝土，混凝土搅拌车运输至现场。

三、施工现场平面布置

基础地下室施工平面布置图和主体施工现场平面布置图分别如图 5-19 和图 5-20 所示。

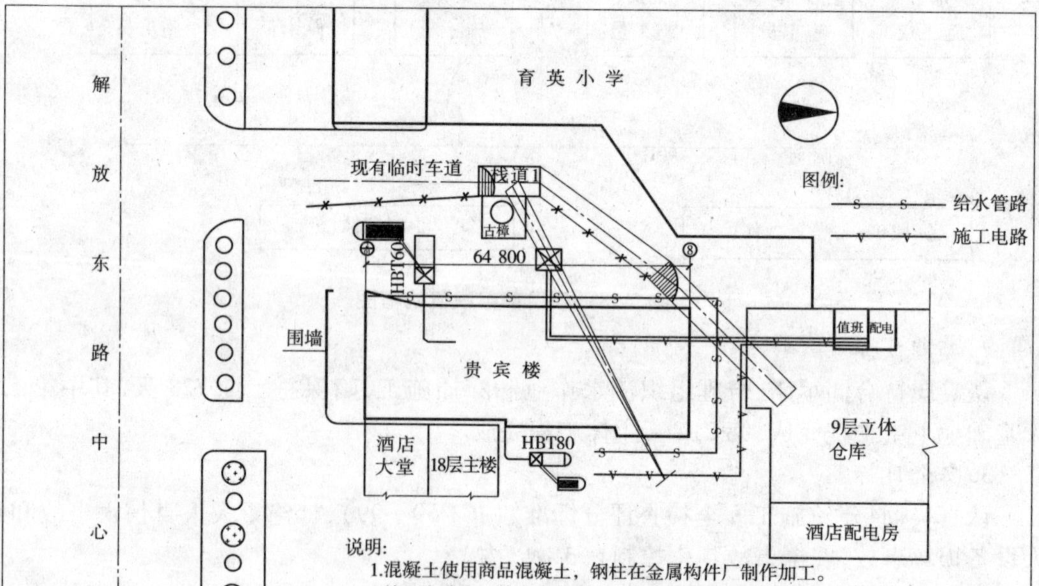

图 5-19　基础地下室施工平面布置图

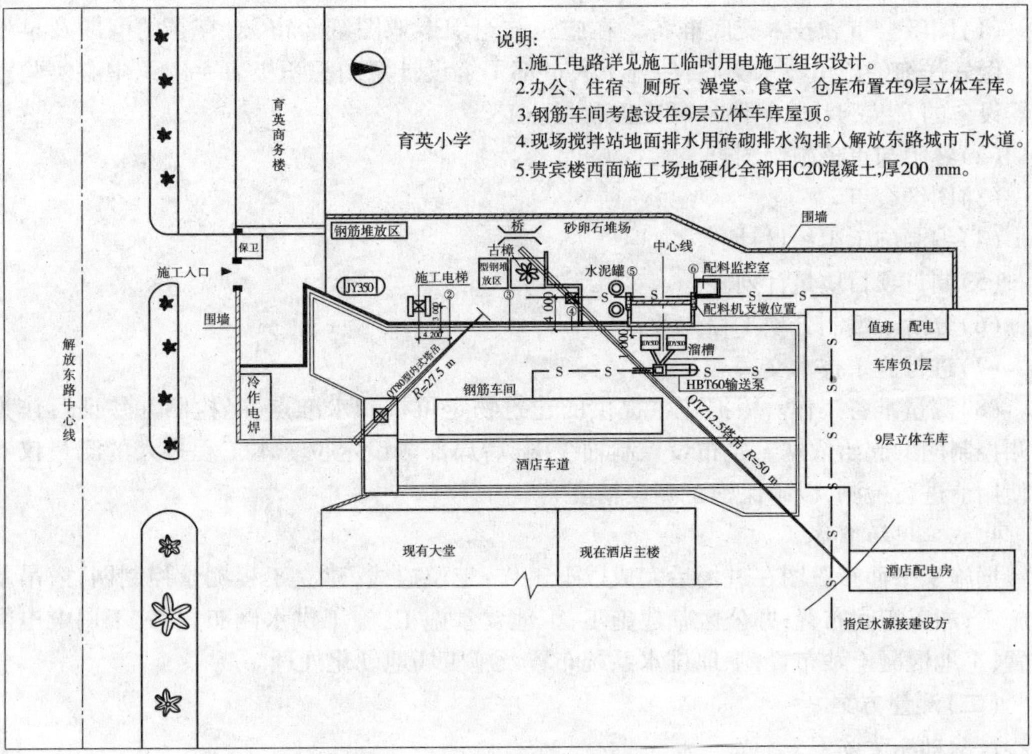

图 5-20　主体施工现场平面布置图

四、分部分项工程施工方案

(一)施工准备方案

1.人员准备方案

为加快本工程的建设,公司将成立强有力的项目经理部。项目经理部主要成员和实施本合同的施工队伍已选定,即可迅速进场全面开展施工,确保工程按时完工。

(1)根据施工图预算进行各工种用工分析。

(2)根据施工进度要求确定各工种劳动力数量和进场时间。

(3)根据工程施工质量、施工进度、安全施工、文明施工的要求,考察选用施工队伍。

(4)签订内部劳动用工合同。

(5)组织劳动力进场。

(6)进行施工前的施工技术与安全交底。

2.施工机械和材料准备

(1)根据施工图预算提出材料计划。

(2)落实货源,签订材料供销合同。

(3)编制施工机械计划及配件计划。

(4)已有机械维修。

(5)组织施工机械进场、安装、试车。

3. 施工技术准备

(1)图纸会审和技术交底准备。在施工前组织专业图纸会审,对存在的问题及早处理。做好详细的施工技术交底,使施工人员都了解设计意图。积极着手组织中心实验室仪器设备的安装、调试,确保各项工程顺利开工。

(2)熟悉与审核施工图。

(3)图纸会审。

(4)编制施工组织设计。

(5)制订项目质量计划。

(6)分阶段编制分项工程作业指导书。

(7)进行施工技术交底。

(8)测量准备工作。根据业主提供的建筑物定位桩和水准点,经检测并签证后作为引测控制网的起始依据。先布设控制轴线网、后局部测设定位。本工程投入的测量仪器在使用前进行检测,以确保施工测设精度。

4. 施工现场准备

据施工平面布置图在进场后完成以下工作:定位放线,建立工程测量控制网;塔吊基础施工;加工车间布置;办公区临建施工;工地食堂施工;施工供水网布置;施工用电电网布置;工地混凝土站布置;工地排水系统布置及施工场地硬化处理。

(二)测量方案

1. 基础测量方案

测量定位及平面控制。贵宾楼轴线布置图如图 5-21 所示。测量定位依据:××市勘测设计研究院试放线第 25#放线回单。

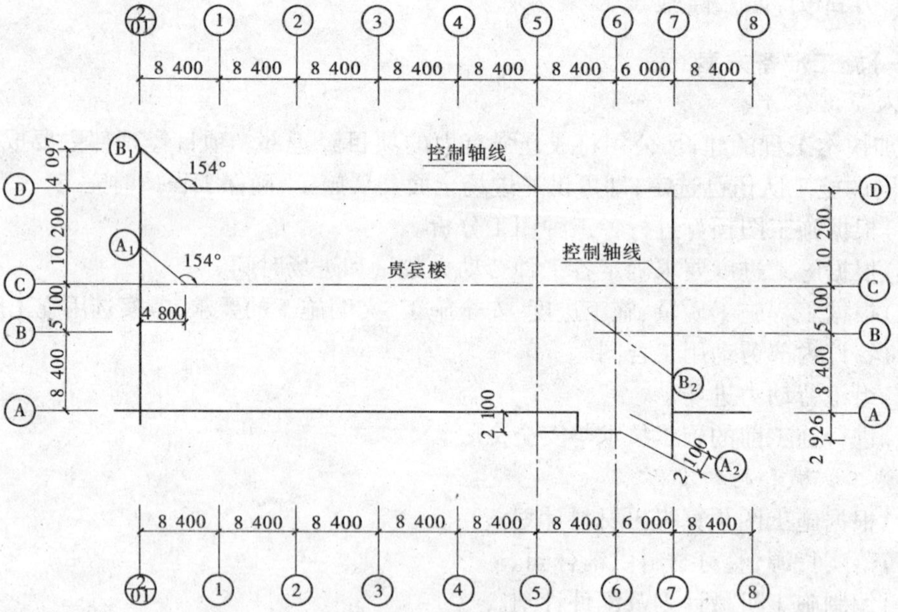

图 5-21 贵宾楼轴线布置图

施测步骤及方法：

(1) -9.3 m标高以上基坑进行机械大开挖，在-9.3 m以下土方开挖施工中，对照放线回单，检查偏差在限差以内方可使用。

(2)轴线控制网的平面布置和测设。由于①轴和Ⓐ轴受高差及施工条件的影响，不便于施工放线，根据工程的轴线位置关系，测设出⑤轴和Ⓒ轴，经仔细校核后作为控制轴线，并加密形成矩形平面控制网，将轴线投测到周围稳定的建(构)筑物上，用红三角油漆标定保护。

水准测量及高程控制：

(1)根据建设单位提供的±0.000水准基点，按三等水准测量的精度要求，在大楼作业区外稳定埋设2~3个永久水泥铁板桩并引测高程以满足施工测量的需要。

(2)大楼地下室的高程控制均按四等水准测量的精度要求，从基点水准桩标记的±0.000引测到作业面，其中一点标注于塔吊基础柱上，利用DS3水准仪和标准钢尺进行水准测量与标高传递，然后按楼层结构标高测记在混凝土柱墙上。

2. 主体测量方案

1)主楼平面纵横轴线测控

由于裙楼1~3层中庭阻断2~4层楼面，用内控法进行轴线测控比较困难，故3层楼面以下采用外控法，将④轴的平行控制线在1层楼面放线时投测至现酒店18层主楼西侧的外墙上和育英小学的围墙外，将Ⓓ轴的平行控制线在1层楼面放线时投测至北向9层立体车库屋面外和解放东路的人行道上。楼面放线时采用经纬仪正倒镜挑直法，放出主轴线进行控制，3层楼面以上采用内控法进行测控。

2)垂直度的控制

主楼施工过程中及时把主轴线投测至各层的外柱面上，以便利用线锤检查各层轴线的偏差情况，同时利用轴线控制角柱和剪力墙的垂直度及倾斜度。

3)高程控制

高程控制测量的基本方法同基础地下室，采用DS3以上水准仪建立±0.000水准点的基础上，用经过校检的钢尺沿边柱逐层上翻，然后以上翻引测到施工操作层，采用标准钢尺在塔吊身上量距传递。由于楼层层数较多，考虑每5层更换一次标高起始线，该标高经精确测定，以避免累计误差。

4)沉降观测

沉降观测点的布置：①在1层墙柱+0.5 m标高布置9个沉降观测点；②从场地基准水准点BM0引测出沉降观测基准点BM1和BM2，经过3次以上测量并平差，确定其高程。

(三)基础与地下室施工方案

1. 基础筏板施工顺序

基础筏板施工顺序为：清理基坑→垫层→弹线→砖模→底板筋→柱、墙插筋(含劲性型钢止水钢板)→校正(含预留、预埋)→大体积混凝土浇捣→养护。

2. 地下室负1层、负2层结构施工顺序

地下室负1层、负2层结构施工顺序为：弹线分中→柱(墙)钢筋绑扎(含电渣压力焊、套筒连接和止水钢板)→支模(含支模架)→柱、墙混凝土→支梁、板支模架→梁底板→梁钢筋→梁侧模、板模→绑扎板筋(水电预留、预埋)→捣制梁板混凝土。

3. 基坑支护方案

本工程地层分布自上而下分为5层,深基坑支护采用土钉墙、钢管桩支护施工技术方案。

1)土钉墙支护

(1)基坑西向、南向、东向北段部分,基坑边无建筑物,地面荷载较小,采用土钉墙支护方案。土钉736个,喷射C20混凝土,支护基坑壁1 850.04 m^2。其优点是:土钉的施工精度要求不高,且绝大部分和土层接触,产生的应力均匀;相对预应力锚杆支护而言,土钉支护技术不需要大型施工设备;与桩护壁相比,工期可大大缩短,且造价低,操作方便。故采用土钉墙支护是适用、可靠、经济的方案。

(2)土钉参数的设计。通过设计计算,土钉参数取值如下:

土钉长度　$L_{均}=9$ m

土钉间距　$H=1.8\sim2.25$ m

土钉直径　$d_b=25$ mm(螺纹钢)

土钉孔径　$d_h=100\sim120$ mm

通过土钉内部稳定性验算、外部稳定性验算,均能满足要求。

(3)施工工艺。土方开挖与土钉支护均分层进行,每挖至2 m即做土钉支护,确保土体稳定。土钉以洛阳铲和清孔成孔,孔径120 mm,孔角度20°,土钉注浆压力为0.6~0.8 MPa,砂浆强度不低于M2.5,单根抗拔力不低于150 kN,Φ16加强筋"井"字形布置,与土钉锚头点焊,喷射C20混凝土,厚度80~120 mm。

2)钢管灌注桩和锚杆支护

基坑西侧②~④轴有棵数百年古樟,东北角为3层配电房,为避免土钉破坏树根和建筑物基础,且确保上部土体稳定,上部土体不打横向土钉,垂直打入钢管,采用钢管灌注桩支护;下部土体采用锚杆支护技术,古樟树下部采用槽钢与锚杆锁定。

3)基坑清理和施工防水、排水措施

机械土方开挖到位后,采用人工开挖留置土方(或清理基坑)。基坑施工阶段防水、排水,采用120 mm×240 mm(宽×高)明沟有组织排除雨水至集水坑(800 mm×800 mm×700 mm,每10 m设置一个)。再用水泵抽排到工地沉淀池,再排入市政雨水井内。明沟和集水坑采用M2.5砂浆MU2.5砖砌筑。

4. 土方工程施工方案

-9.3 m以上土方采用机械大开挖,-9.3 m以下土石方工程由集团总公司施工,共分为3部分:-9.3~-9.8 m,用空压机配风镐进行人工修整;-9.3~-10.8 m用挖掘机挖掘一部分,剩余部分用空压机配风镐进行人工修整;-9.8~-10.8 m间45°斜坡部分以空压机配风镐进行人工精修。整个土方总体施工顺序由北至南进行。

土方开挖时要做好塌饼标志,控制基底标高,尽可能防止超挖。为防止雨水浸泡地基,当开挖至离设计标高10 cm时暂停,待天气无雨,混凝土垫层浇筑前组织人力突击进行平整。松软、湿润的土质要挖除,超挖部分作好隐蔽记录,浇筑垫层时用C15混凝土填实振捣，以保证地基质量。

土方垂直运输。在挖掘机退场前，用挖掘机将土倒铲推运至西南角坡底集中堆放，挖掘机退场以后，用125 t·m塔吊吊土，用盛土盆卸到8 t自卸汽车上转运。首先在基坑底用斗车、灰盆等工具将土方卸到坡底位置集中堆放，将土装入盆内，用塔吊卸到汽车上。

5. 基础底板施工方案

1）底板垫层施工

底板垫层混凝土强度等级为C15，分块分段进行施工，采用商品泵送混凝土。根据实际情况适当调整。土方平整一段，垫层随即浇筑一段。

垫层混凝土施工前，会同有关部门验收底板下土质和标高情况，作好地基验槽记录，并认可签证后方可进行垫层施工。

分块分段施工混凝土垫层时，要用平板振动器来回拖平振实，木抹子及时搓平收光，以减少基底对底板的约束；各块段之间的混凝土施工缝必须装模板留整齐，第二段垫层浇筑时，接头处铺少许砂浆，以保证接头良好。

为确保混凝土垫层表面平整，在垫层施工之前先做塌饼，以控制垫层顶面标高。垫层混凝土施工完以后将轴线投测到垫层表面，找平垫层表面后用红油漆标好墙柱中心线和模板边线位置。

做好劲性钢骨基础预埋件的施工，做到位置与尺寸准确，符合精度要求。

2）模板工程

筏板基础侧模无支模工作面，采用砖胎模，用M5水泥砂浆砌MU5红砖，高度同底板厚度，为增强墙体的稳定性，长度方向每1.5 m附砌240 mm厚墙垛支撑于坑壁，顶面抹30 mm厚1:2水泥砂浆找平压顶。对于⑧轴底板侧模，及-3.93 m与-8.1 m厚墙外模，由于紧邻立体车库及酒店主楼护壁桩，无砖砌胎模空间，清理桩顶及桩身松土后，混凝土原槽浇筑。

3）钢筋工程

（1）基础底板钢筋全部采用新Ⅲ级钢，生产厂必须持有“生产许可证”及省级建筑主管部门颁发的“准入证”或“建设新产品推广许可证”。要有出厂质量证明书，并按规定进行抽样送检，各项化学成分和力学性能必须符合《螺纹钢技术标准》（GB 1499—91）的规定，检测合格后方可使用。

（2）钢筋加工。基础底板钢筋直径均在20 mm以上，采用焊接接头。因此，在底板钢筋施工时，钢筋对焊机宜放于基坑内，所有纵横通长钢筋分段对焊再用单面帮条焊连接，新Ⅲ级钢筋采用E6016-D1型（J606）焊条，并在施焊前烘焙至350~400 ℃，用保温桶装至现场，随取随用。

由于基础底板厚度变化处45°斜筋很多，制作前先到现场实地放样，量出准确尺寸后再进行加工。

（3）钢筋绑扎。1 600 mm厚底板部分钢筋为双层双向布置，2 600 mm厚底板部分除配置上下双层钢筋外，还在板中配置纵横钢筋。钢筋重量很大，中上层钢筋绑扎前先架设满堂钢管脚手架，立杆间距纵横2 m，临时固定后，将中上层钢筋焊牢于Φ25钢筋马凳上，钢筋马凳纵横间距1.5 m，并增设Φ25@1 500 mm纵横X型钢筋斜撑，使上中下各层钢筋形成整体构架，马凳筋焊牢并经检查合格后才能拆除脚手架。板底由于钢筋重量大，用砂浆垫块容易压碎，在垂直于底层下排钢筋的方向，每隔 1.5 m 的间距用高强度等级水泥砂浆塌饼冲筋，以确保钢筋保护层强度。

底板钢筋绑扎完毕后，扎好墙柱插筋。为避免浇混凝土时钢筋出现位移，要求将靠近板面的第一道柱箍与插筋焊牢，再在其上部套 2～3 个钢箍且绑扎牢固，并将墙柱插筋与底板面层钢筋点焊固定。

4）底板混凝土浇筑

（1）底板混凝土施工特点。基础底板混凝土强度等级 C40，抗渗等级 S10，底板总长 66.6 m，最宽处 31.4 m，混凝土总量约 4 000 m^3。由于场地狭窄，现场布置 3 台输送泵（其中一台备用），采用商品混凝土泵送入模。因而底板具有泵送混凝土、大体积混凝土、自防水混凝土的特点。为避免底板超长出现温度收缩裂缝，在③～④轴间设置一道后浇带，后浇带缝宽 1 m。

（2）原材料及配合比要求。由土木工程中心实验室提供配合比，现场根据砂石含水率进行调整。

（3）混凝土浇筑方法。底板混凝土采用商品混凝土泵送入模，布置两台泵车，两条管线投入施工，两班连续作业，以后浇带为界分两段进行，先浇筑后浇带两侧，待第二段收缩稳定后再浇筑后浇带混凝土。混凝土分层浇筑，每层浇筑厚度 600～700 mm，1 600 mm 厚板分三层浇筑，2 600 mm 厚板分五层浇筑，在混凝土初凝之前接头。

混凝土振捣必须密实，均匀振捣，防止欠振、漏振或过振。浇至板面标高时用杠尺刮平，用水准仪检测标高，初凝前再用木抹子抹压搓平，以控制标高和平整度。

（4）大体积防水混凝土施工措施。基础底板于 11 月底至 12 月初浇筑混凝土，平均气温 10 ℃，主要采取以下措施：

①降低混凝土内的水化热和尽可能降低水泥用量。

②掺 HEA 型膨胀剂，延缓水化热峰值期和降低水泥用量，产生混凝土预应力。

③控制混凝土内外温差不超过 25 ℃，布置测温点按规定要求测温，混凝土浇筑初凝后表面覆盖层为：底层塑料薄膜，中层三层麻袋，面层彩条纤维布，以延缓混凝土表面温度陡降。

6. 地下室墙、柱、梁板施工方案

1）外脚手架工程

地下室外脚手架的主要作用是为外墙柱的模板支拆、钢筋绑扎、混凝土浇筑、外墙面的防水施工提供操作面。在底板钢筋绑扎即将完成，外墙柱插筋施工前即开始搭设，外脚手架采用双排钢管架，钢管采用 $\phi 48\times 3.5$ mm 焊接钢管，先搭设一步架高，立杆底部标高为 −8.1 m，立杆纵距 1.8 m，排距 1.0 m，内立杆距外墙 400 mm。大横杆步距 1.6～1.8 m，操作层竹架板搁置于小横杆上，不允许有探头板。小横杆的间距结合立杆的纵距、横杆的步距和操作层竹架板的接头情况设置。为增强架体的刚度和稳定性，适当设置剪刀撑和斜撑。其余扫地横杆、防护栏杆、挡脚板等安全防护措施均按操作规程要求设置。

2）模板工程

外墙柱模板采用组合钢模板，用 U 形卡连接。内墙柱模板采用木模板，以 12 mm 厚酚醛树脂竹胶板作面板,6 cm×8 cm 木枋作背枋制成定型模板。柱模采用ϕ48×3.5 mm 双钢管和对拉螺栓作柱箍。当柱子边长大于 700 mm 时,柱中增设ϕ14 对拉螺栓。柱模对拉螺栓不设套管,一次性摊销使用。柱模安装及对拉螺栓的间距见图 5-22。柱模四向中线校正固定后,与梁板满堂支模架连接牢固或设斜撑固定防止柱模侧向移动。墙板模板采用ϕ48×3.5 mm 钢管作内外钢楞,间距 50~60 cm。内墙模板设ϕ14 对拉螺栓穿套管内撑外拉固定。外墙模板对拉螺栓不设套管,加焊 50 mm×50 mm×4 mm 钢板止水环,一次性摊销使用。当墙体长度较长时,钢管横楞应搭接牢固。墙模安装见图 5-23。

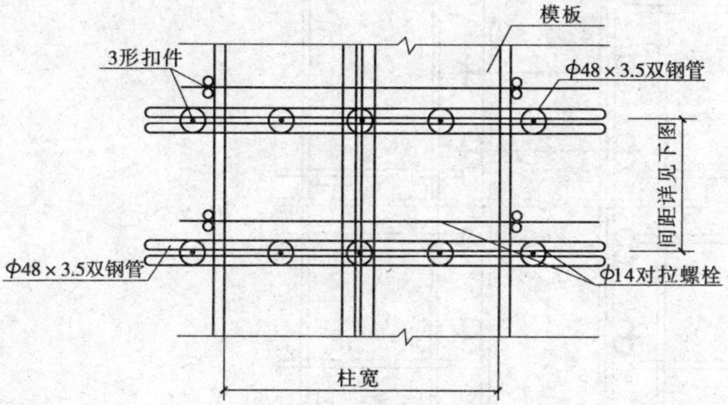

(a)柱模安装示意图

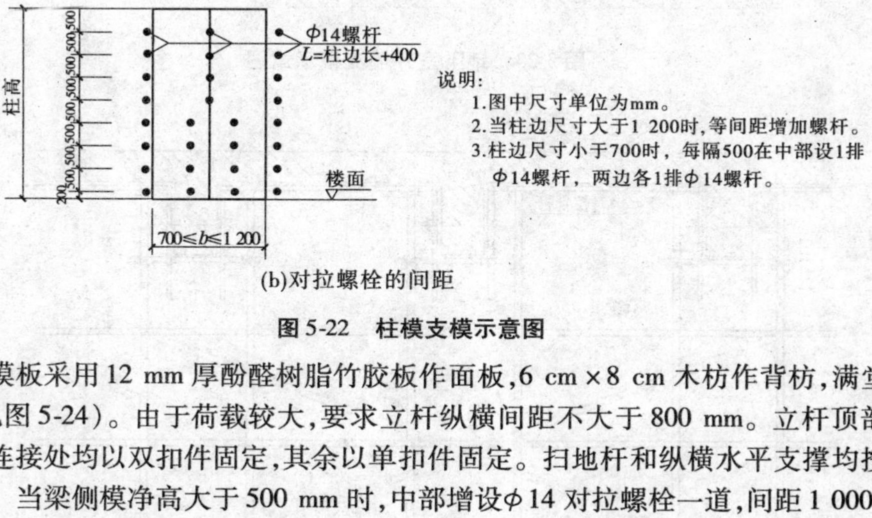

(b)对拉螺栓的间距

图 5-22　柱模支模示意图

梁板模板采用 12 mm 厚酚醛树脂竹胶板作面板,6 cm×8 cm 木枋作背枋,满堂钢管架支撑(见图 5-24)。由于荷载较大,要求立杆纵横间距不大于 800 mm。立杆顶部与支撑横杆的连接处均以双扣件固定,其余以单扣件固定。扫地杆和纵横水平支撑均按操作规程执行。当梁侧模净高大于 500 mm 时,中部增设ϕ14 对拉螺栓一道,间距 1 000 mm。

采用组合钢模必须注意模板拼缝处的处理,对拉螺栓拉接处配补缝,避免混凝土漏浆。

模板每周转一次应清理干净,涂刷脱模剂,并分类堆码整齐。

墙柱模板及梁侧模拆除时须确保其混凝土表面及楞角不因拆模受损,梁板底模待达到规定强度后方可拆除。

3)钢筋工程

钢筋加工绑扎必须充分熟悉设计图纸和 96G101 图集《钢筋混凝土结构平面整体表

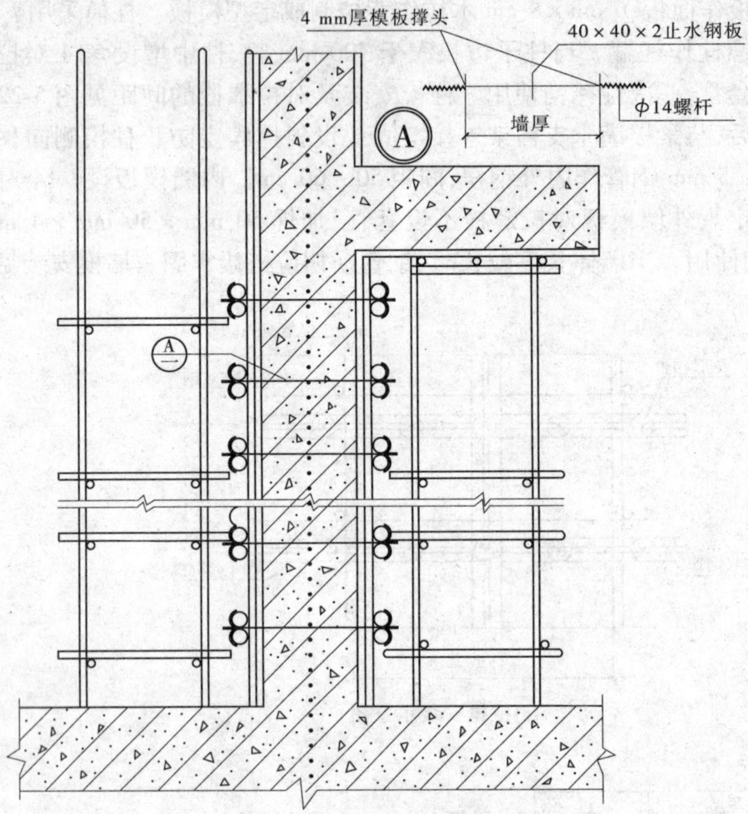

图 5-23 地下室外墙支模示意图

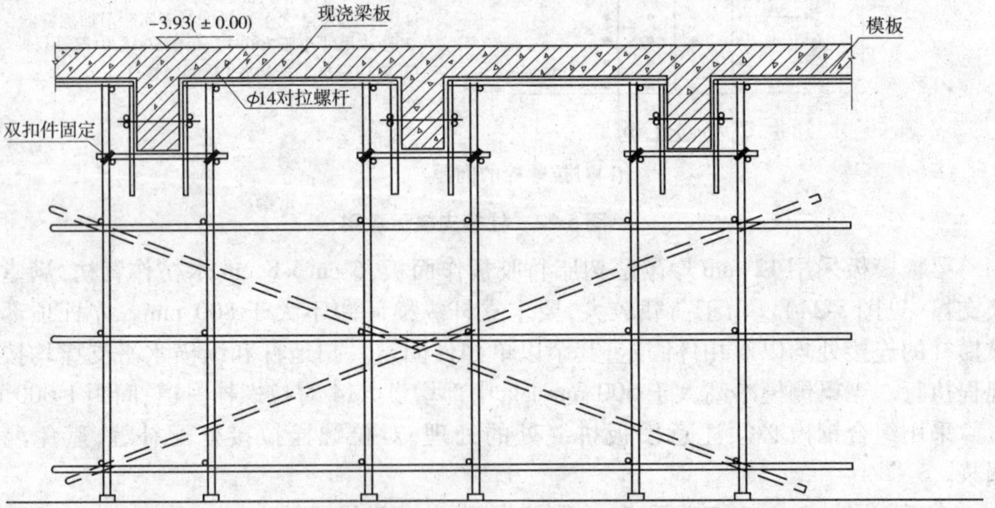

图 5-24 梁板支模示意图

示法制图规则和构造详图》，按照设计要求的规格、形状、数量、位置进行配料和加工绑扎，加工好的钢筋必须分类堆码整齐，挂牌编号。钢筋的锚固和搭接长度、接头位置必须符合设计和施工验收规范要求。绑扎的钢筋垫好保护层垫块。Φ 18 及Φ 18 以上竖向钢筋采用电渣压力焊接头，负1层后浇带以南Φ32柱筋采用钢套筒径向挤压接头，Φ18以下的竖向钢筋采用绑扎接头。梁主筋采用电弧焊接头或对焊接头，板筋采用绑扎接头或单面电弧焊接头，楼板双层钢筋之间采用φ14@1 000钢筋支撑。

4)混凝土工程

基础地下室部分均采用商品混凝土，现场设2台输送泵将混凝土泵送入模，混凝土强度等级为C50。梁板墙柱在③～④轴间设1 m宽后浇带，混凝土强度等级为C55。原材料及配合比按中心实验室提供的配合比通知单执行。混凝土浇灌顺序按指定的路线进行，以施工方便并确保工程质量为原则。

墙柱浇筑注意事项：墙柱水平施工缝，下部留在楼板面，上部留在梁底20～30 mm，外墙柱施工缝至少焊3道钢板止水带。墙柱要分层浇筑，浇筑厚度300 mm，混凝土用插入式振动器振捣，布点间距一般为30～40 cm，振捣时要快插慢抽，防止欠振、漏振或过振造成蜂窝、麻面及孔洞。墙板尽量不留垂直施工缝，当墙体长度较长，必须留垂直施工缝时，应留在门洞口过梁跨中1/3范围内或纵横墙的交接处。墙柱根部铺100 mm厚高强度水泥砂浆（与混凝土成分相同），防止混凝土烂根。

混凝土浇捣后按规定及时进行养护，养护时间不少于14 d。

7.地下室防水施工

外墙面防水层施工前，必须将表面清理干净，如模板拉接螺杆露出外墙面部分，要先将不平整的混凝土凿除，螺杆根部混凝土凿进10 mm深，割除螺杆，用高强度水泥砂浆补平整。然后按五层防水做法粉20 mm厚防水砂浆。基层干燥后，按设计涂刷基层处理剂一遍，自下而上粘贴SBS改性沥青防水卷材后，用聚醋酸乙烯胶粘剂点粘30 mm厚聚苯乙烯泡沫塑料板作保护层。

8.基坑土方回填

土方回填前，抽干基坑内积水，清理淤泥杂物。底部回填500 mm厚卵石作为盲沟滤水层。上部回填黏土或三七灰土分层夯实，含水率应满足施工规范要求，也可用2∶1级配砂石回填，回填要分层进行，每层厚度不宜超过300 mm，要每层铺平，用蛙式打夯机夯实，如基坑宽度较窄或墙柱根部机械夯不到位，用人工夯实，保证填土密实。

（四）主体结构施工方案

1.主要模板工程方案

对于9个电梯井，采用筒模（见图5-25）。中心部位的剪力墙采用钢框、木框胶合板大模板。装、拆时用塔吊配合进行。柱模采用散装式钢管，胶合板用螺栓与蝴蝶扣联结。按设计要求，柱（包括剪力墙内的暗柱）及梁内不得留竹筒，支模用螺杆不予拆出。剪力墙内的螺杆采用硬塑料管做套管，拆模后的第二天用特制工具将塑料管取出。螺杆采用φ14钢筋制成，柱（双向）与剪力墙螺杆，从下往上竖直方向相邻每排间距按500 mm控制，最下面一排距板面200 mm；同一排螺杆的最底下一排间距为400 mm。第二排、第三排间距为500 mm，再往上则为600 mm。梁板模板采用胶合板，钢管作支撑压枋有钢管与木枋两种，螺杆采用直径为14 mm，梁高1 m以内用一排，超过1 m用两排螺杆，水平方向间距500 mm。南北两向的200 mm厚外倾7°的板采用胶合板散装模板，木枋或钢管作压枋，紧固件也用直径为14 mm螺杆，双向间距500 mm。外倾式墙板用散装模板便于施工且较为安全。所有紧固用螺杆均两端配 12 mm×60 mm×60 mm 钢垫板(瓦斯板),双螺帽当为双钢管作压枋时,则用蝴蝶扣。

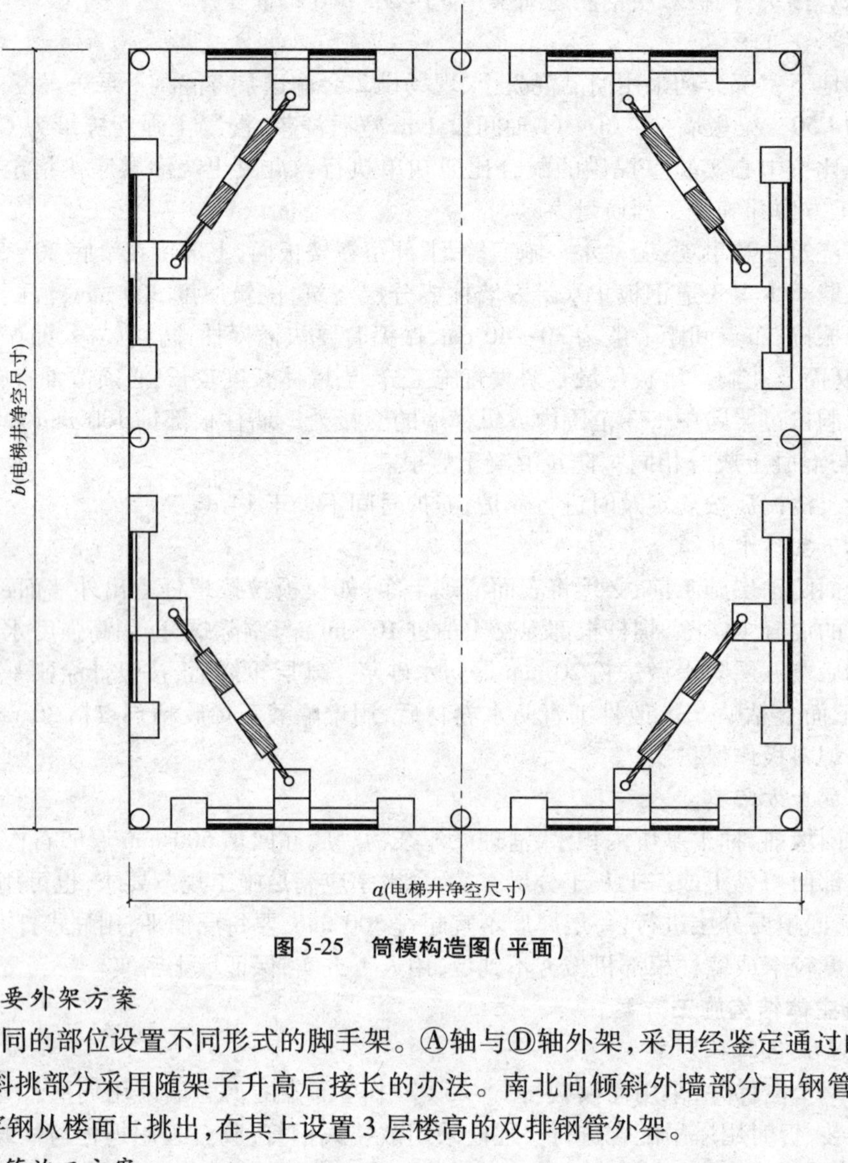

图 5-25　筒模构造图(平面)

2. 主要外架方案

对不同的部位设置不同形式的脚手架。Ⓐ轴与Ⓓ轴外架,采用经鉴定通过的电动爬架,平面斜挑部分采用随架子升高后接长的办法。南北向倾斜外墙部分用钢管挑架,用 14 号工字钢从楼面上挑出,在其上设置 3 层楼高的双排钢管外架。

3. 钢筋施工方案

钢筋加工采用机械断料、调直、弯曲,钢筋下料及加工必须按经审核同意后的钢筋加工下料单进行加工,成型的钢筋须挂牌并成捆,然后堆放在屋面适当地点,再用塔吊吊运到绑扎地点,吊入钢筋加工棚内的钢筋堆放不宜太集中,重量不能太大,确保华天大酒店老车库屋顶结构安全。安装班组严格按设计绑扎,采用现场人工绑扎成型,注意严格做到按设计与标准图要求施工,主次梁、板、墙、柱钢筋内外上下位置、钢筋弯钩角度、弯钩后的平直段的长度等必须符合设计与规范要求,箍筋拉钩与主筋接触符合设计、施工规范要求。

任何人不得未经技术部门允许就私自切断钢筋，在不违反有关技术规范要求的前提下，柱钢筋接长视情况采取电渣压力焊、套筒冷挤压及锥螺纹连接中的任一种，水平钢筋接长根据不同情况采用单、双面搭接焊，小直径的钢筋按规定采用搭接接长。

4. 混凝土施工方案

5 层及以下采用商品混凝土，2 台泵车加 1 台塔吊运(输)送混凝土施工。7 层以上混凝土，在现场西部设置混凝土生产线，设两台 500 L 混凝土搅拌机，设 1 台泵送及 2 台塔吊配合进行混凝土运输。所有混凝土的振捣均采用机械振捣，采用插入式或平板式振动器振捣密实。

5. 混凝土柱、墙、梁板施工方案

1) 柱施工

柱施工顺序：测量弹线→搭设柱支模架→柱纵向钢筋电渣压力焊或机械连接→柱控制标高测设→绑扎柱筋至梁底以上一道→设置混凝土垫块→预留预埋件埋设→柱底清洗冲扫→质量检查→作好隐蔽工程记录→柱模板安装固定校正→浇灌柱混凝土→拆模→养护。

a. 柱钢筋

Φ18 ~ Φ25 的主筋采用电渣压力焊接头，Φ25 以上采用锥纹连接接头。竖向电渣压力焊在正式施焊前先进行试焊，掌握好电压、电流时间等参数后再正式施焊。质检人员对每个接头逐个进行外观检查，要求焊包均匀，不得有裂纹，钢筋表面无明显烧伤缺陷；接头处钢筋轴线的偏移不得超过 0.1 倍钢筋直径，同时不得大于 2 mm；接头处钢筋轴线弯折应不小于 4°。外观检查不合格的接头，应切除重焊，并按《钢筋焊接及验收规程》(JGJ 18—96)的规定现场取样试验。钢筋电渣压力焊接过程中，如发现裂纹、未熔合、烧伤等缺陷，可参照《钢筋焊接及验收规程》(JGJ 18—96)查找原因，采取措施，及时消除。

b. 柱模板

柱模板安装前进行柱底清理，凿除浮浆和松散混凝土，搭设支模架并与满堂脚手架连成一体。柱模板用 12 mm 厚酚醛树脂竹胶板作面板和 6 cm × 8 cm 的木枋制作。对于标准柱，柱模制成定型模板；对于变截面斜柱和异形柱，局部以非标准板补充。柱模采用 φ48 × 3.5 钢管和 φ14 对拉螺栓做柱箍，做法按地下室支模板施工方案要求执行。柱底部侧压力大，为防止胀模，柱箍和对接螺栓要通过计算进行加密。柱模四向中线校正后，即与满堂架连接或用斜支撑固定，以保证柱模侧向稳定。

模板隔离剂的使用，按新规范要求，模板隔离剂不准使用对钢筋、混凝土有损害及腐蚀作用的物质(如废机油)，应使用成品模板隔离剂。

鉴于本工程结构的特殊性和重要性，柱模对拉螺栓均不留套管，一次性使用埋入柱内。

柱模安装完成以后，要检查支撑系统是否可靠，轴线位置是否正确，垂直度是否符合要求，模板拼缝是否严密，确保模板坚固、支撑可靠、位置正确、拼缝严密、垂直度符合要求。

柱模拆除必须执行申请手续，由专业施工员与技术组联系并同意后方可拆除，以确保表面及楞角不因拆模受损为原则。

c. 柱混凝土浇筑

柱子混凝土浇筑前，首先要确定柱子的浇筑顺序，施工缝留设位置，制定柱混凝土浇筑方案，认真作好隐蔽记录，经有关单位签字验收后浇筑混凝土。

混凝土采用商品泵送混凝土浇筑。浇筑前搭设好混凝土运输道，湿润模板。浇筑前底部先填5 cm厚与混凝土成分、强度相同的水泥砂浆，防止混凝土烂根。柱混凝土应分层振捣，快插慢抽，振点间距一般为30～40 cm，先四角，再中央。禁止下层混凝土尚未振捣完毕，上层混凝土继续下料的现象。振捣上层混凝土时应插入下层混凝土约50 mm，确保上下层接合良好。对于截面尺寸很大的斜柱，由于混凝土的流动受到柱内钢骨的限制，加上柱内箍筋、拉筋密集，输送泵要多点下料，一般要安排4人对称分层振捣，防止漏振、欠振或过振造成蜂窝、麻面或露筋现象。由于斜柱的特点，内侧一边的混凝土相对外侧较难振捣密实，要特别注意振捣质量。

混凝土拆模后，按规定对混凝土养护7昼夜，养护以保持混凝土表面湿润为准，为保持混凝土表面湿润，采取覆盖麻袋、塑料薄膜等措施。

2)现浇钢筋混凝土墙板施工

现浇钢筋混凝土墙板施工顺序：分中弹线→校正钢筋位置→焊接定位钢筋→清洗混凝土接头→搭设操作架→安装墙板→安装侧模板→绑扎钢筋→ 安预埋件和钢筋保护层垫块→作好隐蔽记录→安装另一侧模板→模板固定及校正质量检查→拆模→养护。

a. 墙钢筋

在绑扎钢筋之前，修整调直墙板及暗柱和预留插筋后再进行钢筋的绑扎。先绑扎好暗柱的钢筋，再绑扎墙板钢筋，立筋的接头相互错开50%。为保证剪力墙内外两层钢筋的位置准确，按1 500 mm的间距安装钢筋焊接网片。钢筋网片纵向钢筋与剪力墙相同，横向用Φ10@500 mm钢筋与纵向筋焊牢形成网片，安装于剪力墙内。注意：如果由于墙板上的预留孔洞较多，在钢筋绑扎施工时注意留出其位置，并及时按设计要求绑扎洞口的加固钢筋。为保证墙板混凝土的浇筑质量，墙板水平钢筋最高绑扎至施工缝以上一至二道，暗梁负筋暂不绑扎。待墙板混凝土浇筑完毕后再按设计要求绑扎上部钢筋。钢筋绑扎完后，垫好保护层垫块。将混凝土接头部位清理干净，并交下道工序——模板施工。

b. 墙板模板

墙板模板采用钢框竹胶合板和木框竹胶合板制作成定型大块模板，用φ14@600 mm×600 mm(外墙模板用Φ20@600 mm×600 mm)螺丝和硬塑料管内撑外拉固定；吊线校正后与满堂架连接，或用斜支撑稳定。电梯井内模采用铰链式筒子模，板面用对拉螺丝和硬塑料套管内撑外拉固定，控制断面。为保证柱墙的中线准确，在柱根部用Φ12 mm的钢筋焊成钢筋档，钢筋的两端伸至柱墙的模板边线，给安装模板提供准确的位置，墙柱钢筋按500 mm的间距布置，墙模板安装前，根部浮浆、杂物及松散混凝土应清扫干净。墙模安装后，根部缝隙要用水泥砂浆堵严实。

c. 墙板混凝土的浇筑

混凝土浇筑前，应做好各项检查工作，作好隐蔽记录，经有关单位签字后方能隐蔽；混凝土浇筑时，先在墙板底部浇5～6 cm厚与混凝土成分相同的水泥砂浆，水泥砂浆用铁铲铲入模内，其施工缝留设在板面或梁底，混凝土浇筑时，必须分层浇捣密实，振动棒快插慢抽。设专人看模或观察混凝土振捣情况及调整墙板钢筋,以防振捣不密实或走模。浇筑上层混凝土时,振动棒必须插入下层混凝土约5 cm,保证上下层混凝土接合良好。如发现模板变形和对拉螺杆滑丝、断裂,应立即停止浇混凝土,处理好后才能继续浇捣混凝土。

4层以下的裙楼层高较高,使用混凝土漏斗或混凝土输送软管插入墙板内,保证混凝土下料高度不超过3 m,以防混凝土离析。

混凝土拆模后,按规定对混凝土进行养护,指派两人专门浇水,日夜进行,以保持混凝土表面湿润为准,养护时间不少于7昼夜。

3)现浇混凝土梁板、楼梯施工方案

现浇混凝土梁板、楼梯施工顺序:控制标高测设→搭设支模架→铺设梁底模→绑扎梁(暗梁)钢筋→安装梁板模板→绑扎板钢筋→质量检查→作好隐蔽记录→测设板面控制点标高→浇水湿润模板→浇筑混凝土→养护。

a. 模板施工

梁板模板均采用12 mm厚酚醛树脂竹胶合板作为面板。梁模制成定型模板,5 cm×7 cm木枋作背枋,板底模用4 cm×6 cm木枋进行散拼散装。梁板模板采用ϕ48×3.5 mm钢管支撑。要求纵横间距不大于1 000 mm,底部满堂扫地横杆一道,上部纵横水平支撑步距不大于1.8 m,并按常规要求设置纵横剪力撑。当梁侧模净高大于500 mm时,按地下室支模施工方案要求增加ϕ14对拉螺栓,对截面尺寸很大的大梁,必须经过严格计算后,确定支模方案。现浇梁按规范规定,需要起拱,起拱高度$h=1.5L/1\,000$(L为全跨),起拱后梁底的标高应作相应的调整(指梁的两端),以保证楼面标高与设计相符。支撑梁底模的钢管横楞间距不大于500 mm,以防止梁底模过大的挠度变形。

b. 钢筋工程

梁板钢筋在绑扎之前,应将模板内杂物清扫干净,且在模板上将钢筋间距分好,再铺设钢筋,绑扎板钢筋。梁中的双层及多层钢筋之间垂直于主筋方向垫Φ25@1 000 mm的短筋,以控制钢筋排距。主次梁交叉处钢筋重叠,为避免楼板局部保护层不够而造成整层楼板超厚,将次梁、暗梁箍筋适当减小25~30 mm,可将主梁负筋置于暗梁负筋之上,次梁负筋置于主梁第一排负筋之下。钢筋锚固搭接符合设计要求和施工验收规范要求。钢筋绑扎后,即垫好钢筋保护层,保护层厚度按规范执行。组织有关人员进行钢筋验收合格后方可进行下道工序的施工。为保护楼板负弯矩钢筋,采取以下两项措施:一是在负弯矩钢筋下按1 000 mm的间距加钢筋撑;二是在负弯矩钢筋中绑扎好后,即搭好混凝土操作用的运输道,此运输道用特殊的钢架凳架设,上铺竹架板。

半成品保护:钢筋运至工地后,在钢筋未绑扎之前,工地要认真进行保护,分批按牌堆放,不准堆放在有水泥和人员集中的交通要道,并用木方架空堆放。绑扎应按顺序进行,绑扎过程中不得任意切断,冷轧带肋钢筋不允许焊接。

钢筋绑扎好后,负弯矩筋及双层筋加撑脚应及时设置,并搭设好人行通道,不得让操作人员在钢筋上踩来踩去。如不是特别需要不能切断钢筋。切断钢筋时,要经设计单位同意,定好加固措施后才能切断。因冷轧带肋钢筋禁止电弧焊,水电管线等预留预埋不得焊在冷轧带肋钢筋上。

c.混凝土浇筑

梁板以后浇带为界分段进行浇筑。浇捣混凝土前，要对模板进行清理，检查模板是否严密，支撑是否牢固，测量好控制标高。自检通过后，请业主、监理、设计、质监站进行验收，合格并办理隐蔽记录后，才能进行混凝土浇筑。混凝土浇筑要按指定的路线进行，避免施工冷缝。

4）砌体结构

红砖（砌块）必须经试验符合设计强度要求及有出厂合格证后才能进场使用，砌筑砂浆的原材料也应有相应的质量合格证明及实验室提供的配合比才能施工。

砌筑砂浆的各种原材料应按质量配合比，称量准确、搅拌均匀，组砌方法正确，灰缝大小适宜（8~12 mm），且必须按规定错缝砌筑，不得通缝。

砌筑时要做到砂浆密实、灰缝饱满，水平灰缝的饱满度不得低于80%。砂浆要有良好的和易性，施工时应同条件留置砂浆试块，达到养护期后，按时送实验室检测实际强度。

砌筑前必须按设计要求做好与混凝土柱或剪力墙之间的联结（采用留置拉结筋或植筋的方法）。砌筑时要按事先设立好的皮数杆施工。皮数杆要求同一楼层标高与皮数保持一致。

各种预埋件、预留孔洞的位置，应按设计要求准确无遗漏地留置。各种安装用预埋件、暖工、电气管线等，砌筑时均应注意配合和保护，不得拆改和损坏。

（五）装饰工程施工方案

1.外装幕墙施工方法

（略）

2. 室内粗装修

1）施工程序安排

（1）卫生间→卧室→过道→楼梯间。

（2）天棚→墙面→地面。

2）施工条件

内粉刷施工要求具备以下条件：室内所有隔墙施工完毕；所有安装管道全部完工；暗敷管道全部完工；混凝土构件表面的喷浆结合层施工完毕。

3）主体工程与砌体接触面的构造处理

按照设计要求，内隔墙与主体工程的接触面处为防止粉刷层开裂，在粉刷底层内沿竖缝或水平缝通长布置钢丝网，其施工方法如下：

（1）钢丝网宽度为600 mm，接缝两边各300 mm。

（2）钢丝网沿缝通长平铺，设置于混凝土墙上的采用射钉枪射钉固定，设置在轻质砌体上的采用50 mm钢钉固定。

4）卫生间的防水处理

（1）所有上下管道穿过楼板的孔洞建议采用无机铝盐防水剂防水堵缝。

（2）为确保防水效果建议卫生间做防水处理：把基层表面油污、灰尘、杂物等清理干净。对光滑的基层表面还需进行凿毛处理，麻面率不得小于75%，然后用水湿润基层。

在已凿毛和干净湿润的基层上，用刷子均匀刷一道稀糊状的水泥防水剂素浆（配合比为水泥: 水: 无机铝盐防水剂 =1: 2. 20: 0. 1)作为结合层,以提高砂浆与基层的黏结力,厚度以 2 mm 左右为宜。

在结合层干之前,必须及时抹第一层防水砂浆(配合比为水泥: 中砂: 水: 无机铝盐防水剂 =1: 2. 5: 0. 35: 0. 05)作为找平层,厚度以 10 mm 左右为宜,赶平压实后,抹搓出麻面。

在找平层初凝后,应及时抹第二层防水砂浆。其配合比和厚度均与第一层防水砂浆相同,用铁抹子反复压实赶光。

在第二层防水砂浆终凝以后,应及时养护,每天均匀洒水不得少于 5 次,在保持潮湿条件下养护 7 d。

5)内粉刷施工方法

顶棚及墙面:抹灰前先找好规矩、弹好水平线→湿润→混凝土墙面及顶棚拉毛处理→刷 107 胶(801 胶)水泥浆一道、水泥石灰砂浆打底→1: 0. 5: 3水泥石灰砂浆抹面。

楼面:清理、洗刷干净钢筋混凝土楼面→素水泥浆结合层一道、1: 3水泥砂浆找平层。

公共走廊的吊顶在地面施工前完工。

6)内粉饰操作要点

(1)内空间找方。每间内房的顶棚、地面、墙面均应根据轴线进行找方,以确定粉刷基层的厚度。

(2)在设置有钢丝网的结合部基层粉刷应分两次或两次以上找底。

(3)楼面粉刷时应结合设计标高合理调配好室内、走廊、卫生间的地面标高及相互关系。

(4)厨房、卫生间地面粉刷应注意找好排水方向。

(5)内墙面及天棚要吊线、冲筋、找主,要求大面平整、垂直,阴阳角方正顺直,砂浆所用石灰膏应在池内完全熟化。

(6)所有的预留孔洞、专业管道等必须与土建协调配合好,不得出现事后返工、漏水及松动等现象。

(六)外脚手架施工方案

1 ~4 层,各层层高均有不同,若采用电动爬架施工,台座和钢梁的附墙拉杆难以适应层高要求,6 m 层高已超出了电动葫芦环链的长度,使其无法一次提升到位。因此,1 ~4 层只能采用落地式脚手架。

在建筑物东、西方向,轴线Ⓑ ~ Ⓑ$_2$和轴线Ⓐ ~ Ⓐ$_2$段随建筑物主体升高而逐步外伸。轴线Ⓐ ~ Ⓐ$_2$每上升一层,外伸 410 mm,上升 4 层,外伸 1 640 mm。为保证施工安全和施工操作方便,选择外挑架方案。挑架底座采用三道进行全封闭,第一道为麻袋和草袋覆面,重物掉下来可作为缓冲层。第二道为方竹编板满铺(包括踢脚板和护栏),防止砾石、木方、扣件等重物掉下。第三道为竹跳板,防止钢管、铁件等重物穿透。

挑架外侧采用两道防护。第一道为竹编板立挂,防止木方、钢管、扣件等重物穿透掉下;第二道为密目网,防止砾石等小物穿透掉下。挑架为 4 个楼层高度,当达到 4 个楼层高度后,再设钢梁和拉杆,依下层挑架的程序依次操作,当第一楼层搭设完并按要求进行防护后,再拆除下面 4 个楼层的挑架。装饰工程施工中,与主体施工逆向进行,直至降至地面。

(七)防水工程施工方案

1. 屋面防水施工方案

本工程屋面有种植屋面和非种植屋面两种类型,分布在2层屋面和7层屋面。屋面采用内天沟有组织集中排水。

1)屋面防水施工程序

a. 非种植屋面施工程序

防水珍珠岩找坡→粘贴保温隔热层→APP防水卷材铺贴→刚性防水层施工→贴防水保温复合陶板。

b. 种植屋面施工程序

防水珍珠岩找坡→粘贴保温隔热层→APP防水卷材铺贴→刚性防水层施工→50 mm厚炉渣层施工→150 mm厚蛭石粉和种植天然草皮。

2)施工准备

a. 材料

对进场材料抽样送检,严禁使用不合格材料。材料应分类存放,卷材应架空存放。存放地点应通风、干燥。

b. 屋面基层清理及出屋面管井的处理

清理屋面垃圾、杂物、积水等,根据放坡要求测设好屋面找坡控制标高,及时安装出屋面管道、设备,处理好预留、预埋管件。

3)屋面防水施工方法

a. 防水珍珠岩屋面找坡

根据已测设的找坡控制标高及划分好的分格段由高至低组织找坡施工。要求坡面平整,找坡厚符合设计要求,女儿墙、出屋面管井处做成圆弧形,其弧形半径为50 mm,找坡完成后保温养护7 d。

b. 保温隔热层

保温隔热层材料为F-F新型硅铝复合保温膏浆,厚度为20 mm。保温层施工前,将基层清扫干净,基层不宜过湿,施工顺序由高至低,膏浆分两次涂抹,每次厚10 mm,当第一层干燥有一定强度后,再涂抹第二层,并压实赶光。女儿墙、出屋面管井处做成半径为50 mm的圆弧形,保温膏浆一般在出厂前已加准确,施工前可用机械或人工搅拌起浆,施工时不得随意兑水。

c. APP改性沥青防水卷材铺贴

施工方法采用热熔满粘法和搭接法。施工前应先做好屋面与落水口连接处、天沟、屋面转角处的处理,铺贴天沟时宜顺其流水方向,减少搭接。细部节点处理完毕后,由屋面最低处向上组织施工,天沟与屋面连接处搭接缝应错开,接缝宜留在屋面或天沟侧面,不宜留在沟底,上下及相邻两幅卷材的搭接尖错开,平行于屋面的搭接缝应顺流水方向,搭接长度不得小于80 mm,搭接缝用相容的密封料封严。

铺贴卷材时,不得污染檐口的外侧及墙面。

d. 刚性防水层施工方法

根据分格控制线铺放ϕ4@150 mm双向钢筋，并垫设好保护层，其保护层厚不小于15 mm，要求分格缝贯穿基层屋面板，缝宽2.5 cm，缝内用白色塑料泡沫分格。混凝土搅拌时间不应少于2 min，掺入防水剂应计量准确，投料顺序得当，搅拌均匀，每个分格块板混凝土一次完成，不留施工缝，挤压时不得在上洒水，加水泥浆或撒干水泥，浇筑混凝土时应严格控制好平整度，混凝土收水后进行二次收光，其排水坡度要符合设计要求，浇筑完成12 h后用麻袋覆盖保温养护14 d，跟班留置混凝土试块，标准养护，做好送检工作。混凝土未达到强度，严禁在上面行走、堆放材料等。

2. 厨房、卫生间防水施工方案

1）施工准备

(1)土建主体验收合格后方可进行厨房、卫生间防水施工。

(2)土建作业队与给排水安装作业队配合进行上下水管的套管和承插管安装。

(3)认真检查原材料质量，并抽样送检做好标识，不合格材料予以退货。

(4)检查厕浴楼板四周是否有混凝土边框，若没有应增设；按大便器、浴缸型号、规格校对预留孔位置及尺寸是否准确，有问题应及时纠正。

2)施工程序

a. 管洞处施工程序

主体结构验收→清理杂物→检查混凝土边框→检查和修正预留孔→安装套管和承插管→装孔洞底模板→清洗孔洞及模板→套管承插管外绑扎BW止水条→微膨胀混凝土浇堵孔洞。

b. 地面防水施工程序

地面防水砂浆找坡层→防水卷材（防水涂料）→蓄水试验（24 h）→无渗漏则进行下道工序施工。

蓄水试验：将套管、承插管用木塞或其他材料堵住，放水深30～50 mm，蓄水24 h后检查楼板底、套管和承插管周边是否有渗漏，无渗漏者视为合格。

3. 外墙、窗台防水施工方案

1)外墙防水施工方案

在结构施工和装饰施工时外墙采用双排钢管外架，外墙上尽量不留架管孔，确保外墙整体性。

(1)外墙混凝土梁柱与墙体交接处，在找平层施工前钉一道300 mm宽钢丝网，确保外墙不产生干缩裂纹。

(2)外墙找平层施工时，砂浆内掺入防水剂，形成自身防水砂浆层，确保外墙不漏水。

2)窗台防水

窗台下塞缝按清理→湿水→灌浆→养护的操作工艺，确保内高外低及流水坡度的防水构造要求，灌缝一律采用细石混凝土，并掺入减水型膨胀剂。窗台板配ϕ4钢筋网确保窗台板不开裂渗水（做法见图5-26）。

3)防水施工注意事项

所有防水材料的品种、牌号及配合比必须符合设计要求和有关规定，每批材料进场要

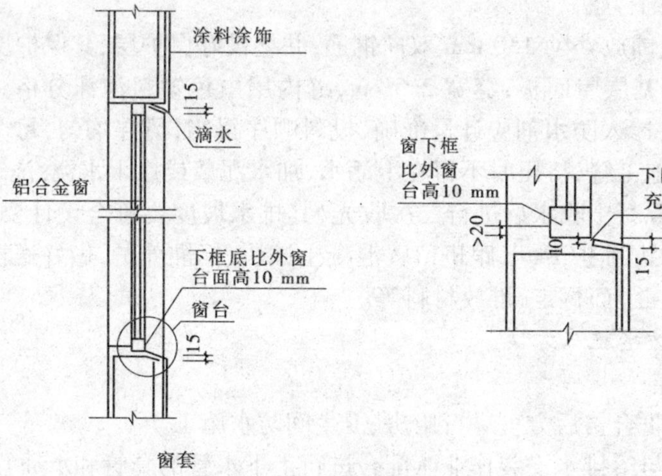

图 5-26　窗台板不开裂渗水做法示意图　（单位:mm）

有产品合格证书、使用说明书。使用之前必须抽样送检,合格后才能使用。

按要求找坡泛水,不得有积水现象。

施工完毕后防水层必须牢固,套管、承插管等细部处理要符合要求。

蓄水试验必须按规定进行,试验结果应无渗漏才算合格。

(八)安装工程施工方案

(略)

(九)季节性施工措施

根据施工进度计划,该工程主体工程施工将跨越雨期和冬期,故制定冬期施工和雨期施工措施。

1. 混凝土冬期施工措施

根据本工程的特点和实际情况,主体高层混凝土为工地现场搅拌混凝土,对于墙板和楼板混凝土采用综合蓄热法施工;保温材料为薄膜和双层草包,外加剂选用设计指定且适合工地自行搅拌的外加剂,根据所选的外加剂,在浇混凝土前进行技术交底。

选用水热大的普通水泥,适当延长混凝土搅拌时间 2 ~ 3 min,加热水进行搅拌混凝土(但水温不得高于 80 ℃),边浇边进行保温覆盖等。

下雪冰冻寒流天气不进行混凝土浇筑。认真收看气象预报,了解气象资料,将混凝土浇捣时间与冰雪天气错开。

其他措施:

(1)对于暴露的施工水线阀门等,做好保温维护工作;施工用的胶管,每日收工前,将管内水倒尽,以防止冻结。

(2)各种冬期施工期间的材料、工具在 11 月底准备齐全。

(3)凡冬期施工用的早强剂、防冻剂、减水剂等要在材料进场的同时收取产品合格证书。

(4)认真做好测温工作和试块管理工作。

冬期施工安全措施:

加强冬期施工安全生产的宣传教育，严格贯彻安全生产责任制，并制定防风、防冻、防火、防毒等安全措施。

现场要合理堆放材料和构件。风雪后，对脚手架及电气设备要及时进行检查，脚手架上的积雪要及时进行清扫并采取防滑措施。

防火、防煤气中毒。冬期施工前，各单位要对宿舍、办公室、食堂等处的用火、电厂设备组织一次检查，场内道路要畅通，消防栓、水源等处要设明显标记。

各种机械要有专人管理与操作，定期维修，保持完好。

6 级以上大风，停止施工。

遵守安全规程，确保安全施工。

2. 雨期施工措施

现场做好排洪沟，并经常维护使其保持畅通。

太湿的砖应停止使用，新砌砖墙、新浇的混凝土和新做的外装饰在凝结前加以覆盖，防止被雨水冲刷。

对脚手架、跑道要经常检查，雨天路滑，要专门进行安全交底。

雨前对机电设备要加以保护。

大雨、大风过后，要对外架、防护架等安全设施进行检查，发现问题及时处理。加强对原材料的保护。

五、施工进度计划及工期保证措施

（一）进度计划

（1）进度总工期：728 d（日历天数），施工网络进度计划图见图 5-27、主体工程施工网络进度计划图见图 5-28、基础地下室施工进度计划图见图 5-29。

（2） 工作时间按两班考虑，即白天（上午 8 点至下午 6 点），晚上（7 点至 12 点）。

（二）工期保证措施

1. 组织保证

（1）现场设立项目经理部，选派高素质的人员组成项目班子。调配思想、技术双过硬的职工队伍，参与本工程施工建设。

（2）项目经理定期组织召开工地调度会，及时总结施工经验和解决施工中的各种问题，确保进度；进行事前控制，统一指挥，保证施工中各环节、各专业、各工种之间的协调与平衡；人力、物力、设备在集团总公司内部统一调度，确保施工正常运行。

（3）建立以项目经理为工期目标的总负责人的“工期目标责任制”，并将各分项工程落实到班组。

（4）积极主动协调好社会各方面的关系，同建设、设计、质监等部门紧密联系，协同施工中的各项变更和验收，保障工程顺利进行。

（5）设立综合管理部，积极主动与各专业协作单位协调与配合。

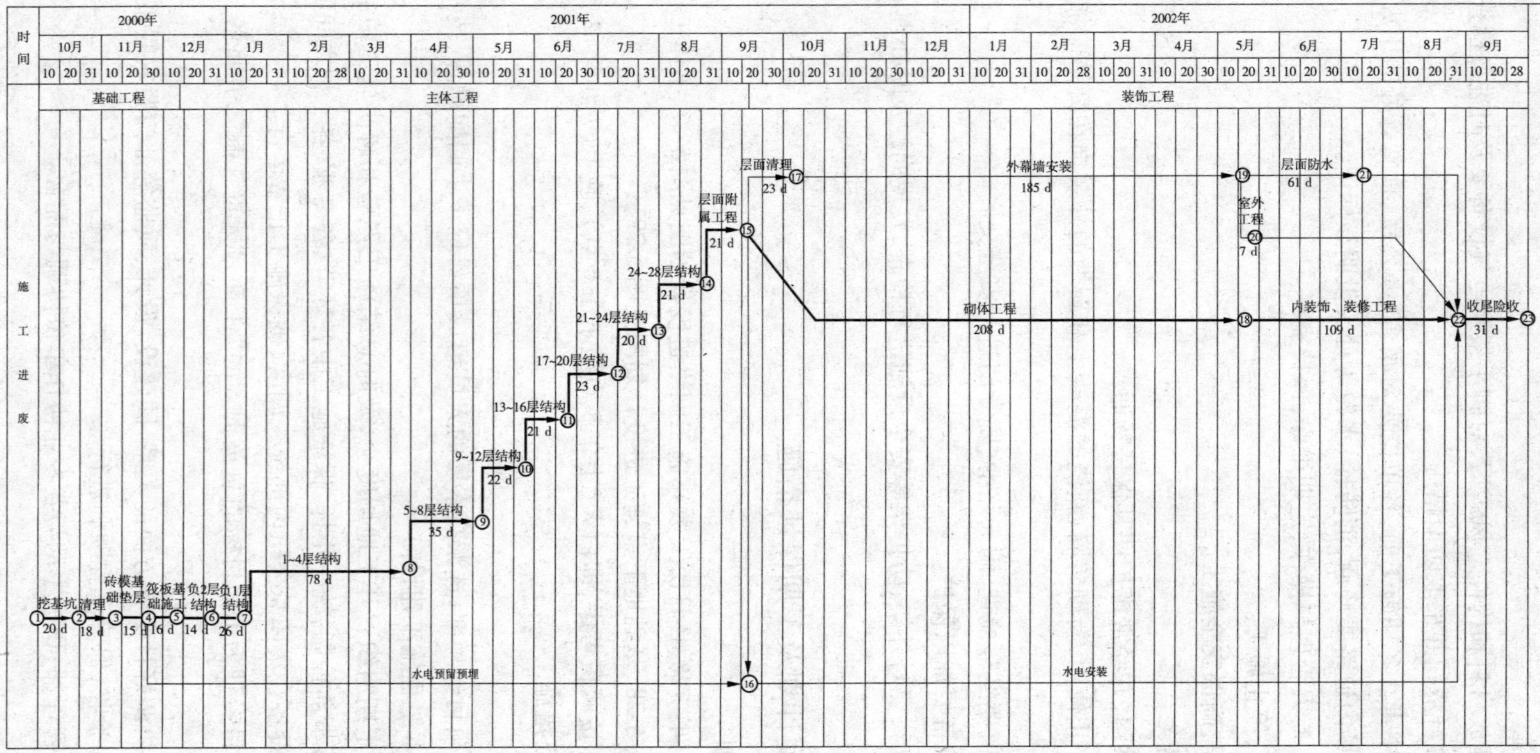

图 5-27　施工网络进度计划图

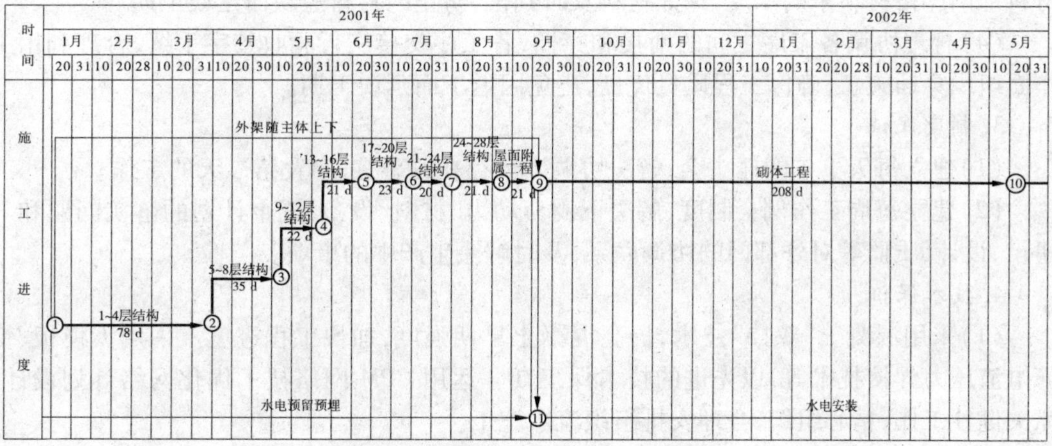

图 5-28　主体工程施工网络进度计划图

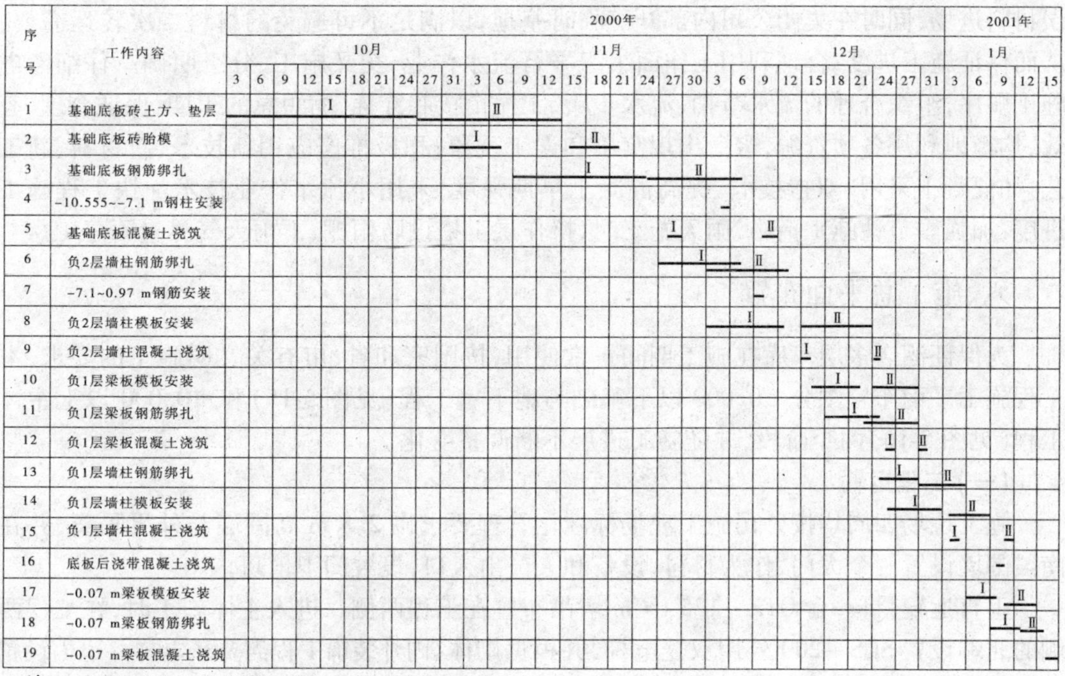

注：Ⅰ段为后浇带以北部分，Ⅱ段为后浇带以南部分。

图 5-29　基础地下室施工进度计划图

2. 计划保证

(1)坚持贯彻公司"计划管理以竣工为目标"的总精神，以总计划进度为龙头，实行长计划、短安排、月实施的方式，加强计划调度职能。

(2)以分阶段控制进度计划为管理目标，制定详细的月、旬、日计划，与班组签订分项工程承包合同，提前完成有奖、滞后受罚，实行进度、质量与效益挂钩，充分调动所有施工人员的积极性。

(3)强化劳动力、周转材料、机械设备、材料的月计划管理。提前编制材料采购计划，材料部门严格材料采购制度，保证材料及时到位，防止因材料短缺而延误工期。

(4)合理协调各工序之间的衔接和穿插，各工序交接实行验收签字手续，合理利用工作面组织穿插施工，确保工程质量优良，避免因返工而延误工期。

3. 制度保证

(1)建立每天下午的碰头会，解决协调当天存在的事宜，布置第二天的工作。

(2)建立每周工作例会制度，解决下周劳动力、材料、设备、资金计划的落实问题和与建设、设计、质监等对外部门的协调联系，及时解决生产中的事项。

4. 技术保证

(1)采用混凝土"双掺"技术，提高混凝土早期强度，加快工程进度。采用大模板、钢筋电渣压力焊接技术等，以先进的技术保工期。运用 CPM 网络技术优化网络计划设计，抓关健性工作，精心组织，合理安排组织流水施工。

(2)技术措施。投入足够数量的周转材料，防止因材料短缺而影响工期；投入足够的机械设备，保证施工顺利进行；合理布置施工平面，在施工平面范围内，避免因道路堵塞延误材料进场，同时在集团公司内部开辟临时基地，以满足不可避免的材料二次转运需要，从而保证施工进度；合理利用工作面组织平行流水作业，交叉施工，分工明确。仔细考虑施工顺序，组织合理的流水节拍、流水步距、工序衔接和穿插，缩短总的工期，保证合理、有效、均衡地利用各项资源，避免出现窝工和误工现象；积极推广应用新技术、新材料、新工艺，如混凝土采用"双掺技术"提高混凝土早期强度，采用小流水作业技术加快工程施工进度；加强季节性施工措施，雨天施工时，操作层上搭设防雨棚，下雨天气尽量不停工。

六、施工总平面布置

为保证酒店多层车库在施工期间正常使用，按国家和省、市有关文明施工的要求，本工程施工平面布置图分 ±0.000 以下基础与地下室工程(见图 5-15)和 ±0.000 以上主体工程(见图 5-16)两个阶段，并随施工进展不断调整变化。

(一)工程运输

施工现场四周均按公司施工现场标准化管理要求砌 2.5 m 高围墙与外界隔离，并在南段围墙设置两个大门，作为材料、设备和人员出入口，设置门卫值班。

垂直运输：将一台 QTZ－125 t · m 塔吊布置在工程西侧。进入主体施工时，在工程西侧的北端设置 SCS－200 外用双笼电梯，并根据砌体、内外装饰工程需要于电梯井道内设置普通、快速卷扬机各一台。在搅拌棚内设一台 HBTC－60 混凝土输送泵负责混凝土的运输。

(二)混凝土、砂浆搅拌

基础与地下室施工采用商品混凝土施工。

±0.000 以上主体工程施工在工程西侧设搅拌棚，内设 2 台 750 L 混凝土搅拌机，4 台砂浆搅拌机，并在搅拌棚南侧堆放砂、石，设地磅秤 2 台。

(三)主材堆放

钢管、扣件、砖、钢材等材料按计划进场，随进随用。进入地面以上部分施工及酒店车库改道后，施工场地得到一些缓解，型钢、钢筋、大模板等一些用量(占地)较大的材料可堆置于工程西侧的南端空地。

（四）加工、办公、生活临时设施

进入地上部分施工后，钢筋、木作及其他小型加工车间布置在1层建筑物内。工地办公、仓库及工程施工值班、加班人员住宿设置在现酒店车库负1、2层内，一般人员住公司基地宿舍。工地临时厕所设在工程西、北角围墙处。

（五）施工临时用电设置

根据施工现场用电设备参数表，严格按照国家《施工现场临时用电安全技术规范》（JGJ 46—1988）要求，按TN—S接零保护系统进行布线，施工总电源从建设方变配电站以380 V二根电缆送入施工方配电房（见图5-30配电系统布线图与图5-31主体施工临时水、电平面布置图）。

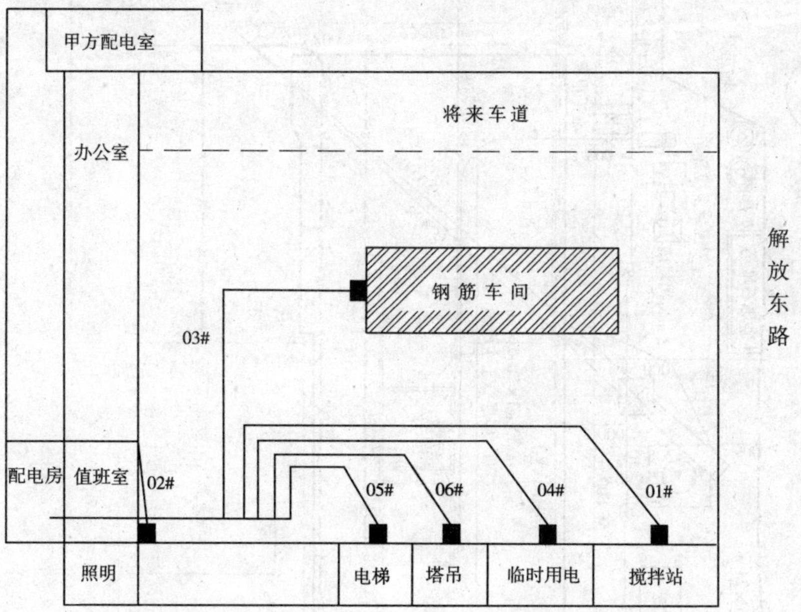

说明：
1. ■表示分配电箱。
2. 01#、02#、03#、04#、05#、06#表示六个回路至各分配箱。

图5-30　配电系统布线图

（六）工地临时供水、排水

施工用水由建设指定点接入，主进水管采用1 ϕ100钢管，干管采用ϕ75钢管，各用水支管采用ϕ50钢管，每隔50 m安装D50闸阀，作为施工临时供水，满足生产、生活、消防用水需要。

工程高层用水设置：利用地下2层水池做临时水池，用120 m的加压水泵和ϕ50的水管将水加压送至楼上各用水点，楼上每层设一阀门，以满足楼上的施工用水要求，加压水泵两台，其中一台备用。

工地内所有施工废水经沉淀处理后，排入建设方指定的污水井内。生活污水经化粪池排入城市污水井内。

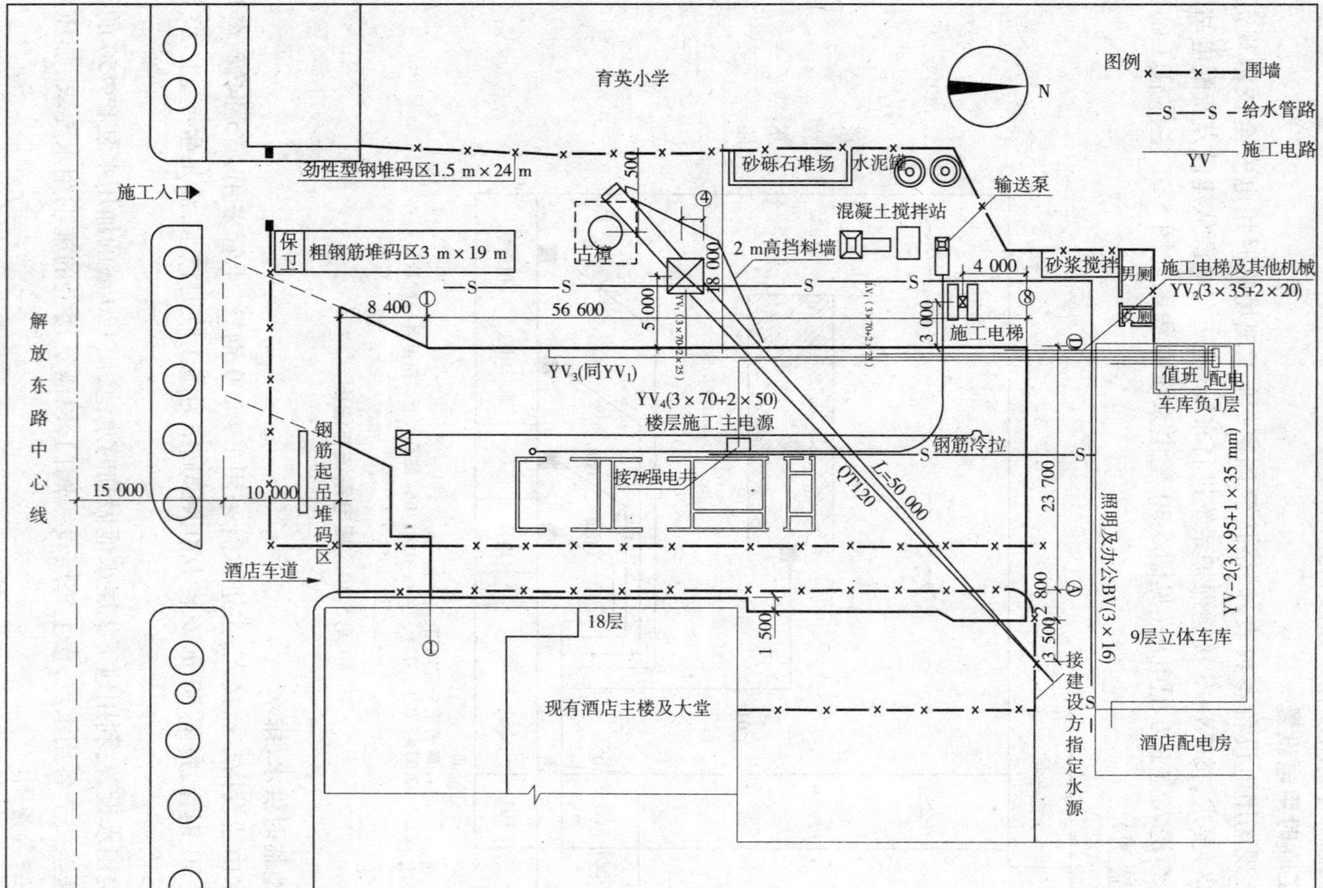

说明:

施工办公、仓库设在车库负1层，施工值班、加班人员住宿设在车库负2层，其他人员住公司基地宿舍。

图 5-31　主体施工临时水、电平面布置图

七、工程质量管理和质量保证措施

(一)工程质量管理目标

(1)总体质量目标:确保省优质工程,争创国家“鲁班奖”。

(2)分部工程质量目标:确保优良。

(3)分项工程质量目标:确保分项工程优良率在90%以上。

(4)按《ISO—9002 国际质量管理和保证体系》的要求,实行全面质量管理。

(二)工程质量保证措施

质量管理机构为确保工程施工质量,在该工地成立公司内部“质量监督组”,对工程质量实行强制式的内部监督,“质量监督组”人员安排为土建专业两人,安装专业两人,由公司质量安全部的派出人员与工地专职质检员组成。为保证质量监督的公正性和权威性,“质量监督组”与项目管理班子分离,由公司质监站直接领导,单独行使“停工权”、“罚款权”、“限令整改权”等权限。

建立质量保证体系,施工质量保证体系网络图如图5-32所示。

1.建立健全质量保证体系

明确项目经理及管理人员的质量职责,将责任落实到人,项目经理是本工程质量的第一责任人,对工程质量负有重要责任,以技术负责人为首的技术管理部门对工程质量提供技术保证。参与本工程的每个部门每个人都分工明确,各负其责,形成严密的质量管理责任体系,认真贯彻以保证工程质量。每个参与施工的人员都按各自的分工与职责,明确、细致、全面地分工,各自做好本职工作,严格把好关,既分工又协作,形成一个坚强有力的施工工作班子,各级领导要按分管范畴管好各自所辖工作,及时检查、总结,不断提高。

2.落实三层质量检查验收工作

抓紧做好班组自检、项目部专业质安复检与监理、业主、设计、验收检查的三层质量检查验收工作,坚持分层、分片、分段做好各项隐蔽工程的隐蔽前检查验收工作,检查合格后,及时办理隐蔽工程检查验收记录、签字手续,以及浇捣令的签字手续。

3.坚持优质标准

在施工检查验收各分部分项工程时,按《建筑工程质量检验评定标准》优良等级的指标要求与验评,在施工中严格要求,为产品最终实现优质打下良好的基础。在施工交底时,把各项的优良标准以文字形式明确下达到各施工班组,做到操作人员个个心里明了,协助班组达到和超过验评标准规定的相应优良指标。

4.组织QC小组,开展质量攻关活动

分工种组织QC小组,对模板、钢筋、钢骨制作与安装,现场泵送混凝土,外倾式现浇钢筋混凝土墙体等分项工程进行PDCA循环的滚动分析,不断分析原因,找出提高质量的关键点,解决矛盾,使施工质量得到不断提高。

5.奖优罚劣,适当运用经济手段

对现场工程质量与施工安全,实行奖优罚劣的方法。由质安员进行检查与执行奖罚。对于工程质量达不到指标要求和安全生产存在隐患及文明施工做得不好的班组进行经济罚款。对工程质量、安全生产及文明施工做得好的班组进行经济奖励,奖罚一律进行张榜

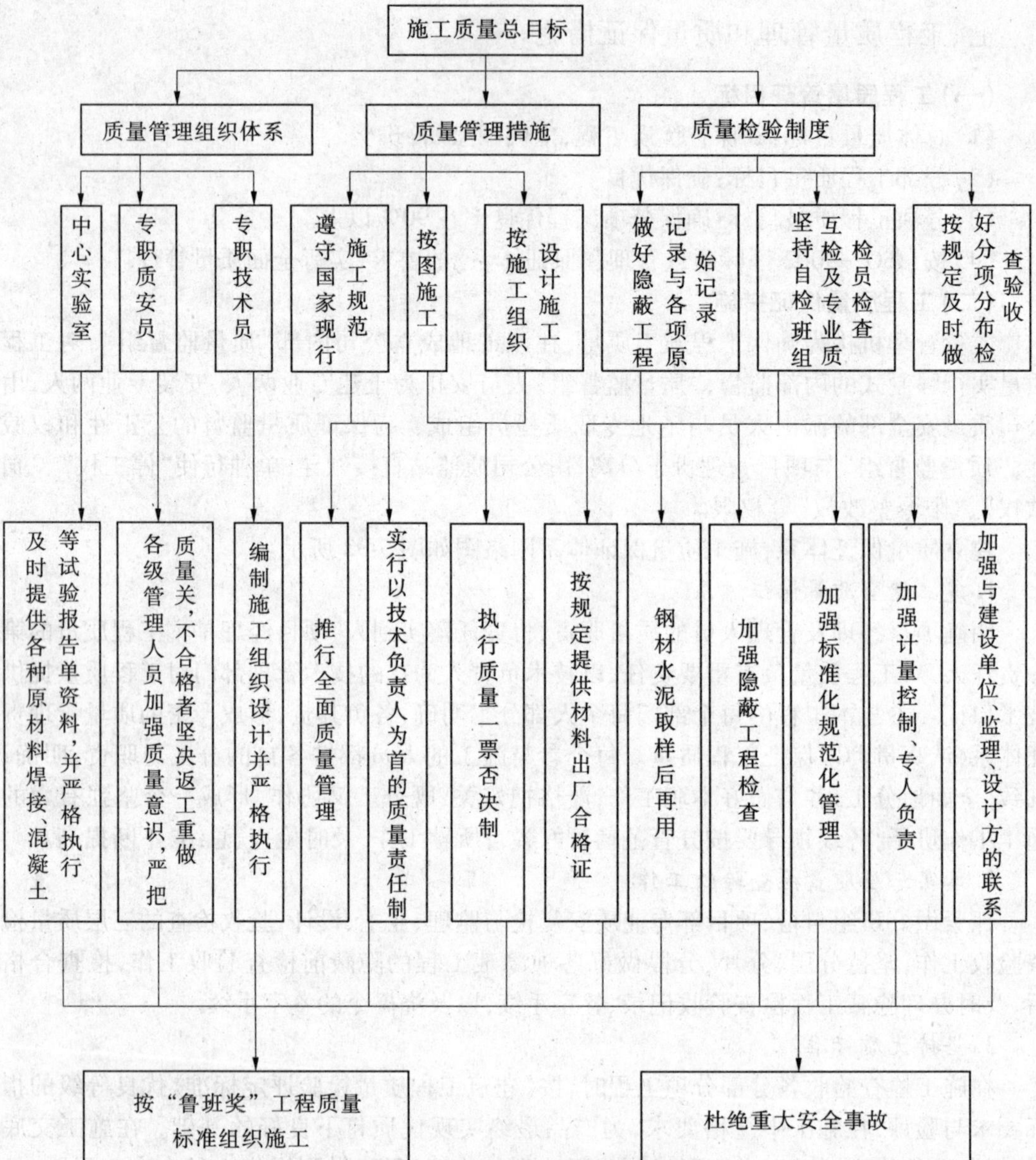

图5-32　施工质量保证体系网络图

公布，使众所周知，做到奖罚分明，使奖罚真正起到促进作用。

6. 听取相关单位对质量的意见

虚心听取业主、监理、设计和质监单位的意见与建议，并及时传达给有关班组，认真整改，不断提高，力争做得更好。

7. 严把材料质量与试验关

所有材料进场前必须有出厂合格证与抽样试验合格证明，并事先报建设、监理方获得同意，各项施工严格按试验单位提供的配合比施工并按规定留置试块试件，确保工程用材优良。

8. 加强技术管理

严格施工图纸的审查，坚持图纸会审制度，做好会审纪要。根据施工图纸的要求，精心编制施工组织设计，制订出切合实际、保质保量的施工方法，正确指导施工。认真做好各项技术交底工作，包括设计交底、施工方案交底，特别是施工员向班组交待任务时要交待操作方法、工艺标准、质量安全要求，还要经常深入工作现场进行操作指导，并检查其工作结果。

9. 严格执行国家标准、规范

严格执行国家颁布的设计施工规范、施工操作规程和工程质量验收标准，严格按施工图纸和建设单位审定的施工组织设计施工，设计变更、材料代换均要得到设计单位、建设方同意并有文字资料后方可进行，基槽验收、基坑回填、钢筋隐蔽等验收必须邀请质监站、设计单位、监理单位、建设单位参加，办理签证手续后方能进行下道工序施工。

八、安全生产保证措施

（一）健全安全管理体系

配备一名专职安全员，加强监督检查，经常督促安全生产活动，制止现场违章工作，提高工作人员的责任感。

（二）改善现场施工条件

消灭现场不安全因素，脚手架、建筑物临边和基坑四周要有防护措施，进入现场要戴好安全帽，高空作业要系好安全带，现场按规定设置安全网。

（三）加强设备管理

塔吊等大、中型设备按规定安装，经试运转办理验收手续才能投入运行。塔吊建立机长制，机长全面负责安全。各种机械操作员必须持证上岗，实行专人专机。

（四）加强临时用电管理

工地临时电源电线都要按规定敷设，验收合格才能使用，非有证电工不得从事电工作业，开关箱加锁。

（五）加强消防工作

现场配备足够数量的消防设备，对工地火源和消防设施派专人严格管理。

（六）安全生产与文明施工措施

1. 强化安全意识，加强安全教育

凡进场人员在进行进场教育的同时，必须组织学习安全生产法规、安全操作规程与文明施工的要求，安全生产与文明施工的要求编写成文字，发到每个参与施工的人员手中，组织经常性学习，牢固树立“安全第一，预防为主”的思想意识。

2. 认真执行现场标准化管理，组织安全技术交流

对不同工种与工程项目有具体明确的要求，列成条款，把安全生产工作落到实处，施工员布置生产的同时布置落实安全生产的要求，做到操作人员时时注意安全生产，人人心中有数。

3. 用好安全生产三件宝

任何人进入施工现场必须戴好安全帽，安全帽须有带子系紧。高空作业必须系好安

全带。凡有高空作业的地方，必须按有关规范及施工方案的要求设置安全网，严禁打赤脚、穿高跟鞋或硬底鞋、拖鞋进入施工现场。

4."四口"防护

主要出入口、过道、人货电梯入口及外倾式墙下面的上空场需搭设防护棚，各楼层四周边缘，有条件的及时砌筑1 m以上高的围护墙体，不能及时砌的要及时用架管设两道护栏(高出楼面1 100 mm及500 mm处各一道)，楼梯边与电梯入口处同样要设两道钢管护栏。防护棚要按期检查、清理与修整，确保其牢固、可靠。

5.脚手架安全管理

脚手架由专业架子班担任架设、升架与拆除工作，电动爬架与外倾墙用挑架要设专人承担施工。选派有施工经验的、体检合格的人员从事此项工作，从低层到多层、到高层，逐渐适应本栋高空作业，特别是电动爬架，要制定工法，严格按工法施工，确保架子安全、可靠，做好安全生产工作。

6.塔吊安全管理

两台塔吊要设专人、专机进行驾驶与指挥，持证上岗。严格按操作规程驾驶与指挥，各台塔吊均在划定的范围内作业，不得越界。如有5级以上大风天气，塔吊停止作业，并扣好安全防护装置。人货电梯固定作业人员，持证上岗，不得超载，不得干扰驾机人员工作。塔吊与人货电梯均须做好防雷接地装置。

7.用电安全管理

施工用电采用三相五线制、移动式电器设备。电源开关必须一机、一箱、一锁、一漏电保护器。非电工不得装拆电器设备，不得从事电工作业。电线不得直接绑紧，悬挂在金属杆件上，所有架空线路必须符合安全要求，供电系统采用接零保护，通电绝缘电缆尽量少满地乱放，且不得缠绕。工地电工应经常检查电器设备及接地情况，检查线路及电缆的完好性，发现问题及时解决，杜绝用电安全事故发生。

8.安全标志

工地按规定设置安全标牌、警示牌并派专人检查与保护。非施工人员不得进入施工现场，加强工地现场的值班保卫工作。

9.安全保卫与消防安全工作

住宿区和食堂的安全保卫与消防安全工作要指派专人负责，并对全体人员进行消防与安全教育，严禁在住宿区私自接电。

九、现场文明施工保证措施

(一)现场文明施工目标

现场文明施工的目标是：以建筑施工现场综合考评为标准，强化现场施工管理，爱护周边环境，文明施工，创建筑施工现场综合考评样板工程。

(二)文明施工管理措施

(1)现场围护。施工现场砌围墙，出入口设置大门，非工作人员谢绝入内。大门口设立标牌、安全生产纪律牌、施工总平面布置图等五牌一图。

(2)施工人员纪律。参加施工的全体施工人员，必须严格遵守现场的纪律和保卫制度，禁止围观起哄、斗殴滋事，违者批评教育直至按治安管理条例进行处罚。进入现场的施工人员必须着装整齐，佩戴胸卡，佩戴安全帽。

(3)施工现场管理。临建设施、机械设备、水电线路、场内道路严格按审定的平面图布置，建筑材料在指定的地点码堆整齐，建筑垃圾应随时清扫，及时运出现场。

(4)现场雨水和施工污水排除。施工污水先进行沉淀处理，而后集中排入下水道，保持场内不积水、无泥浆、道路畅通。

(5)保持场内清洁整齐卫生。现场随时清理，不准在脚手架上打闹和开玩笑，禁止穿高跟鞋、拖鞋和打赤脚进入现场，做到文明施工。

(6)做好施工人员的劳动保护工作。按规定及时发放劳动保护用品，确保施工人员的身心健康。

(7)施工现场的生活卫生条件。临建住房必须粉刷，厕所采用水冲式，派专人对临建周围进行清扫，垃圾及时运出现场。

十、主要劳动力计划

主要劳动力计划如表5-5所示。

表5-5 主要劳动力计划

序号	工种	施工阶段数量		
		基础阶段	主体阶段	装修阶段
1	木　工	90*	90	10*
2	钢筋工	90*	90	3*
3	电焊工	20*	20	3*
4	混凝土工	40*	40	2
5	泥付工	50*	50	120
6	架子工	6	16	15
7	普　工	40*	30	30*
8	机械工	20*	20	20*
9	防水工	10	0	15
10	电　工	5	30	40
11	水　工	6	30	40
12	测量工	6	2	1
13	试验工	2	2	1
合计		340	420	380

注：①＊为两班制。

②人员进(出)场时间依据施工进度计划提前2 d进场，完工即退场。

十一、主要材料、构件用量计划

主要材料、构件用量计划如表5-6所示。

表5-6 主要材料、构件用量计划

序号	材料名称	单位	规格型号	数量
1	钢筋	t	Φ10以内(含Φ10)	900
2	钢筋	t	Φ10以外	4 800
3	劲性型钢	t		890
4	水泥	t	32.5	2 300
5	水泥	t	42.5	16 000
6	红砖	万块	标准砖	150
7	加气混凝土砌块	m^3	厚20 cm	13 000
8	砂	m^3	中砂	16 500
9	砂	m^3	粗砂	1 700
10	砾石	m^3	5～20 mm	17 850
11	水电预埋材料	材料规格、型号有待设计确定		
12	复合铝板	m^2		14 320
13	预埋铁件	t		8

注:①材料进场时间以进度计划为依据提前5 d进场。

②上述材料数量为按同类型工程和本工程初步设计暂估量。

③安装材料按招标文件要求只编制预埋材料。

十二、主要机具使用计划

施工主要机具使用计划如表5-7所示。

表5-7 主要机具使用计划

序号	技术装备	单位	规格	数量	备注
1	混凝土搅拌车	辆	6 m^3	9	基础施工
2	自升式塔吊	台	QTZ－125TM	1	垂直运输
3	施工电梯	台	SCS－200	1	垂直运输
4	轮胎式起重机	台		1	吊装
5	混凝土输送泵	台	HBT_{C-60}	3	浇筏板基础时3台
6	混凝土搅拌机	台	TQ－750	2	
7	砂浆搅拌机	台		4	砌体装饰
8	平板振动器	台		4	混凝土工程

续表 5-7

序号	技术装备	单位	规 格	数量	备注
9	插入式振动器	根		20	混凝土工程
10	钢筋加工机械	套		3	钢筋工程
11	预应力张拉设备	台		3	钢筋工程
12	钢筋电渣压力焊机	套		2	钢筋工程
13	木工锯台	台		2	模板工程
14	木工机械	台		8	模板工程
15	电焊机	台	BX3 - 各型	19	钢筋焊接
16	卷扬机	台	KJJ - 3	3	拉丝垂直、运输
17	测量仪器	套		1	激光经纬仪、水准仪
18	氧割设备	套		4	安装工程
19	斗车	辆		20	
20	烘烤箱	台		1	钢结构
21	磅秤	台		2	
22	柴油发电机	台		1	

注:①机械设备按施工进度计划和实际工作需要提前 2 d 进场。

②小型常规设备和用具未编入本计划。

小 结

本章介绍了施工组织设计的任务和作用,施工组织设计的主要类型,施工组织总设计的编制内容、编制步骤、编制依据。在施工组织总设计内容中,重点介绍了施工部署、施工总进度计划、施工总资源需要量计划、施工总平面布置及临时设施规划,还介绍了单位工程施工组织设计的编制内容、编制步骤、编制依据。在单位工程施工组织设计中,主要介绍了工程概况的内容、施工进度计划、资源需要量计划、施工方案及评价指标。

通过本章学习,要求学生能够独立根据有关资料编制施工组织设计和施工方案。

思考题

1. 什么叫单位工程施工组织设计?它在施工管理工作中有什么作用?
2. 单位工程施工组织设计包括哪些基本内容?
3. 施工方案主要包括哪些内容?
4. 确定施工顺序时,应考虑哪些影响因素?举例说明。
5. 确定施工流向时,应考虑哪些因素?如何确定高层建筑的施工流向?
6. 如何确定各施工过程的先后顺序?举例说明。

7. 选择施工机械设备时应着重考虑哪些问题？

8. 单位工程施工平面图的内容有哪些？试述施工平面图的设计步骤。

9. 试述施工平面图中垂直运输机械的布置原则。

10. 简述各主要分部工程(或主要工种)的施工方法及施工要点。

11. 施工技术组织措施包括哪些方面的内容？

12. 单位工程施工组织设计中如何衡量施工方案的优劣？

13. 单位工程施工进度计划有什么作用？编制进度计划的依据是什么？

14. 收集一份单位工程施工组织设计。

现场计量

备用

第六章　施工组织总设计

【本章要点】

本章概述了施工组织总设计编制的程序及依据；施工部署的主要内容；施工总进度计划编制的原则、步骤和方法；暂设工程的组织；施工总平面图设计的原则、步骤和方法；施工组织总设计的评价方法。通过本章教学学生应当了解施工组织总设计(也称施工总体规划)的编制原则、依据和内容；了解并能根据相关资料编写具有一定深度的施工组织总设计；熟悉施工总进度计划编制的原则、步骤和方法；熟悉施工总平面图设计的原则、步骤和方法；掌握暂设工程的组织方法。

【学习重点】

施工总进度计划编制的原则方法，施工总平面图设计的原则。

第一节　概　述

施工组织总设计(也称施工总体规划)，是以整个建设项目或群体工程为对象编制的，是整个建设项目或群体工程施工准备和施工的全局性、指导性文件。它是为施工生产建立施工条件、集结施工力量、组织物资资源的供应，以及进行现场生产与生活临时设施规划的依据，也是施工企业编制年度施工计划和单位工程施工组织设计的依据，是实现建筑企业科学管理、保证最优完成施工任务的有效措施。

一、施工组织总设计的编制依据

为了保证施工组织总设计的编制工作顺利进行和提高其编制水平及质量，使施工组织总设计更能结合实际、切实可行，并能更好地发挥其指导施工安排、控制施工进度的作用，应以以下资料作为编制依据。

(一)依据计划批准文件

如国家(包括国家发展和改革委员会及部、省、市发展和改革委员会)或有关部门批准的基本建设或技术改造项目的计划文件，建设项目单位工程组成表，分批分期投产的限期要求，投资指标和工程所需设备材料的订货指标，建设地点所在地区主管部门有关批件，施工单位上级主管部门下达的施工任务计划等。

(二)依据设计文件

如批准的初步设计或扩大初步设计，设计说明书，总概算或修正总概算和已批准的计划任务书等。

(三)依据建设地区的有关调查资料

如气象、地形、地质、水文和资源供应、运输能力等地区性条件。

（四）依据有关的规范、规程

国家现行的有关规范、规程，合同协议和议定事项等。

（五）依据类似资料

如类似或近似项目的施工经验资料。

二、施工组织总设计的内容

根据工程性质、规模，建筑结构的特点，施工的复杂程度和施工条件的不同，施工组织总设计的内容也有所不同，但一般应包括以下主要内容：

（1）工程概况。

（2）施工部署和主要工程项目施工方案。

（3）施工总进度计划。

（4）施工准备工作计划。

（5）施工资源需要量计划。

（6）施工总平面图。

（7）主要技术组织措施。

（8）主要技术经济指标。

三、施工组织总设计的编制程序

施工组织总设计是整个工程项目或群体建筑全面性和全局性的指导施工准备与组织施工的技术文件，通常应遵循如图 6-1 所示的编制程序。

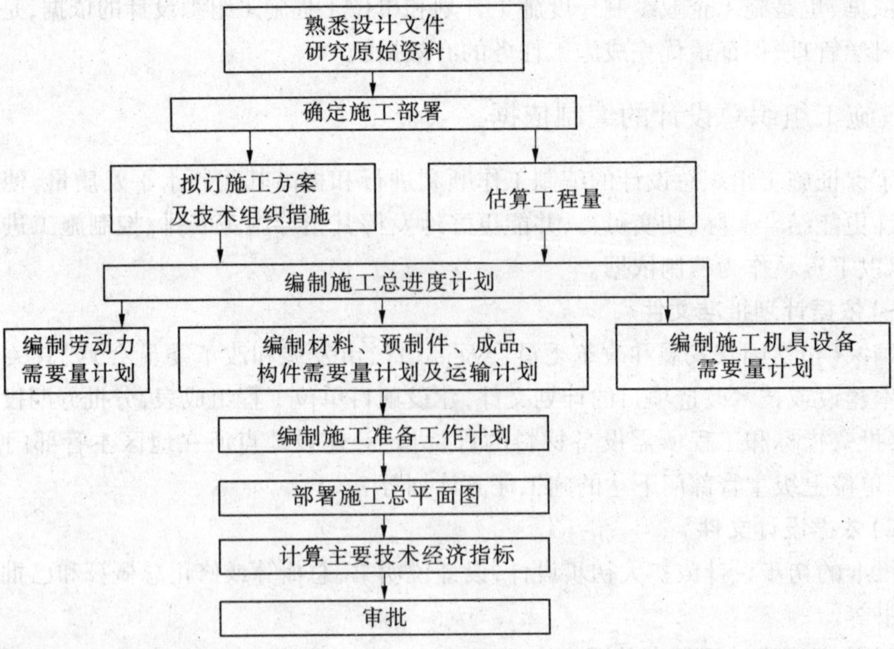

图 6-1　施工组织总设计编制程序

第二节　工程概况

工程概况是对工程项目、建设地点环境情况、有关建设期限、质量要求以及施工条件等方面的叙述。

一、建设项目

建设项目主要介绍其单位工程组成情况、投资总规模、建设总期限（包括分批分期投入使用的规模和期限）、工程建设地点、工程结构类型、占地总面积和建筑总面积、建筑安装工作量和设备安装工作量，以及设计上采用的有关新工艺、新结构、新技术、新材料情况等。有关建设项目的单位工程情况可列成一简表，以使人一目了然。

二、建设地点的环境情况

环境情况主要介绍建设地点周围的建筑物情况、地形、地质地貌和水文情况、气象情况、道路交通情况，以及地方材料的供应情况、劳动力资源情况等。

三、项目的具体要求

项目的具体要求包括有关上级部门对建设项目的工期、质量等指示要求，以及有关建筑市场管理情况等。

第三节　施工部署及施工方案

一、组织机构与管理部署

作为施工组织总设计，应对整个施工现场的技术管理和组织领导作出总的原则性的部署，以保证施工组织总设计的顺利实施。

（1）明确组织机构，加强统一指挥。对于一个建筑群体，一般都有数个施工单位（或同一施工单位数个施工队组）同时施工作业，操作工种、人数较多，这时就需要有一个统一的指挥领导，否则就会矛盾迭起，影响施工。所以，一定要建立现场（或称工程）指挥系统，明确各级、各方面责任人，使工程建设在统一指挥、健康有序的状态下进行。

（2）建立工程协调会制度，及时处理各方面矛盾。工程建设涉及方方面面，矛盾也很多。施工过程中，除施工单位内部加强管理协调外，还应定期召开业主单位、设计单位、材料设备供应单位、监理单位等会议，分析情况，协调矛盾，做到各负其责，各司其职。实践证明，建立协调会制度是个好方法。

（3）建立技术责任制，健全质量、安全管理网络。明确各级责任人员的职责范围，建立奖罚制度。做到有职、有责、有权，奖罚分明。

（4）建立经济核算制度，提高经济效益。主要是落实各级承包责任制，推行新技术、新材料、新工艺等，建立定期经济分析活动。

二、工程项目施工程序

根据建设项目总目标的要求，确定合理的工程建设项目开展程序，主要考虑以下几个方面：

(1)在保证工期的前提下，实行分期分批建设。这样，既可以使每一具体项目迅速建成，尽早投入使用，又可在全局上取得施工的连续性和均衡性，以减少暂设工程数量，降低工程成本，充分发挥项目建设投资的效果。

一般大型工业建设项目(如冶金联合企业、化工联合企业等)都应在保证工期的前提下分期分批建设。这些项目的每一个车间不是孤立的，它们分别组成若干个生产系统，在建造时，需要分几期施工，各期工程包括哪些项目，要根据生产工艺要求、建设部门要求、工程规模大小和施工难易程度、资金状况、技术资源情况等确定。同一期工程应是一个完整的系统，以保证各生产系统能够按期投入生产。

(2)各类项目的施工应统筹安排，保证重点，确保工程项目按期投产。一般情况下，应优先考虑的项目包括：①按生产工艺要求，需先期投入生产或起主导作用的工程项目；②工程量大，施工难度大，需要工期长的项目；③运输系统、动力系统，如厂内外道路、铁路和变电站；④供施工使用的工程项目，如各种加工厂、搅拌站等附属企业和其他为施工服务的临时设施；⑤生产上优先使用的机修、车库、办公及家属宿舍等生活设施。

(3)一般工程项目均应按先地下、后地上，先深、后浅，先干线、后支线的原则进行安排。如地下管线和筑路的程序，应先敷管线，后筑路。

(4)应考虑季节对施工的影响。如大规模土方和深基础土方施工一般要避开雨期，寒冷地区应尽量使房屋在入冬前封闭，在冬期转入室内作业和设备安装。

三、编制施工准备工作计划

施工准备工作是顺利完成项目建设任务的一个重要阶段，必须从思想上、组织上、技术上和物资供应等方面做好充分准备，并做好施工准备工作计划。其主要内容包括以下方面：

(1)安排好场内外运输，施工用主干道，水、电来源及其引入方案。

(2)安排好场地平整方案和全场性的排水、防洪。

(3)安排好生产、生活基地。在充分掌握该地区情况和施工单位情况的基础上，规划混凝土构件预制，钢、木结构制品及其他构配件的加工，仓库及职工生活设施等。

(4)安排好各种材料的库房、堆场用地和材料货源供应及运输。

(5)安排好冬雨期施工的准备。

(6)安排好场区内的宣传标志，为测量放线做准备。

四、主要建(构)筑物的施工方案

施工组织总设计中，对主要建筑物(或构筑物)的施工方法应提出原则性的意见，对关键性的分部分项的施工工艺应提出明确的安排。因为这些主要建筑物(或构筑物)和关键性分部分项工程的施工，往往对整个工程项目的建设进度、工程质量、施工成本等起着控制性的作用,所以应特别予以重视。需要指出的是,施工组织总设计中提出的意见,通常是原则性的并不具体,但它对编制单位工程施工组织设计具有指导意义,具体的施工方案应在单位工程施工组织设计中进行细化,使之具有可操作性。

在施工组织总设计中应予明确的主要内容大致有以下方面。

(一)土方工程方面

(1)对大型土方的开挖,应明确开挖的方法,即采用机械开挖,还是人工开挖。

(2)对带有地下室的深基坑土方开挖时,应明确降低地下水位的措施,是采用井点降水,还是其他降水措施,或是基坑壁外围采用止水帷幕的方法。

(3)开挖深基坑土方时,应明确基坑土壁的安全措施,是采用逐级放坡的办法,还是采用支护结构的办法。

(二)混凝土工程方面

(1)首先应明确是采用商品混凝土,还是自制集中搅拌中心供料的办法,或是各单位工程进行各自搅拌操作的办法。

(2)特种混凝土或高强度混凝土的试验要求。

(3)确定支模方式,是采用工具式模板,还是普遍木模、钢模,高耸构筑物是采用滑模、提模或是其他方式。

(三)吊装工程方面

(1)明确吊装方法。是采用综合吊法,还是单件吊法;是采用跨内吊装,还是跨外吊装。

(2)确定吊装机械(具)。是采用机械吊装,还是采用抱杆吊装。

(3)确定吊装与其他分项工程的衔接、交叉时间安排。

(四)垂直运输方面

应明确垂直运输设备是采用塔吊,或是井架、龙门架,或是两者皆用。塔吊是采用固定式,还是移动式。

(五)脚手架工程方面

(1)应明确脚手架的搭式方案。在高层建筑中应明确脚手架是采用悬挑式,还是挂篮式。

(2)工业厂房中,对数量较大的内脚手架,是采用满堂搭式,还是采用工具式移动脚手架。

第四节　施工总进度计划

施工总进度计划是施工现场各项施工活动在时间和空间上的体现。编制施工总进度计划是根据施工部署中的施工方案和工程项目开展的程序,对整个工地的所有工程项目作出时间和空间上的安排。其作用在于确定各个建筑物及其主要工种、工程、准备工作和全工地性工程的施工期限及开工、竣工的日期,从而确定建筑施工现场劳动力、材料、成品、半成品、施工机械的需要数量和调配情况,以及现场临时设施的数量、水电供应数量和能源、交通的需要数量等。因此,正确地编制施工总进度计划是保证各项目以及整个建设工程按期交付使用,充分发挥投资效益,降低建筑工程成本的重要条件。

编制施工总进度计划的基本要求:保证拟建工程在规定的期限内完成,采用合理的施工方法保证施工的连续性和均衡性,发挥投资效益,节约施工费用。根据施工部署中拟建工程分期分批投产的顺序,将每个系统的各项工程分别划出,在控制的期限内进行各项工程的具体安排。当建设项目的规模不大,各系统工程项目不多时,也可不按分期分批投产顺序安排,而直接安排总进度计划。

一、施工总进度计划的编制依据与原则

(一)施工总进度计划的编制依据

(1)经过审批的建筑总平面图、地质地形图、工艺设计图、设备与基础图、采用的各种标准图等,以及与扩大初步设计有关的技术资料。

(2)施工工期要求及开工、竣工日期。

(3)施工条件、劳动力、材料、构件等供应条件、分包单位情况等。

(4)确定的重要单位工程的施工方案。

(5)劳动定额及其他有关的要求和资料。

(二)施工总进度计划的编制原则

(1)合理安排施工顺序,保证在人力、物力、财力消耗最少的情况下,按规定工期完成施工任务。

(2)采用合理的施工组织方法,使建设项目的施工保持连续、均衡、有节奏的进行。

(3)在安排全年度工程任务时,要尽可能按季度均匀分配基本建设投资。

二、施工总进度计划的编制程序

(一)计算工程项目的工程量

施工总进度计划主要起控制总工期的作用,因此在列工程项目一览表时,项目划分不宜过细。通常按分期分批投产顺序和工程开展顺序列出工程项目,并突出每个交工系统中的主要工程项目。一些附属项目及一些临时设施可以合并列出。

根据批准的总承建工程项目一览表,按工程开展程序和单位工程计算主要实物工程量。此时,计算工程量的目的是选择施工方案和主要的施工运输机械;初步规划主要施工过程和流水施工;估算各项目的完成时间;计算劳动力及技术物资的需要量。这些工程量只需粗略计算即可。

计算工程量可按初步(或扩大初步)设计图纸并根据各种定额手册进行计算。在缺少定额手册的情况下,可采用已建类似工程实际材料、劳动力消耗量,按比例估算。但是,由于和拟建工程完全相同的已建工程是比较少见的,因此在利用已建工程的资料时,一般都应进行必要的调整。

(二)确定各单位工程(或单个建筑物)的施工期限

单位工程的工期可参阅工期定额(指标)予以确定。工期定额是根据我国各部门多年来的经验,经分析汇总而成的。单位工程的施工期限与建筑类型、结构特征、施工方法、施工技术和管理水平以及现场的施工条件等因素有关,故确定工期时应予以综合考虑。

(三)确定单位工程的开工、竣工时间和相互搭接关系

在施工部署中已确定了总的施工程序和各系统的控制期限及搭接时间,但对每一建筑物何时开工、何时竣工尚未确定。在解决这一问题时,主要考虑以下因素:

(1)同一时期的开工项目不宜过多,以免人力、物力过于分散。

(2)尽量使劳动力和技术物资消耗量在全工程上均衡分布。

(3)做到土建施工、设备安装和试生产之间在时间的综合安排上以及每个项目和整个建设项目的安排上比较合理。

(4)确定一些次要工程作为后备项目,用以调剂主要项目的施工进度。

(四)编制施工总进度计划

施工总进度计划可以用横道图表达,也可以用网络图表达。用网络图表达时,应优先采用时标网络图。采用时标网络图比横道图计划更加直观、易懂、一目了然、逻辑关系明确,并能利用电子计算机进行编制、调整、优化、统计资源消耗数量、绘制并输出各种图表,因此应广泛推广使用。

由于施工总进度计划只是起控制各单位工程或各分部工程的开工、竣工时间的作用,因此不必搞得过细,以单位工程或分部工程作为施工项目名称即可,否则会给计划的编制和调整带来不便。

施工总进度计划的绘制步骤:首先根据施工项目的工期和相互搭接时间,编制施工总进度计划的初步方案;然后在进度计划的下面绘制投资、工作量、劳动力等主要资源消耗动态曲线图,并对施工总进度计划进行综合平衡、调整,使之趋于均衡;最后绘制成正式的施工总进度计划。施工总进度计划如表 6-1 所示。

表 6-1　施工总进度计划

序号	施工项目	建筑指标		设备安装指标(t)	总劳动量(工日)	施工总进度							
						第一年				第二年			
		单位	数量			1	2	3	4	1	2	3	4

第五节　各种资源需求计划

编制各种资源的需求量计划,其依据一是施工总进度计划,二是施工图预算。应力求做到供应及时,平衡协调。其内容主要有劳动力需求量计划、主要材料需求量计划、主要加工件需求量计划、主要材料和加工件运输量计划,以及主要施工机具需求量和进场计划等,现分述如下。

一、劳动力需求量计划

根据施工总进度计划和定额耗用工日,计算出各施工阶段各工种的用工人数和施工总人数,确定施工人数高峰期的总人数和出现时间,力求避免劳动力进退场频繁,尽量达到均衡施工。同时,应提出解决劳动力不足问题的措施,以及有关专业工种技术培训计划等。劳动力需求量计划如表 6-2 所示。

表 6-2　劳动力需求量计划

序号	工种	劳动量	施工高峰人数	××年					××年					现有人数	多余或不足

二、主要材料及预制品需求计划

根据计算工程量和材料耗用定额，分析计算出各种材料用量，并根据施工总进度计划，列出各种材料的进场时间计划，作为材料供应部门的供料依据。表 6-3 为主要材料需求量计划及进场时间。

表 6-3　主要材料需求量计划及进场时间

序号	材料名称及规格		数量(t)	供应时间						附注
				××年			××年			
1	钢材	型钢								
		钢板								
		钢筋								
		管材								
2	水泥	425 普硅								
		525 普硅								
		425 矿渣								
3		⋮								
4		⋮								

主要加工件是指由预制加工厂制作供应的各种混凝土预制构件、金属加工件和木构件等，根据计算工程量或翻样清单按施工总进度计划要求列出需求量计划，如表 6-4 所示。

表 6-4　主要加工件需求量计划

序号	加工件名称及规格	数量(件)	供应时间						附注
			××年			××年			

三、施工机具需求计划

根据施工总进度计划、材料和构件运输计划以及现场加工生产计划，汇总和编制出主要施工机具设备需求量计划。做到设备合理利用，避免积压或等工现象，减少机具设备的租赁费用。表6-5为主要施工机具需求量计划。

表6-5 主要施工机具需求量计划

序号	机械设备名称	规格型号	需要数量(台)	电动机功率(kW)	进退场时间						机械设备来源			附注
					××年			××年			现有	添置	租赁	

第六节 施工总平面图

施工总平面图设计是对拟建的建筑群体的施工现场进行全面规划、合理使用的总体布置,是施工部署在空间上的反映,是保证现场交通道路和排水畅通、文明有序施工的重要技术文件。

施工总平面设计图上除绘明已建的和拟建的永久性房屋与构筑物外,还应绘有施工时所需设置的各项临时设施,如现场临时用房的工地办公室、工人宿舍、食堂、仓库、生产加工车间等;现场临时供水、排水系统;电力网、通信网、蒸汽及压缩空气管线等。有些规模较大的建设项目,其建设工期往往较长,随着工程的进展,建设工地的面貌将不断改变,在此情况下,宜按不同施工阶段,设计相应的施工总平面图,或根据施工现场的变化情况,及时对施工总平面图作出调整或修改,以满足不同时期的施工要求。

一、施工总平面图的设计原则

施工总平面图的设计原则主要有以下几方面:

(1)尽力减少用地面积,特别应少占用耕地良田,充分利用荒地、山地,重复利用空地,尽量做到一地多用。

(2)做到道路畅通,运输方便。合理布置仓库及附属生产企业位置,减少材料及构件的二次搬运,尽量减少临时道路费用和运输费用。

(3)尽量降低临时设施的修建费用,充分利用已建或待建建筑物及各种管线作临时施工之用。对需要拆除的原有建筑物,根据工程进展情况,在不影响施工的前提下,可暂缓拆除作临时建筑使用,以节约临时设施费用。

(4)要满足防火和安全生产方面的要求,特别是恰当安排易燃易爆物品和有明火操作场所的位置,并设置必要的消防设施。

(5)要便于工人生产和生活,合理地布置生活福利方面的临时设施。

(6)在原有生产企业中进行改、扩建工程建设时,既要考虑尽可能利用原有企业的各项设施为工程建设服务,又要尽力避免相互干扰。

二、施工总平面图设计的主要内容

设计施工总平面图时,首先应研究施工中大宗材料、设备、预制成品和半成品等进入现场的运输方式,先布置场外运输道路,然后确定场内的仓库、生产加工厂(车间)等,再布置场内临时道路，最后布置其他临时设施，包括水电管网等设施。

施工总平面图的设计内容较多，主要有以下几个方面。

（一）建设项目的总平面布置情况

拟建工程项目范围（或建筑群区域）内建设项目的总平面布置情况，包括铁路、公路和各种管线的布设情况等，应予标记清楚。

拟建各单位工程项目的平面位置线，应明显区别于原有建筑物及施工用临时设施建筑。

（二）现场施工道路设计

场外运输道路设计主要依据场外运输方式。建筑材料、设备、预制构件的场外运输方式通常有三种，即铁路、公路和水路。

当场外运输主要采用铁路运输方式时，应根据铁路的转弯半径和坡度限制，确定铁路的接轨起点和进场位置。铁路应从工地的一侧引入，不宜从工地中间引入，以防影响工地的内部运输；对于已有铁路专用线的厂矿企业工地，则可利用铁路专用线进行运输；对于拟建铁路专用线的工地，可建议建设方提前修建，以利于施工材料的运输。

当场外运输主要采用公路运输方式时，则内外道路的衔接比较方便和灵活。主要运输车辆的入口应尽量接近材料堆放场地和仓库。入口处应有计量工具，如地磅等。

当场外运输主要采用水路方式时，则应有卸货码头和临时堆场或在码头旁边建立临时仓库（或中转仓库、堆场），修建临时道路连接施工现场。

场内施工道路应尽量设计成环形通道，以保证运输畅通。丁字形道路在运输车辆繁忙时容易堵塞。此外，还应尽量做到永久性道路和临时性道路相结合，既有利于施工进度，又有利于降低临时设施费用。根据材料、构件的运输数量和堆放情况，宜将运输车辆和行人的入口分别设置。

施工道路路基应用压路机压实或夯实工具夯实，其标高应略高于施工场地。若与将来的永久性道路相一致，则路基标高可与永久性道路路基相吻合，以便将来略加整理，即可在上面铺设垫层和面层。

（三）现场排水

对于雨量较大、雨期较长的地区，应认真做好现场临时排水设计，修通排水沟渠，以避免施工现场雨后积水，既影响施工，又易造成建筑物、建筑材料、机械设备浸泡受淹损坏以及人身伤害等事故。

在原有厂区内组织施工时，现场排水沟渠应尽可能与厂区内的排水系统相连接。在新场地施工时，现场排水沟渠应尽量结合永久性排水设施进行，以降低临时排水设施费用。

在山区施工时，还应重视山洪排污，防止泥石流、山坡塌方、滑坡等事故发生，确保安全施工。

（四）各种临时建筑设施数量和位置设计

临时建筑设施主要是指临时工地办公室、工地仓库、工地食堂、宿舍及生产加工场所等。

1. 工地办公室

施工现场的临时办公用房，应尽可能利用现有的房屋，或是拟建的永久性建筑（应先期实施的），其数量不足时，再行搭建临时用房。新搭建的临时用房，应尽量采用能重复使用的工具式临时建筑，以减少临时用房的费用。对于工地行政性管理用房，考虑对内、对外联系方便，宜布置在工地入口处或中心地区；对于现场办公室，宜靠近施工地点。

2. 工地临时生活设施

工地临时生活设施主要有工地食堂、浴室、厕所、宿舍用房以及小卖部等，临时生活设施应设置在工人较集中或工人出入必经之处，工人住房宜靠近食堂、浴室设置。

当工程规模较大时，尚应设有家属宿舍、医务室、文娱活动室、临时招待所等，应单独设置职工生活区。

3. 工地仓库

工地仓库是临时储存施工物资的设施，根据各类物资的不同性能和要求，仓库可分为露天敞口式仓库、半封闭式仓库和封闭式仓库三种。如砂、石材料宜用露天敞口式仓库；水泥、各种五金材料、工具、器具等应设置封闭式仓库；钢材、有关机械设备可设置半封闭式仓库；各种易燃、易爆及危险品应单独设置封闭式仓库。在设置临时仓库时，应遵循以下几点原则：

（1）钢材、木材等仓库应布置在相应的现场加工厂附近。

（2）砂石堆场和水泥仓库应布置在搅拌站附近。

（3）油料、氧气、电石库等易燃易爆仓库，应布置在边缘、工地下风向。

（4）车库、机械站宜布置在现场的入口处。

（5）工业建设项目的设备仓库或堆料场应尽量放在拟建车间附近。

（6）当有铁路专用线时，沿铁路应布置周转仓库或中心仓库。

4. 现场生产加工厂

根据运输条件和施工企业预制加工能力，应尽可能扩大专业加工厂的预制品种和数量，如混凝土预制楼板、各种预埋铁件等。当有商品混凝土供应时，应尽量采用商品混凝土，以减少施工现场临时加工厂的设施费用，同时可提高预制件质量，加快施工进度。在施工现场设置的加工厂，常有以下几种。

当没有商品混凝土供应时，常设混凝土及砂浆集中搅拌站，将搅拌好的砂浆及混凝土用翻斗车运送到使用地点，这与每个单位工程分别设置搅拌机、砂石堆场、水泥仓库相比，在节约现场用地和临时设施费用方面，效果很明显，对提高砂浆和混凝土质量也极为有利。

混凝土预制构件加工厂：有些异形或零星的混凝土预制构件，往往在工地现场制作，此类加工厂应靠近集中搅拌站布置。

钢筋加工厂：一般设有钢筋调直、切断、加工成型、焊接等多种设备，应靠近钢筋仓库和预制加工厂，尽量减少往返运输。

金属构件加工厂：这类加工厂宜设置在钢材（筋）库附近，因有明火，故应远离木加工车间及其他易燃易爆品仓库和加工厂。

其他会产生有害气体和污染环境的加工厂，如沥青熬制、石灰熟化、石棉加工等场所，应位于施工现场的常年主导风向的下风向。

(五)施工临时供水、供电设计

设置临时性水电管网时,应尽量利用可用的水源、电源。一般排水干管和输电线沿主干道布置;水池、水塔等储水设施应设在地势较高处;总变电站应设在高压电入口处;消防站应布置在工地出入口附近,消火栓沿道路布置;过冬的管网要采取保温措施。

工地用水主要有三种类型:生活用水、生产用水和消防用水。工地供水确定的主要内容包括确定用水量、选择水源、设计配水管网。

建筑施工中广泛使用电能,随着机械化和自动化程度的提高,用电量也逐渐增多。所以,确定合理的电能需要量及选择满足需要的电源和合理的电网系统具有十分重要的意义。建筑施工工地临时供电设计的主要内容包括:确定用电点及用电量;选择电源;确定供电系统的形式和变电所功率、数量及位置;布置供电线路和确定导线截面等。

三、施工总平面图的绘制

施工总平面图是施工组织总设计的重要内容,是指导实际施工管理、归入档案的技术经济文件之一。因此,必须做到充分调查了解、精心设计、认真绘制。其绘制步骤和要求简述如下。

(一)图幅大小和绘图比例

图幅大小和绘图比例应根据工地大小及布置内容多少来确定,图幅一般可选1~2号图纸大小,施工总平面图比例一般采用1:1 000或1:2 000的比例绘制。

(二)合理规划和设计图面

施工总平面图除要反映施工现场的布置内容外,还要反映周围的环境和面貌(如已有建筑物、现有管线、场外道路等)。故绘图前,应作合理规划和部署。此外,还应留出一定的图面绘制图例、文字说明以及方向指示针等。

(三)施工总平面图的绘制内容

施工总平面图的绘制内容主要有以下几个方面:

(1)现场测量方格网。

(2)现场内外已有建筑物、构筑物位置。

(3)拟建建筑物、构筑物位置。

(4)现场内施工道路及水、电等临时施工用管网布置,与场外道路及水、电等管网的连接布置。

(5)施工临时用房,如办公室、宿舍、仓库、加工厂等位置。

(6)重要机械设备(如塔吊等)的设置位置。

(7)主要建筑材料、构件的堆放地点等。

(四)绘制要求

绘制施工总平面图应做到比例正确、图例规范、字迹端正、图面整洁美观。

第七节 施工组织总设计的技术经济评价

施工组织总设计是对整个建设项目或群体工程施工的全局性、指导性文件,其编制质量的好坏对工程建设的进度、质量和经济效益影响较大。因此,对施工组织总设计进行技术经济评价的目的在于对施工组织总设计通过定性及定量的计算分析,论证在技术上是否可行,在经济上是否合算。对照相应的同类型有关工程的技术经济指标,反映所编制的施工组织总设计的最后效果,并应反映在施工组织设计文件中,作为施工组织总设计的考核评价和上级审批的依据。

一、施工组织总设计技术经济评价的主要指标

(一)工期指标

(1)总工期:从工程破土动工到竣工的全部日历天数。

(2)施工准备期:从施工准备开始到主要项目开工日止的全部日历天数。

(3)部分投产期:从主要项目开工到第一批项目投产使用日止的全部日历天数。

(二)质量指标

质量优良品率(%)是施工组织设计中确定的控制目标。

$$\text{质量优良品率}=\frac{\text{优良工程个数(或面积)}}{\text{施工项目总个数(或总面积)}}\times 100\% \tag{6-1}$$

(三)劳动指标

(1)劳动力均衡系数(%):表示整个施工期间使用劳动力的均衡程度。

$$\text{劳动率均衡系数}=\frac{\text{施工高峰人数}}{\text{施工期平均人数}}\times 100\% \tag{6-2}$$

(2)单方用工(工日/m^2):反映劳动的使用和消耗水平。

$$\text{单方用工}=\frac{\text{总工数}}{\text{建筑面积}} \tag{6-3}$$

(3)劳动生产率(元/工日):表示每个生产工人或建安工人每工日所完成的工作量(元)。

$$\text{劳动生产率}=\frac{\text{总工作量}}{\text{总工数}} \tag{6-4}$$

(四)机械化施工程度

机械化施工程度(%)指用机械化施工所完成的工作量与总工作量之比。

$$\text{机械化施工程度}=\frac{\text{机械化施工完成的工作量}}{\text{总工作量}} \tag{6-5}$$

(五)工厂化施工程度

工厂化施工程度(%)指在预制加工厂里施工完成的工作量与总工作量之比。

$$\text{工厂化施工程度}=\frac{\text{预制加工厂完成的工作量}}{\text{总工作量}}\times 100\% \tag{6-6}$$

(六)材料使用指标

(1)主要材料节约量:指靠施工技术组织措施实现的材料节约量。

$$\text{主要材料节约量}=\text{预算用量}-\text{施工组织设计计划用量} \tag{6-7}$$

(2)主要材料节约率(%)。

$$\text{主要材料节约率}=\frac{\text{主要材料节约量}}{\text{主要材料预算用量}}\times 100\% \tag{6-8}$$

(七)降低成本指标

(1)降低成本额(元):指靠施工技术组织措施实现的降低成本金额。

(2)降低成本率(%)。

$$降低成本率=\frac{降低成本额}{总成本额}\times 100\% \tag{6-9}$$

(八)临时工程投资比例

临时工程投资比例(%)指全部临时工程投资费用与总投资费用之比,表示临时设施费用支出情况。

$$临时工程投资比例=\frac{全部临时工程投资费用}{总投资费用}\times 100\% \tag{6-10}$$

二、施工组织总设计的技术经济分析

每一项施工活动都可以采用多种不同的施工方法和应用不同的施工机械,不同的施工方法和不同的施工机械使得工程的工期、质量与成本费用等不同。因此,在编制施工组织设计时,应根据现有的以及可能获得的技术和机械情况,拟订几个不同的施工方案,然后从技术上、经济上进行分析比较,从中选出最合理的方案,把技术上的可能性与经济上的合理性统一起来,以最少的资源消耗获得最佳的经济效果,多、快、好、省地完成施工任务。对施工组织设计(施工方案)进行技术经济分析,常用的有两种方法,即定性分析法和定量分析法,现分述如下。

(一)定性分析法

定性分析法是根据实际施工经验对不同施工方案的优劣进行分析比较,例如,对垂直运输设备,是采用井字架适当,还是采用塔吊适当;划分流水作业时,是二段流水有利于加快施工进度,还是三段流水有利于加快施工进度;钢筋混凝土烟囱是采用滑模施工,还是采用提模施工;冬期混凝土施工是采用保温法冬施方案,还是采用电热法冬施方案。

定性分析法主要凭经验进行分析、评价,虽比较方便,但精确度不高,也不能优化,决策易受主观因素的制约,一般常在施工实践经验比较丰富的情况下采用。

(二)定量分析法

定量分析法是对不同的施工方案进行一定的数学计算,将计算结果进行优劣比较。如有多个计算指标的,为便于分析、评价,常常对多个计算指标进行加工,形成单一(综合)指标,然后进行优劣比较。

第八节　施工组织总设计实例

一、工程概况

本工程为一住宅小区,首期工程由 11 幢 33 层的高级豪华高层商住楼及相应的配套设施组成,总建筑面积 274 562 m^2,该工程位于市郊公路南侧。

(一)建筑设计

该工程为 11 幢高层商住楼,地下 1 层作为车库和设备用房,地上 33 层,其中 1 ~3 层的裙房作为商场和大厦的管理用房，裙房以上均为豪华型高层住宅，按照标准层的不同平面布置形式，分成 A、B、C 三种类型。

1. 室内装修

公共部位的电梯前廊、公共走道及营业大厅的顶棚，采用轻钢龙骨石膏板艺术吊顶，墙面镶贴磨光大理石，局部镶贴釉面砖；楼地面铺贴磨光花岗岩，局部铺贴同质地砖。住宅户内部的墙面和顶棚刷白色乳胶漆，地面铺贴柚木地板。厨房、卫生间顶棚采用铝合金扣板吊顶，墙面镶贴白色隐花瓷片，地面贴浅绿色防滑地砖，卫生设施采用全套进口豪华卫生洁具。分户门为防火防盗门，其余为双面夹板门，刷醇酸瓷漆。公共走道口、控制室、管道井全部安装自动控制的钢质防火门。

2. 外装修

外墙除裙房局部镶贴磨光花岗岩外，其余全部统一贴 6 mm × 60 mm × 240 mm 的黄色条砖饰面。外门窗为银灰色铝合金门窗，镶浅绿色玻璃。屋顶部位用印度红条砖镶嵌幢号标志。

3. 地下室

墙面、顶棚刷白色乳胶漆，水泥砂浆地面。消防电梯前廊、疏散楼梯的通道口，以及设备用房的分户门，均安装自动控制的钢质防火门。地下停车场，按防火分区布置自动控制的防火卷帘门。

4. 工程概况

工程概况如表 6-6 所示。

表 6-6　工程概况

单位工程名称	建筑结构型式	建筑面积（m^2）	层数		总高度（m）	土建造价（万元）	计划开工竣工时间
			地下	地上			
A1 号楼	框剪	33 105	1	33	103.9	4 001.4	本年 05-18 ~ 第 2 年 11-12
A2 号楼	框剪	33 105	1	33	103.9	4 001.4	本年 05-18 ~ 第 2 年 11-12
B1 号楼	框剪	23 073	1	33	101.6	3 350.3	本年 01-28 ~ 第 2 年 02-22
B2 号楼	框剪	23 073	1	33	101.6	3 350.3	本年 01-28 ~ 第 2 年 02-22
B3 号楼	框剪	24 927	1	33	101.6	3 608.4	本年 10-08 ~ 第 3 年 04-12
B4 号楼	框剪	24 927	1	33	101.6	3 608.4	本年 10-08 ~ 第 3 年 04-12
C1 号楼	框剪	22 197	1	33	104.8	3 206.6	本年 11-18 ~ 第 3 年 05-12
C2 号楼	框剪	22 197	1	33	104.8	3 206.6	本年 11-18 ~ 第 3 年 05-12
C3 号楼	框剪	22 030	1	33	104.8	3 182.4	本年 11-18 ~ 第 3 年 05-12
C5 号楼	框剪	22 030	1	33	104.8	3 182.4	本年 11-18 ~ 第 3 年 05-12
C6 号楼	框剪	21 694	1	33	104.8	3 134.9	本年 11-18 ~ 第 3 年 05-12
车库、游泳池	框架	2 204	1	1	3.6	25.9	本年 11-08 ~ 第 2 年 09-08

注：地面以上 33 层，已包括电梯机房、水箱间。

(二)结构设计

本工程设计标高 ±0.000,相当于绝对标高 29.640 m,基本风压为 0.7 kN/m²,按 7 度抗震设防烈度进行设计。

基础:人工挖孔桩,持力层为微风化岩层,桩身混凝土 C25,护壁混凝土 C20。桩径 D=1.4~2 m,扩大头直径为(D+0.2)m。桩长根据场地内微风化基岩的标高起伏确定,一般在 5.8~10 m,成孔后,应经勘察部门认证后,再进行扩大头施工。

地下室:现浇混凝土筏式基础,承台板厚 1.9 m,箱形地下室,侧墙厚 400 mm,在迎水面抹防水砂浆,变形缝及车道接口处设橡胶止水带,用聚氯乙烯胶泥封口。

主体结构:1~3 层裙房为框架剪力墙结构,通过框支梁转换层(梁高 1.7~2.0 m)。从 4 层标准层起为全剪力墙结构,墙厚 350~250 mm。

混凝土强度等级:基础垫层 C10;地下室外墙、底板及水池、水箱为 C30、P6 防水混凝土;框支柱混凝土为 C60,框支梁及 1~10 层的梁、板、墙混凝土为 C35;11~20 层的梁、板、墙混凝土为 C30,21 层以上的梁、板、墙混凝土为 C25。

砌体:非承重隔墙采用蒸压加气混凝土轻质砌块,密度≤600 kg/m³,M5 混合砂浆砌筑,抗震拉结钢筋 2 ϕ6.5@600 mm,长 600 mm。

(三)设备安装工程

1.给排水工程

供水部分:主要有给水和消防、自动喷淋两个系统。本工程的水源由市政自来水供给,并在地下室的 A、B 区间和 C 区各设一个容积分别为 4 000 m³ 和 1 014 m³ 的蓄水池,配备了 *DN*200 电动控制蝶阀和变频调速水泵。在每幢高层公寓的屋顶上各设一个 18 m³ 的高位水箱,采用水泵加高位水箱上行下给式供水方式。

循环水部分:由市政自来水直接供给;利用砂滤罐和热交换器控制游泳池的水质和水温。

排水部分:污水系统集排污器具和洗涤器具的排放水,自流至室外污水检查井,经化粪池处理后,再排入市政排水管网;废水系统集洗浴器具的排放水,自流至废水检查井;雨水系统集屋面雨水、地面散排水,自流至室外雨水检查井。检查井均和市政排水管网连通。

2.电气工程

供电系统:本工程的各幢地下室都设有独立的高压配电室,配备 1 000 kVA 干式变压器,并安装了 360 kW 的柴油发电机组。当市政停电时,末端自动切换,发电机组能在 15 s 内自行启动,以保证消防电梯、消防水泵、正压送风和排烟风机及事故照明等设备的用电。

配电与控制系统:在首层设有低压配电房和值班室,在值班室安装了供电系统的模拟信号盘,可监视高压环网柜、发电机组、变压器、主进线和母联开关的运行状态。

(四)施工条件

施工场地:施工现场地貌原属残丘缓坡,经分区段整平推填,较为平坦,自然地坪绝对标高为 30.40 m。场区内的临时道路基本畅通,现场主干道与公路相接,交通方便。

水、电:市政自来水管道已敷设至施工现场,总管直径为 100 mm,保留部分人工挖孔桩施工时所遗留的降水井。电力增容已全部完成,可向各施工区段分别提供 500 kVA 电源。

基坑：人工挖孔桩已施工完毕，待检测验收，基坑土方在挖桩前，已开挖至 -4.1 ~ -6.0 m，平均尚有 30 cm 左右的土方要开挖和修整。边坡采用 1∶3 水泥砂浆护坡。

工期：桩基工程由业主自营，总包施工单位负责协调桩基工程的技术复核和质量控制，桩基验收合格后，仍要根据市场的售楼情况，由开发商另行确定各区段的具体开工时间，要求每幢高层住宅楼的总工期分别定为 540 d（日历天）。

二、施工部署

（一）施工区段划分

按照房地产开发商的要求，优先施工邻近公路旁的及 B1、B2 楼，并且及时完善局部的配套设施（交通道路、环境绿化、广告宣传等），形成销售样板楼，创造出良好的促销环境，以适应市场经济的需求。在用户踊跃订房、超前获得投资回报的条件下，A1、A2、B3、B4，C1 ~ C6 相继全面开工，按照 A1、A2，B1、B2，B3、B4，C2、C6 和 C1、C3、C5 分区段布置的特点，自然形成 5 个独立的施工区段，在总包公司的统一领导和指挥下，组建 5 个项目经理部，各自独立承包，单独核算，统筹安排。

（二）工期安排

当施工区段的专项资金到位，桩基验收合格后，按区段签订好总分包合同，商定具体的开工时间，每幢的总工期均为 540 d，按以下 5 个阶段进行综合控制：

（1）地下室主体结构共 90 d。

（2）3 层裙房，包括框支梁转换层的主体结构共 30 d，地下室的防水施工、回填土方适时穿插进行。

（3）4 ~ 33 层主体结构，平均 7 d 一层，共 210 d，室内粗装修尾随跟进，立体交叉作业。

（4）外装饰、室内装修、屋面工程共 150 d，设备安装工程的预留、预埋、安装、调试随土建同时进行。

（5）室外工程，土建扫尾，安装调试，共 60 d。

（三）施工顺序

每个区段的地下室及 3 层裙房施工后，各个塔楼自然形成了独立的平行工作面，只要在区段内调整 3 d 的流水节拍，合理地控制时差，严格落实网络计划，就能平衡劳力，充分利用资源和机械设备。初期要以主体结构施工为先导，实施平面分段、立体分层、同步流水的施工方法，当主体结构完成到 10 层时，室内粗装修开始从下向上单向跟进，交叉流水。主体封顶后，室内外装饰装修工作要全面展开，迅速做出样板块、样板间，组织员工现场交流学习、交底，而后装饰装修工程从上向下循序渐进，实施专业化施工，成为进度的主线。在整个施工过程中，安装工程的预留、预埋、安装、调试工作应始终贯穿于主体、装饰装修、收尾过程中，在时间和空间上要充分紧凑搭接，循环推进，严格交接班制度，相互爱护成品，避免交叉污染。

（四）工艺流程

施工工艺流程如图 6-2 所示，其中粗装修包括内隔墙砌筑，墙面、顶棚抹灰，门窗框安装；精装修包括楼地面工程，瓷砖、大理石、花岗岩饰面，门窗内扇安装，油漆涂料施工，卫生洁具、灯具安装。

(五)施工进度计划

钢筋混凝土结构工程的施工周期占总工期的60%以上,且易受自然气候的影响。但当进入标准层施工后,人员、设备的运转日趋正常,故该工程的4~33层,实际工期要从计划7 d一层,压缩到5~6 d一层,争取留有30 d的时间余量,以弥补天气变化、暴风雨袭击等偶然因素所耽误的工期,确保阶段工期的实现。每幢单位工程及标准层的施工进度计划,见图6-3标准层施工网络和图6-4施工总进度网络。

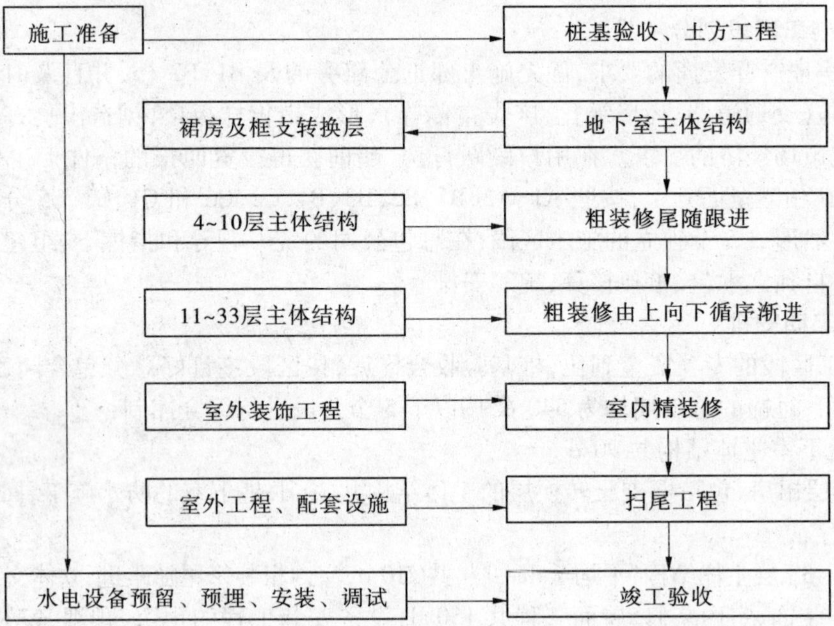

图6-2 施工工艺流程

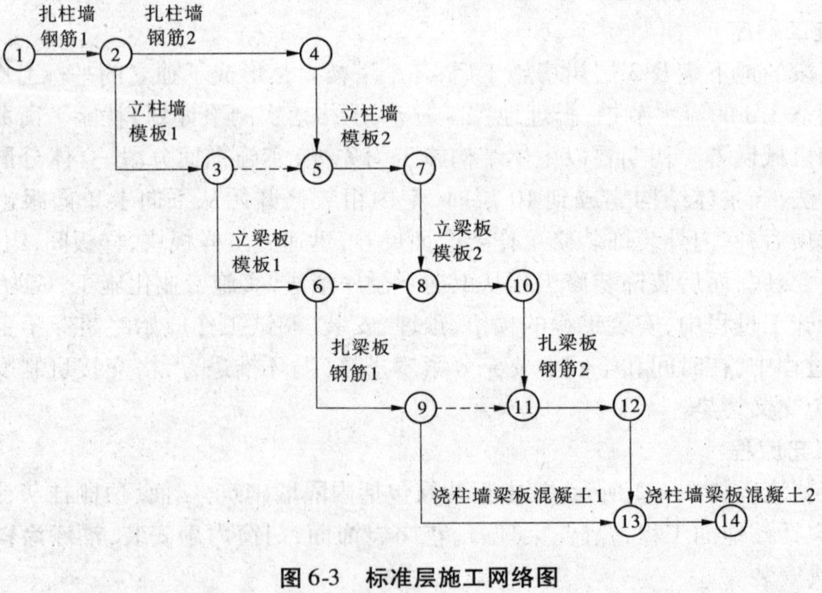

图6-3 标准层施工网络图

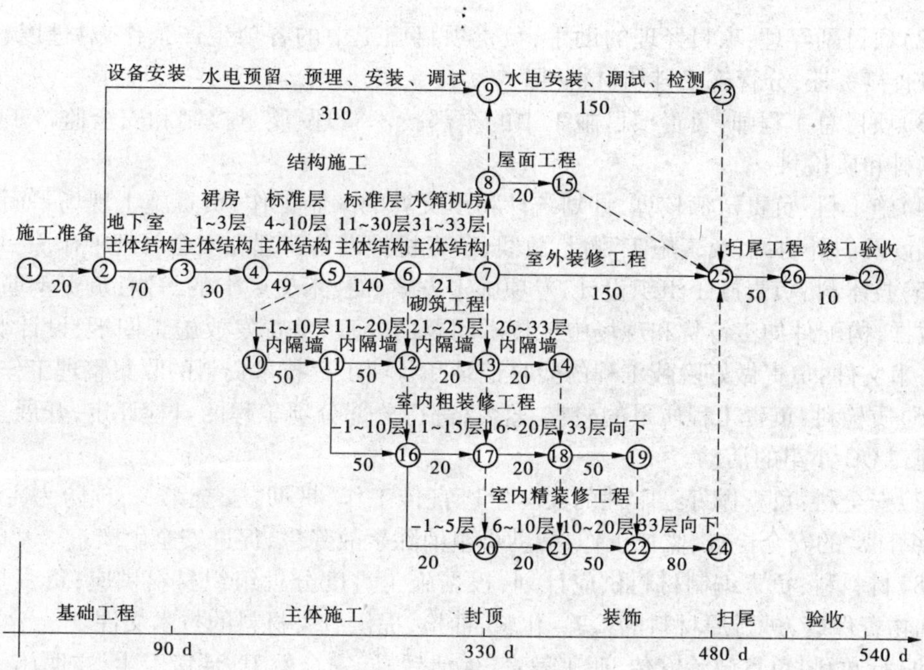

图 6-4　施工总进度网络图

(六)施工组织

1. 施工组织机构

施工组织机构网络图如图 6-5 所示。

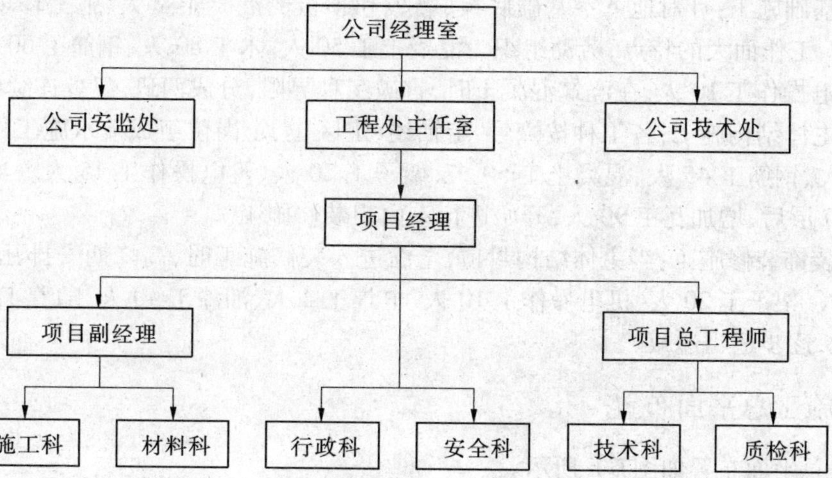

图 6-5　施工组织机构网络图

2. 项目经理部的组成、分工及各职能部门的权限

(1)项目经理:负责项目经理部的行政领导工作,并对整个项目的施工计划、生产进度、质量安全、经济效益全面负责,分管行政科和安全科。

(2)项目副经理:项目经理的助手,负责项目施工中的各项生产工作,对进度、质量、安全负直接责任,分管施工科和材料科。

(3)项目总工程师:负责项目施工中的全部技术管理、质量控制和安全监督工作,分管技术科和质检科。

(4)施工科:负责定额核算、计划统计和预决算的编制工作;负责施工现场平面管理、施工调度及内外协调;负责施工测量、放线,负责机械设备管理和安全管理工作。

(5)技术科:负责施工组织设计、专项施工方案和技术交底卡的编制;负责钢筋翻样、木工放样,构配件加工订货和现场施工技术问题的处理;负责发放施工图纸、设计变更和有关技术文件;负责做好隐蔽工程的验收记录和各项工程技术资料的收集整理工作。

(6)质检科:负责工程质量的检查、监督,进行分部分项工程的自检评定,开展全面质量管理和 QC 小组的活动。

(7)安全科:负责做好经常性的安全生产宣传工作,贯彻"安全第一,预防为主"的方针,组织日常的安全检查、监督工作,帮助班组消除事故隐患,促进安全生产。

(8)材料科:负责编制材料供应计划,根据施工进度分批组织材料供应;负责材料的发放和物资保管,进行原材料的检验、化验、抽检,提供有关材料的技术文件。

(9)行政科:负责政治宣传、职工教育、生活后勤、安全保卫、环境卫生、文明施工及接待工作。

3. 劳动组织

劳动组织按基础、主体结构、装饰装修等不同阶段,分别考虑和安排。为保证施工质量,提高效率,便于核算,作业班组应保持相对稳定,并隶属于项目经理部统一安排,统筹调度。以一个施工区段,即两幢一个组合为例,其劳动力组织安排如下。

(1)基础施工:针对地下室基础底板、墙板和顶板的混凝土量大、施工环境易受自然气候影响、工作面大的特点,劳动组织为混凝土工 50 人、木工 80 人、钢筋工 60 人、架子工 15 人、机电操作工 10 人,在浇筑混凝土时,打破工种界限,分成两班,昼夜连续施工。

(2)主体结构施工:各工种按幢号,定轴线、定区位、定岗位组成流水施工作业。安排木工 90 人、钢筋工 45 人、混凝土工 50 人、架子工 20 人、机电操作工 15 人。当主体结构施工至 10 层后,增加瓦工 90 人,开始进行室内粗装修施工。

(3)装饰装修施工:当主体结构封顶,全面进入装修施工时,高峰期安排瓦工 280 人、木工 50 人、架子工 20 人、机电操作工 10 人、电焊工 4 人、油漆工 40 人,随着工程的进展,统一调配,逐步适当递减。

三、施工总平面布置

施工总平面布置如图 6-6 所示。

四、施工准备

(一)技术准备

(1)认真收集、查阅基础工程的技术档案资料。测量放线,建立坐标控制点和水准控制点。对桩基的轴线位置、标高进行复测、复核。

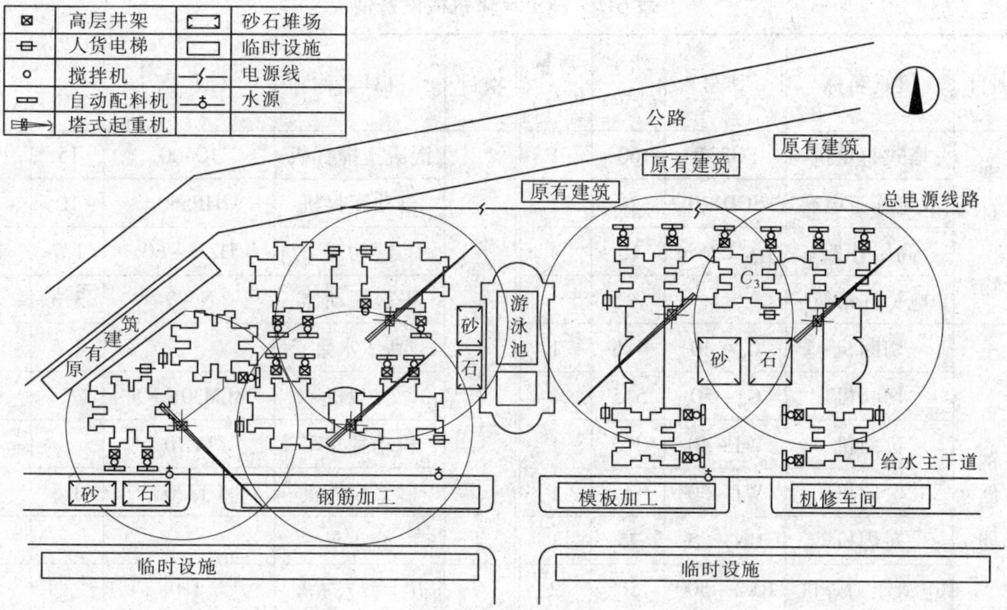

图 6-6 施工总平面布置图

(2)组织现场施工人员熟悉理解施工图纸和有关技术资料。认真做好图纸会审和技术交底工作,编制施工预算,制订具体的施工方案。

(3)按照组织的货源和进场的材料及时进行原材料的物理、化学性能检验,按照施工图纸的设计要求,做好混凝土和砂浆的配合比试验。

(二)施工现场准备

(1)检查、观察基坑边坡的稳定情况,加固水泥砂浆护坡结构,完善坑底和坑顶周边的排水系统。

(2)平整场地,铺设场内临时道路,开挖雨水排水沟,砌筑污水沉淀池,接通排水管道。

(3)搭设生活、办公、生产、仓储、配电等临时设施,设置浇筑混凝土的砂、石堆放场地,安装电话、高音喇叭等通信指挥设施。

(三)机械设备配备

该工程每个施工区段的平面布置形式,基本上是两幢高层作为一个组合,垂直运输机械按1∶1∶2的施工方法配备,即每区段安装一台FO23B型附着式塔吊,每幢楼各配备一台双笼人货电梯,两部120 m高层快速井架,其具体机械装备情况见表6-7。

(四)水电准备

(1)敷设给水管道,根据施工需要设置给水点,建造蓄水池,安装高压水泵,并选1~2个降水井,布置潜水泵。停水时,可利用储存水或地下水源维持连续生产。

(2)施工及照明用电、动力用电所需容量需计算确定。照明用电按动力用电量的10%估算。向各施工区段分别提供560 kVA电源,满足生产需求。

表 6-7　施工具体机械设备情况

项目	机具名称	型 号	功率（kW）	数量（台）	项目	机具名称	型 号	功率（kW）	数量（台）
垂直运输	塔式起重机	FO23B	60	1	混凝土施工	混凝土搅拌机	JD400	15	4
	双笼施工电梯	SCD120	28	2		自动配料机	HP560	10	4
	高层井架	1 t/120 m	15	4		振动棒	HZX－60	1.7	10
	电梯井吊篮	1 t	7.5	4		平板振动器	N－7	3.3	2
钢筋加工	切断机	GJ－40	4.5	1		高压水泵		7.5	2
	切断机	GJ－50	5.5	1		装载机	ZLM30E－5		2
	弯曲机	WJ－40	3.5	1		机动翻斗车	FC10		2
	弯曲机	WJ－50	4	1		砂浆搅拌机	UJZ200	3.3	2
	对焊机	UN－75	75	1		翻斗车			20
	电渣压力焊机	BX2－500	50	2	运输	五十铃人货车	1 t		
	冷拉调直机	GTG3－10	5	1		东风自卸车	5 t		1
	交流电焊机	BX2－300	25	2		黄河自卸车	8 t		2
木工制作	圆盘机	MJ109	3	2	其他	发电机组	TZH－280 200 kVA		1
	平刨机	MB504	5	2		潜水泵		2.2	3
	压刨机	MB104	4	2		小型水泵		1.1	2
	电钻		1	2		空压机		7.5	

注：以上机具计划仅是指一个施工段的装备，功率是指单位设备的最大功率。

(3)应急电源，每个施工区段安装一台 200 kW 柴油发电机组，固定专人值班，以保证混凝土的浇筑不受意外停电的影响。

五、主要项目施工方法

(一)人工挖孔桩施工

1. 施工工艺

放线定桩位→砌筑井圈→安装提升机械→挖孔(每天下挖 1 m 土层，修整桩孔壁，校核桩孔垂直度和桩径)→浇筑护壁→重复以上挖掘工序，挖至设计桩底→扩大头施工→对桩孔垂直度、直径、入岩深度、持力层性质进行检查验收→清理桩底积水、杂物，安装投料串筒→浇筑桩身混凝土到钢筋笼设计高度→安装钢筋笼→连续浇筑混凝土到桩顶。

2. 施工要点

(1)轴线控制。通过引测，在基坑内建立 6 个永久性控制点，成“工”字形布置，以此正交的轴线控制网来确定、控制和校核各桩的轴线位置。

(2)砌筑的井圈要高于开挖地面的标高 150 mm,以防地表水流入桩孔内,或碎石、土块滚入施工孔内伤人。

(3)开挖时,临时堆放的孔桩土体,要运至离桩壁 2 m 以外,并必须将每工作台班的弃土全部运走,防止堆积荷载过大,使护壁被挤压偏位。

(4)进入孔内工作前,必须提前启动鼓风机,向孔内输送新鲜空气,并要用测毒仪测量孔内的 CO_2、SO_2 等有毒气体的含量,或先用笼养鸟投入桩孔做生物试验,严格把关,杜绝毒气伤人事故。

(二)钢筋混凝土结构工程施工

1. 模板工程

(1)材料:主要采用钢木组合式模板体系,板材采用 18 mm 厚 9 层胶合板;龙骨背枋采用 50 mm×100 mm 方木;紧固件采用φ12 或φ14 螺栓,配套用φ20PVC 塑料管;支撑系统及包箍采用φ48 钢管脚手架及活动钢管顶撑。

(2)数量:地下室及裙房各配备 1 层成套模板,周转后改制成标准层模板,其竖向结构配备 1 层,水平梁板结构配备 2 层成套模板,投入 3 层模板的钢管支撑系统材料。

(3)注意事项。

①模板边沿要求顺直方正,拼缝严密,板缝应不大于 1.5 mm。立模前,模板表面应清理干净,并刷一道隔离剂。

②木方的小面要作刨平处理,以保证与胶合板紧密配合,大面不得弯曲变形,无死节、无断裂。

③所有柱和剪力墙模板,应在根部开 200 mm×200 mm 的检查口,以便在混凝土浇筑前检查模内是否有杂物,确保无杂物、无积水,方可封闭检查口。

④为提高模板周转和安装效率,事先应按工程轴线位置、尺寸将模板编号,以便定位使用。拆除后的模板,应按区段编号整理、堆放,安装操作人员也相应执行定区段、定编号的岗位负责制。

(4)模板构造节点大样图如图 6-7 所示。

2. 钢筋工程

本工程钢筋总用量共 25 900 t,在现场集中加工,统一管理,运到作业面安装绑扎成型,具体施工质量措施包括以下方面:

(1)采购钢筋时,必须具有生产厂家的出厂合格证,国外进口钢材还要具备商检证明和化学分析报告,经现场随机抽样送实验室,进行物理力学性能和可焊性试验,合格后方可投入使用。

(2)现场加工时,所有接头采用闪光对焊,对于框架柱、剪力墙竖向结构的主筋接头,当 $D \geqslant 22$ 时均采用电渣压力焊;$D < 22$ mm 时采用绑扎搭接接头。框支梁的水平主筋接头采用冷挤压机械连接。所有焊接接头、机械接头必须经随机抽样检验合格后,才能进行下道工序。

(3)钢筋焊接和机械连接的操作工,都必须经过培训考核,持有特殊工种的岗位合格证书。

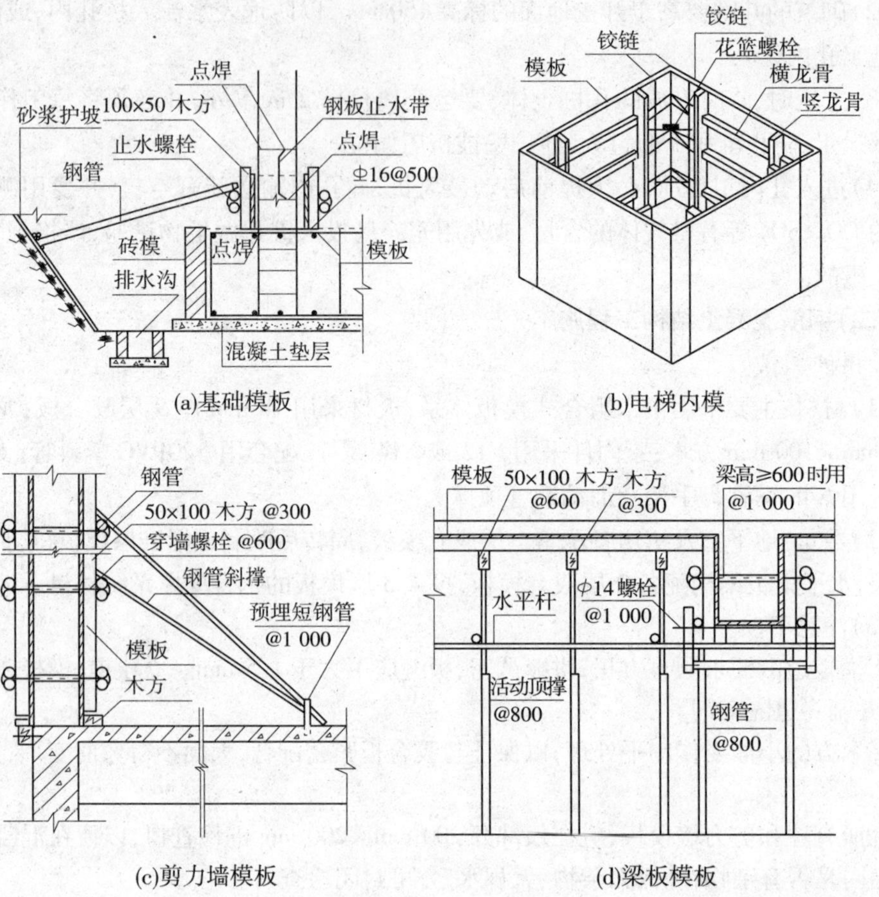

图 6-7　模板构造节点大样图

(4)按抗震要求弯成 135°弯钩的箍筋,为方便施工,制作时将一边弯钩先弯成 90°,另一边弯成 135°,当安装绑扎成型后,再用小扳手把 90°的弯钩弯到 135°。

(5)为保证竖向钢筋不移位,可在柱和剪力墙的根部套上一个箍筋并绑扎一排水平钢筋作为限位筋,校正后,将限位筋与梁和暗柱钢筋点焊固定,并逐根将竖向钢筋绑扎牢固。

3. 混凝土工程

现浇混凝土量有 16.14 万 m^3,除地下室底墙板和水箱为 C30、P8 自防水混凝土外,其他均为 C25 ~ C60 普通混凝土。主要施工方法如下:

(1)原材料及配合比。C30、P8 抗渗混凝土选用 525 号矿渣水泥,内掺 14% UEA 膨胀剂,另加 0.6% 的 MG 木钙缓凝减水剂。C60 混凝土选用 525 号硅酸盐水泥,掺 15% Ⅰ级磨细粉煤灰和 0.4% FDN－440 缓凝高效减水剂,碎石粒径 10 ~ 25 mm,压碎指标不得大于 10%,含泥量要小于 1%,中砂含泥量不大于 2%。C25 ~ C40 混凝土可选用 525 ~ 425 号普通硅酸盐或矿渣水泥,掺 10% Ⅱ级粉煤灰和 0.6% MG 木钙缓凝减水剂。

(2)混凝土配制与搅拌。粗、细骨料用装载机转运到储料斗,采用自动配料机控制计量,水泥、粉煤灰和 UEA 采用人工计量,FDN 和 MG 外加剂先用水稀释成设定浓度,再用量杯按配比要求,与拌和水一起投入搅拌机,称量精度要求偏差全部不大于±2%,搅拌时间不得少于120 s,坍落度控制在7~9 cm。

(3)混凝土运输。垂直运输主要以高速井架为主,水平运输采用人工手推车,塔吊辅助,当浇筑自由高度大于2 m时,应采用串筒或溜槽投料。

(4)混凝土浇筑。为保证混凝土的整体性、连续性,除按设计要求留置的后浇带和允许留置的水平施工缝外,全部采用连续作业施工,浇筑路线一般沿长边方向,从短边开始浇筑,退浇至井架的上料口。

(5)混凝土养护。混凝土浇筑完毕终凝后的12 h以内,要加以覆盖和浇水,地下室底板混凝土采用蓄水法养护。后浇带混凝土补浇后,要用湿麻袋覆盖,其他部位均用人工浇水自然养护,保持湿润时间不得少于14昼夜。

(三)砌筑工程

本工程的内隔墙全部采用蒸压加气混凝土轻质砌块,共有17 023 m^3。

1. 砌筑

(1)施工准备。施工前必须根据施工图和砌块尺寸、垂直灰缝的宽度、水平灰缝的厚度等,计算砌块的皮数和排数,以保证砌体的尺寸。砌筑前,应按施工图放出墙体的边线,将楼面局部找平,并立好皮数杆,检查与混凝土结构连接部位的拉结钢筋,要保证其间距、长度符合设计和抗震要求。

(2)砌筑。砌体宜用混合砂浆砌筑,设计强度等级M5,每层不大于250 m^3砌体必须留置一组砂浆试块。加气混凝土砌块应提前浇水湿润,其含水率一般不超过20%,砌筑时,灰缝应横平竖直,砂浆饱满,以保证砌块之间有良好的黏结力。砌体的上下皮砌块应错缝砌筑,当搭接长度小于砌块的1/3时,水平灰缝中应设置钢筋加强,临时间断处应砌成阶梯形斜槎,不允许留直槎。

(3)保证质量措施。垂直灰缝宽度不得大于20 mm,水平灰缝厚度不得大于15 mm,但是均不得小于10 mm。窗洞下部应放2 ϕ6 钢筋,伸出洞口两边长度均不得小于500 mm。厨卫间、阳台给水管道井隔墙,要在墙脚处预先浇筑与砌块同宽、高100 mm的C10素混凝土坎,可防止砌块受侵蚀出现渗漏现象。填充墙砌至梁底板时,必须待次日砌筑砂浆沉实后,再将其与梁板底塞紧,顶死后用砂浆将缝隙填实。

2. 粉刷与饰面

(1)基层处理。由于加气混凝土的吸水性能有先快后慢、容量大、延续时间长的特点,所以必须对基层表面进行处理,以保证抹灰层有良好的凝结硬化条件,避免抹灰层在水化过程中水分被加气混凝土吸走,失去预期要求的强度并引起空鼓、开裂。所以,施工前应浇水湿润,浇水量以渗入砌块内深度8~10 mm为宜。

(2)基层施工。墙面湿润后,可用素水泥浆或107胶水泥浆满涂墙面,也可用铁抹子将107胶素水泥浆在墙面上刮成鱼鳞状,表面宜粗糙,且要紧密连接,厚度均控制在3 mm左右,其作用既可增强抹灰砂浆与墙体的黏结力,又可提高墙面的封闭度。

(3)抹底灰。在基层表面处理完毕后,应立即进行抹灰,其底灰应选用与加气混凝土的强度、弹性模量和收缩值相接近的材料,通常应选用1∶1∶6水泥混合砂浆,切忌采用高等级砂浆抹底灰。每层每次抹灰厚度不应大于10 mm,当找平有困难,需加厚时,应分层、分次逐步加厚,并应在第一次抹灰层终凝后再进行,切忌连续流水作业。

(4)装饰面层。加气混凝土墙体除基层表面处理和抹底灰等有特殊要求外,底灰以上的中层、面层、饰面层的抹灰和装饰要求,与其他墙体相同。

(5)质量保证措施。基层处理宜在抹灰前1 h进行,湿润后可立即刷涂或抹浆。刷浆作业后,应立即抹灰,不得在浆体干燥后再抹灰,这是保证抹灰质量的关键之一。对剔槽、切割、预埋管道、箱盒后的空隙,只能用与大面抹灰一样的材料,切忌采用高等级砂浆。预埋的电器管道,在填缝前应用铁丝扎牢,固定在墙面上,不得再有反弹现象,并在管道外侧钉100 mm宽的镀锌铁丝网,这样才能防止管道敷设方向出现裂缝。

(四)装饰装修工程

1. 施工顺序

(1)室内装修。清理基层→顶棚抹灰→门窗框安装→墙面抹灰→固定电器箱盒→镶贴饰面砖→敷设水、气管道→门窗内扇安装→楼地面工程→刷油漆涂料→电气灯具、厨卫器具安装。

(2)室外装饰。(从上向下施工)抄平吊线→清理基层→孔洞防水处理→墙面刮糙→弹线→镶贴饰面砖→擦缝清理→安装排水管道。

2. 质量保证措施

(1)施工前要作详细的技术交底,明确施工工艺标准和质量目标,先做样板块、样板间,经验收合格总结经验后,再大面积施工。

(2)保证使用功能,杜绝渗漏现象,厨卫的轻质砌块根部,要预先浇同墙厚、高100 mm的素混凝土,并要做好防水处理。对穿过楼面的管道周边,要求用防水砂浆密实填嵌,装修前要先做蓄水试验,合格后方可进行下道工序。

(3)突出观感效果,注重细部处理,严格把好灰饼、冲筋、护角等找规矩的质量关,确保墙面、顶棚表面平整,阴阳角方正,线条通顺。

(4)强化自检、互检、专职检的三检制度,加强土建、安装等专业的配合协调管理工作,按施工进度计划,相互提供工作面,合理安排工序搭接,保护成品,避免交叉污染,确保一次成优。

(五)脚手架工程

1~3层裙房以下搭设普通钢管脚手架,顶部铺设满堂全封闭安全棚,从第4层标准层起,全部采用套筒式爬升脚手架,每个片架单元长不大于4 m,高3层半,其主要工作原理和施工注意事项如下。

1. 工作原理

套筒式爬升脚手架是以建筑物的钢筋混凝土墙体为承力主体,通过附着在已完成的钢筋混凝土墙体上的爬升架,即固定架和活动套架的相对交替滑移,完成脚手架的爬升和下降工作。

2. 工艺流程

(1)安装。混凝土墙体留洞→安装爬升架→搭设脚手架→铺挂安全防护网→荷载试验→验收合格后投入使用。

(2)升(降)操作。混凝土墙体留洞→升(降)活动套架→固定活动套架→升(降)固定架→固定固定架→验收合格后投入使用。

3. 注意事项

(1)爬升脚手架安装、升降和拆除前应作详细的技术交底,并对爬升系统、通信器材、安全防护和保险装置作全面检查,施工中应统一指挥,专人监护,并要作好检查和交接记录。

(2)升降操作中,左右人员应相互协调,稳起稳落,不得大幅度摆动和碰撞,并注意不要使爬升架与墙面的其他物件挤轧。若发生挤轧现象,应立即停止爬升,排除故障后,才能继续爬升。一个单元的爬升(降)应在一个工作班内完成,不得随意中断作业,爬升完毕后应及时固定。

(3)穿墙螺栓是紧固和保证爬升脚手架安全使用的重要构件,安装后应全部循环复检,复拧2~3遍,拧紧力矩为40~50 N·m,并对外露丝扣加以保护,防止砂浆污染造成磨损,一旦发现有锈蚀、磨损、变形现象,应立即更换。

(4)爬升脚手架升(降)时是分单元体各自独立进行的,升(降)完毕固定后,又要相互连成一个整体。因此,在升(降)前应拆除相互间的连接件,使各个单元体完全独立,待升(降)后,应及时安装连接件,以保证爬升架的整体性和稳定性。

(5)动力设备倒链的额定起重能力,要求为所承受荷载的2倍以上,吊钩须有保险装置,使用过程中应经常上油,并检查是否有滑扣现象。一旦发现链条、链盘轮、倒卡有变形、磨损现象,应立即更换,不得带病作业。

(六)安装工程施工

1. 电气照明

(1)线管敷设。主要采用金属管和PVC塑料管两种材料,其中金属钢管使用在楼梯照明、方向指示灯和消防系统控制部分,一般照明、共用天线、电话通信使用PVC塑料管。预埋线管的弯曲半径要$\geq 10d$,钢管采用丝扣连接,并做跨接焊作为保护接地,PVC塑料管采用套管胶粘剂连接。

(2)电缆敷设。先根据设计要求,画出电缆排列图,尽量避免互相交叉,敷设时应防止扭伤和过分弯曲。竖井内敷设电缆时,由上向下施工,以免电缆受过大的机械拉力。穿过墙洞或楼板时,均应套上合适的保护套管,电缆与套管间应用防火材料填充密实,以满足消防要求。电缆的标牌要用尼龙带扎牢,标牌上应标明回路编号、电缆规格、长度和终端设备编号。电缆头制作完毕后,要进行复检复测,其线间绝缘电阻值应大于10 MΩ。

(3)管内穿线。各回路导线的颜色统一规定为:红(火)、黑(零)、双色(PE)。待土建粗装修结束后,开始进行穿线,管内导线的总截面不应超过管内截面的60%,穿线前要检查管口是否光滑,有无毛刺,要求护口齐全,管道畅通,导线型号符合设计要求。不同系统、不同电压、不同电流类别的导线,不允许穿在同一根管内。穿线后还要测量线间绝缘电阻,其线间绝缘电阻值应大于0.5 MΩ,并作好隐蔽记录,才能接入用电器具。

(4)开关、插座、灯具的安装。开关、插座应严格按设计标高进行施工,同室同一水平标高,偏差不应大于5 mm,成排安装的不应大于2 mm,插座一律按左零、右相、上端PE。开关一律上开、下关,并控制火线回路。同一室内的成排灯具,安装前应放线,以保证横竖成排,中心对齐,安装后其中心偏差不大于5 mm。

(5)户内配电箱盒安装。配电箱盒一般都安装在分户门内侧,箱底距地面高度为1.7

m,内配备插座回路的漏电开关、照明回路的限额电流开关。箱体、箱盖应与接地支干线连接,要求所有回路的PE线和零线分别接到各自的汇流端子上,安装完毕后,对各回路分别作一次检测,然后才能通电,并做漏电试验,检验配电开关的灵敏度,作好验收记录。

2. 给排水工程

(1)排水系统。主要采用PVC塑料管道,安装时采用上封下通的施工方法,防止杂物落入管内,以保证排水管不被堵塞。灌水试验时应用"堵球"新工艺,即用可充气的橡皮球,从排水管上方送入管内,分区段控制试压高度,向球内充气,使之堵塞管子下部,再向管内注水,检验各接口有无渗漏现象。

(2)给水管道。全部采用镀锌无缝钢管。直径 $DN<100$ mm时,采用丝扣连接;$DN\geqslant 100$ 时,可采用焊接接口。具体做法:安装各系统主干管,单独试压;各层支管在吊顶安装前,要分系统试压;待吊顶完成后,再安装消防喷淋头子,然后进行系统试压检验,以免大面积泄漏损坏装修材料,确保一次成功。

(3)卫生洁具安装。卫生间空间小,交叉作业多,施工配合极其重要。主要施工方法如下:土建结构施工→安装给排水主干道→土建封管道井,砌内隔墙→卫生洁具的支管安装到位→土建封洞、槽和内粉刷→安装浴缸→土建镶贴瓷砖,内装修→卫生洁具安装→通水检验。施工中要严格执行"三检制",注重成品、半成品的保护,防止污染。

六、季节性施工组织措施

(一)夏季施工

(1)高温期要适当调整露天作业人员的作息时间,避免中午从事焊接等高温作业,保证职工的茶水、清凉饮料的供应,及时发放防暑用品,做好职工的防暑降温保健工作。

(2)高温期间混凝土施工配合比要作适当调整,控制缓凝减水剂的用量,要延长终凝时间,克服坍落度损失,浇筑混凝土前对模板要充分浇水湿润。拆模后,加强对混凝土的养护管理。

(3)高温期间使用的水泥砂浆要随拌随用,在2 h以内使用完。砖和加气混凝土砌块使用前要提前浇水润湿;抹面和装饰面的基层施工前也要提前浇水润湿,饰面的镶贴材料要充分浸水。

(二)雨季施工

(1)沿基坑的顶、底周边设置环状砖砌排水沟,以防地表水、雨水流入基坑,并及时抽干集水井的余水。基础混凝土垫层施工时,应采取分段修整土方、分段验槽、及时浇筑混凝土封闭基底的施工方法,以防雨水浸泡,扰动基底。

(2)认真作好天气预报记录,尽量避免雨天浇筑混凝土,并在现场备足防雨材料,以防突然下雨,刚浇筑的混凝土应及时遮盖;雨后继续施工时,要及时检查砂石的实际含水率,调整混凝土的施工配合比。

(3)堆放砌块的场地,应有防雨和排水措施;雨后继续砌筑时,必须复核已完砌体的垂直度、平整度和标高,不得用过湿的砌块,以免砌筑时砂浆流失,使砌块滑移和墙体干缩后造成裂缝。

(4)镶贴的大理石、花岗岩外墙面,采用环氧树脂胶水泥浆嵌缝,避免雨水侵蚀后,从板缝中渗碱，出现泛白挂污现象。

（三）台风季节施工

（1）遇到6级风以上天气，塔式起重机要放松旋转制动刹，让塔臂能随风自由转动，连同高层井架、施工电梯，均应暂停使用，爬升脚手架严禁升降操作。

（2）塔吊、井架、电梯、脚手架都要设置防雷接地装置，定期检测，接地电阻不应大于4 Ω。

七、技术质量、安全生产、文明施工措施

（一）技术质量措施

（1）收到图纸后，积极组织技术力量，认真阅图，正确理解设计意图和技术要求，做好图纸审查和各专业图纸的会审工作，并作好会审记录。

（2）坚持“质量第一，预防为主”的指导思想，针对各个具体分部分项工程的施工特点，编写专项施工方案，经公司审批后实施。施工前做好技术交底工作，施工中及时进行检查、验收、技术复核和隐蔽记录。

（3）加强原材料的进场验收工作，及时收集好产品合格证和出厂证明书，按有关规定进行随机抽样检验、化验。凡是不合格的材料，一律清仓退货，不得使用，并要作好不合格材料的退场签证记录。

（4）施工过程中要认真收集、整理技术档案资料，做到记录真实、数据准确、收集及时、分类归档、装订整洁，并定期组织各施工区段进行自检、互查，共同提高档案管理水平。

（5）开展全面质量管理活动，定期对职工进行技术培训、技术考核和技能比赛，提高全员质量意识。严格质量验收标准，质量样板制贯彻全过程，明确质量目标，积极开展QC活动，防治质量通病。

（二）安全生产措施

（1）所有进场人员，必须先进行安全知识普及教育，贯彻有关安全生产文件精神，讲清有关安全的规章制度，引起职工对安全生产的高度重视。特殊工种应进行专业培训，考试合格后发给操作证书，并坚持职工上岗前、探亲复岗前、更换工种前进行专业安全知识考试，合格后经有关部门批准方可上岗。

（2）施工人员进入施工现场，要戴好安全帽，高空作业要系好安全带，严禁高空抛物。上料平台、阳台口、楼梯边口、管道井、电梯洞口、施工洞口，要设置安全围护栏杆和醒目标志牌，电梯井和施工洞口内还要增设安全网。

（3）垂直运输机械、塔吊、高速高层井架、施工电梯等，使用中要严格遵守有关安全操作规程。操作人员应持证上岗，明确职责，统一指挥，密切配合，服从调度。遇到6级以上的大风，噪声过大，大雾天气或照明不足，不能听清或看明指挥信号时，应坚决停止操作，不得盲目运行。

（4）地下室等潮湿环境、通道口及主要出入口的黑暗处，应设置低压照明灯具。机械设备使用做到定人、定机、定岗位，明确责任。用电时应做到一机、一闸、一保险，配电箱应有门锁及防雨措施。

（5）临时设施、宿舍、食堂、办公室及仓库等处，要按消防要求，保持道路畅通，并设置

水龙头，布置灭火器。在建筑物中，安装ϕ50 的主立管，每层留口，通过高压多节水泵供水，以满足消防及高层施工用水需求。

（三）文明施工措施

（1）严格按施工现场的总平面规划，布置各种临时设施、机械设备和材料堆场。施工前，应修好现场内的临时道路，并砌筑砖砌排水沟。生活污水、施工废水应先引入沉淀池，经处理后，才能排到市政污水井内。

（2）工地进出路口应设置冲洗车辆的临时场地和高压水枪，防止施工运输车辆带泥上路，影响市政道路的清洁和环境卫生。

（3）施工期间各工种、各专业班组，应各自做到工完料尽，及时清理，保证场内道路畅通，无积余污水。交接班时做到无钉头、无扎丝、无钢筋头、无残渣、无残浆等杂物。各专业间应相互爱护成品、半成品，避免交叉污染。

（4）组织场容清洁队，专门负责生产区、生活区的清洁卫生工作。生活、生产的垃圾应及时运出场外，保持良好的现场环境。生活区的工人宿舍、伙房等场所还要经常打扫，定期消毒，栽花种草，美化生活环境。

八、主要材料及技术经济指标

主要材料及技术经济指标见表6-8。

表6-8 主要材料及技术经济指标

项目	工程内容	数量	每平方米用量	项目	工程内容	数量	每平方米用量
造价	土建造价	37 859.1 万元	1 378.89 元	人工	土建人工	3 091 568 工日	11.26 工日
	给排水	2 913.7 万元	106.12 元		给排水人工	112 570 工日	0.41 工日
	电气照明	4 016.8 万元	141.63 元		电气照明人工	241 615 工日	0.88 工日
	通风防排烟	1 565 万元	57 元		通风防排烟人工	32 947 工日	0.12 工日
	工程总造价	46 354.6 万元	1 688.31 元		总工日	3 478 700 工日	12.67 工日
主要工程量	基础现浇混凝土	15 925 m^3	21.06	主要材料	钢筋	25 899 t	94 kg
	主体现浇混凝土	145 518 m^3	0.53 m^3		水泥	80 995 790 t	259 kg
	加气混凝土砌体	17 023 m^3	0.062 m^3		碎石	123 553 m^3	0.45 m^3
	内墙装饰	787 993 m^2	2.87 m^2		黄砂	1 180 621 m^3	0.43 m^3
	外装饰	238 869 m^2	0.87 m^2		胶合板	79 623 m^2	0.29 m^2
	铝合金门窗	49 421 m^2	0.18 m^2		玻璃	30 202 m^2	0.11 m^2
	防火门	12 988 m^2	0.047 m^2		木材	17 325 m^3	0.063 1 m^3
	木质门	3 179 m^2	0.048 m^2		PVC 电管	853 890 m	3.11 m
	柏木地板	143 450 m^2	0.52 m^2		PVC 排水管	170 230 m	0.62 m
	脚手架	2 531 610 元	92.20 元		热度无缝钢管	148 260 m	0.54 m

小 结

施工组织总设计的编制对象是整个建设项目或建筑群,因此与单位工程施工组织设计的区别在于它是宏观的思路:无论是施工方案,还是进度计划,或是施工平面图,均以整个项目为对象,提出原则性的方案或意见。

思考题

1. 施工组织总设计的作用和编制依据是什么?
2. 施工组织总设计的内容和编制程序是什么?
3. 施工总平面图的内容和设计方法是什么?
4. 设计施工总平面图应遵循什么原则?
5. 施工组织总设计中的工程概况包括哪些内容?
6. 在施工部署中应解决哪些问题?
7. 施工总进度计划的编制原则和内容有哪些?
8. 施工总进度计划的编制方法如何?

参 考 文 献

[1] 韩国平. 建筑施工组织与管理[M]. 北京:清华大学出版社,2008.

[2] 张延瑞. 建筑施工组织与进度控制[M]. 北京:中国计划出版社,2008.

[3] 郑少瑛. 土木工程施工组织[M]. 北京:中国电力出版社,2007.

[4] 蔡雪峰. 建筑施工组织[M]. 武汉:武汉理工大学出版社,2008.

[5]《建筑施工手册》编写组. 建筑施工手册[M]. 北京:中国建筑工业出版社,2003.

[6] 赵志缙. 建筑施工[M]. 上海:同济大学出版社,2004.

[7] 郭立民. 建筑施工[M]. 北京:中国建筑工业出版社,2003.